U0363963

内蒙古師範大學60周年校慶
學術著作出版基金資助出版

近代化學譯著中的化學元素詞研究

李麗 ◎ 著

JINDAI HUAXUE YIZHU ZHONGDE
HUAXUE YUANSU CI YANJIU

中央民族大學出版社
China Minzu University Press

图书在版编目（CIP）数据

近代化学译著中的化学元素词研究/李丽著. —北京：中央民族
大学出版社，2012.5
ISBN 978 - 7 - 5660 - 0203 - 7

Ⅰ. ①近… Ⅱ. ①李… Ⅲ. ①化学元素—术语—发展—研究
Ⅳ. ①O611

中国版本图书馆 CIP 数据核字（2012）第 087286 号

近代化学译著中的化学元素词研究

作　　者　李　丽
责任编辑　宁　玉
封面设计　汤建军
出　版　者　中央民族大学出版社
　　　　　　北京市海淀区中关村南大街 27 号　邮编：100081
　　　　　　电话：68472815（发行部）　传真：68932751（发行部）
　　　　　　　　　68932218（总编室）　　　　68932447（办公室）
发　行　者　全国各地新华书店
印　刷　厂　北京春飞无限彩色印刷技术有限公司
开　　本　787×1092（毫米）　1/16　印张：22.5
字　　数　210 千字
版　　次　2012 年 6 月第 1 版　2012 年 6 月第 1 次印刷
书　　号　ISBN 978 - 7 - 5660 - 0203 - 7
定　　价　56.00 元

序

任何事物的發展都要經歷相對穩定的時期和劇烈變化的時期，語言文字也不例外。研究事物的發展變化及其規律，優先選用劇烈變化期的材料進行觀察可以達到事半功倍的效果，研究語言文字的歷史及其發展變化的規律，優先選用語言文字劇烈變化期的材料進行觀察也會收到事半功倍的效果。

有文字記録以來的漢語經歷了很多的變化，但是最大的變化莫過於古代漢語到現代漢語的變化。甲骨文以來的漢字也發生了不少的變化，但最大的變化是由篆而隸，由隸而楷的變化。

研究漢語、漢字的發展變化，現代漢語的形成、隸變、楷化顯然具有重要的意義和價值。然而，迄今爲止，這些方面的研究並没有得到足够的重視，研究的成果與它們的重要地位極不匹配。

李麗的著作《近代化學譯著中的化學元素詞研究》是對現代漢語形成研究所作的努力之一。在現代漢語形成的過程中，有三種因素起了重要的作用，一是宋元以來反映北方口語的書面語白話文學，這是現代漢語書面語的主要源頭；二是元明以來的北京口語官話，這是現代漢語口頭形式的源頭；三是明清以來翻譯的西方著作，這是現代漢語學術術語的主要來源。但迄今爲止，對現代漢語形成過程的研究總體上比較薄弱，對漢譯西方文獻對現代漢語影響的研究更加薄弱。因此，對明清以來的漢譯西方文獻分學科進行系統研究，重點探討現代漢語學術術語產生、演變、定型的過程，深化對現代漢語形成過程的研究，這一選題無疑具有重要的學術價值。

《近代化學譯著中的化學元素詞研究》以《博物新編》（1855）、《格物入門·化學入門》（1868）、《化學初階》（1870）、《化學鑒原》（1871）、《化學指南》（1873）、《格致啓蒙·化學啓蒙》（1879）、《西學啓蒙·化學啓蒙》（1886）、《化學新編》（1896）八部近代化學譯著中的化學元素詞語爲研究對象，在傳統語言文字學理論、現代詞彙語義系統理論的指導下，運

1

用共時系統描寫和歷時比較的方法，在對上述化學譯著中的化學元素詞語進行全面搜集、整理的基礎上，重點描寫化學元素詞的構成、來源、特點、演變規律及詞形定型化、規範化的過程，不僅深化了對化學元素詞彙系統的認識，對於現代漢語術語形成、發展演變以及規範化過程的研究也具有重要意義。

本書具有以下幾個重要創獲：

一、首次運用語義場理論對化學元素語義場進行了全面描寫，有助於對由術語搆成的語義場的認識。

二、首次全面研究了化學元素詞的命名，深化了對術語命名的認識。

三、初步總結了化學元素詞的演變規律，總結出了化學元素詞的單音化、詞的書寫形式形聲化等重要規律，不僅有重要的認識價值，而且很有啟發性。

本書總結出來的化學元素詞的單音化規律具有重要的理論意義，其中蘊涵了漢語詞彙發展的一個重要規律——漢語語素的單音化。漢語語素的單音化是與漢語詞彙雙音化具有同等重要性的規律，在漢語詞彙的發展史上不僅存在漢語詞彙的雙音化，而且同時存在漢語語素的單音化。漢語語素的單音化是漢語詞彙雙音化的必要條件，這是理論上是可以推論的。首先，雙音詞的主體是雙音複合詞，而凡雙音複合詞都是由兩個單音語素構成的，即雙音複合詞 = 單音語素 + 單音語素，也就是說，雙音複合詞要求它的構成成分，即語素必須是單音的，因此，詞彙雙音化要求，也必然會推動語素的單音化。構成雙音詞的單音語素，部分來源於上古漢語的單音詞，一部分來源於複音詞、連綿詞、多音節譯音詞和詞組，當這些非單音的單位需要參與構詞，且在雙音化的趨勢推動下構成雙音詞時，它們就必須變成單音，以單音語素的身份參與構詞。這一規律應該可以得到漢語詞彙史的證明，但是，目前這方面的研究還比較薄弱，李麗的研究對我們有很大啟發。從這一點我們也可以看出，本書還有可以大大升華的空間。細心的讀者也不難在本書中發現精華，受到啟發。

李國英

2012 年 3 月 28 日於北京師範大學

目　錄

1章 緒 論

1.1 選題宗旨與研究意義

1.1.1 選題宗旨

本文以《博物新編》（1855）、《格物入門・化學入門》（1868）、《化學初階》（1870）、《化學鑒原》（1871）、《化學指南》（1873）、《格致啓蒙・化學啓蒙》（1879）、《西學啓蒙・化學啓蒙》（1886）、《化學新編》（1896）八部近代化學譯著中的化學元素詞爲研究對象，在傳統語言文字學理論、現代詞彙語義系統理論的指導下，運用共時系統描寫和歷時比較研究的方法，在對上述化學譯著中的化學元素詞進行全面搜集、整理的基礎上，重點描寫化學元素詞彙的構成、來源、特點及詞形定型化、規範化的過程並總結化學元素詞的演變規律，以期深化對化學元素詞彙系統的認識。

語言學家愛德華・薩丕爾在論證語言之間的相互影響時曾指出："語言，像文化一樣，很少是自給自足的。"① 從古至今，漢語在加強自身完善的同時不斷地汲取其他民族的詞語來豐富自己的詞彙系統，對於外來科學詞彙的吸收也不例外。漢語中科學詞彙的比例較小，隨着近代科學的傳入，我國的科學詞彙系統逐漸形成，並且成爲漢語詞彙系統中不可或缺的組成部分。

傅蘭雅曾指出："譯西書第一要事爲名目。"② 隨着近代西方化學著作的

---

① ［美］愛德華・薩丕爾著，陸卓元、陸志韋譯：《語言論》，商務印書館，1997 年。173 頁
② 傅蘭雅：《江南製造總局翻譯西書事略》，載《格致彙編》1878 年第 6 期。

漢譯，在接受新知識的同時，漢語化學元素詞也經歷了一個漫長的演變過程。"當一個新的外來的事物或概念剛剛出現，就會有相應的漢語詞表達它。最初表達同一個新的事物或概念時，會出現多個漢語詞形，但最終都會統一，淘汰之後被統一，從而形成一個詞的通行，即詞的競爭。這其中必定有相應的規律可以探尋。"[1] 李國英師所言在近代化學譯著中的化學元素詞的研究上得以印證。例如，近代化學譯著中指稱同一元素有多個化學元素詞[2]：

【氧】阿各西仁 我克西仁訥 哦可西仁訥 養氣 養 生氣 酸母

【氯】咶咾連 兌羅而因 可樂合 可樂喝而 可樂而 綠 綠氣 綠精 青氣 鹽氣

【碳】嘎爾本 戛薄訥 戛各撥那 戛爾撥那 炭 炭質 炭氣精 炭精

【硼】布倫 薄何 撥喝 撥合 硼 硼精 硴

【溴】孛羅明 不合母 不母 溴 溹 溴水

【錳】蒙 蒙戛乃斯 蒙嘎乃斯 蒙精 錳 錳精 釁

【銅】古部日阿末 居衣夫合 居依吳呵 銅 紅銅

這些詞爲我們研究化學元素詞彙系統提供了寶貴的資料，我們有必要盡可能地排比材料，通過一個個詞的研究進行規律的探求和理論的提升。

1.1.2 研究意義

關注近代化學元素詞的產生與嬗變，不僅使化學元素詞得以正本清源，而且具有一定的學術價值與現實意義。

1.1.2.1 漢語詞彙研究角度的意義

王寧先生曾就專科詞語與全民語言之間的關係進行過論述，她指出："專科詞語對全民語言是一種證實。我們就是要通過清楚地描寫專科詞語的系統並使其客觀化和固定化，來證明全民語言的系統性。"[3] 作爲漢語專科詞語的化學詞語屬於漢語詞彙的組成部分，而化學元素詞又是化學詞彙的核心，因此化學元素詞自然而然地成爲漢語詞彙研究的對象。近代化學譯著中

---

① 李國英師課程講義。
② 爲了便於理解，舉例時列有以"【】"標示的今用漢語化學元素詞。
③ 李亞明：《〈周禮·考工記〉先秦手工業專科詞語詞彙系統研究》，北京師範大學文學院，2006年。

每一個新產生的化學元素詞在豐富化學詞彙系統的同時，勢必成爲漢語詞彙系統這一汪洋中的浪花一朵。因爲每一個化學元素詞的形成及演變均有其必然的需要和理由，它在體現漢語詞彙一般規律的同時，又呈現出其特殊性，如化學元素詞的單音化趨勢。

1.1.2.2 外來詞研究角度的意義

近代化學譯著中的絕大多數化學元素詞屬於漢語外來詞的範疇，通過這些詞的研究，我們不僅可以看到其作爲外來詞的共性特徵，同時還可以觀察到它們不同於一般外來詞的個性特徵。在漢語外來詞的吸收由音譯趨向意譯的總趨勢下，化學元素詞的發展則呈現出單音音譯化趨勢。指稱 64 個化學元素的 317 個化學元素詞，最終得以通行並穩定下來的 64 個化學元素詞裏，除了“金”、“銀”等 8 個漢語固有詞之外，其他均爲單音音譯的化學元素詞，如“鈉”、“鎂”、“鉀”、“鋁”、“釷”、“鍼”、“鈀”、“鎢”等等。

1.1.2.3 辭書編纂角度的意義

目前，無論是漢語類辭書還是化學類辭書，從化學元素詞的收錄情況看，絕大多數是經 1933 年《化學命名原則》規範的詞，很少涉及初創期化學元素詞的收錄；從化學元素詞文獻用例的收錄情況看，除《近現代漢語新詞詞源詞典》（2001）中輔以化學元素詞的文獻用例之外，[①] 其他辭書中均不涉及。另外，近代化學譯著中，爲記錄化學元素詞創製了許多專用字如“鍬”、“鑽”、“鈄”、“鉪”、“澗”等，這些是爲記錄相應的化學元素詞而造的字，但均未收入辭書中。本文的研究有助於化學元素字、詞的收集整理，並且能爲漢語辭書的編纂工作提供些許文獻依據。

1.2 相關研究概述

1.2.1 詞彙系統和詞義系統研究概述

二十世紀五十年代以來，學者們便開始關注“詞彙是否具有系統性”

---

① 《近現代漢語新詞詞源詞典》中收錄的化學元素詞的文獻用例並非均爲首見文獻用例。

這一問題，並且進行了大量的探討。周祖謨、王力、黄景欣、高名凱、符淮青等學者認爲詞與詞之間具有密切的聯繫，詞彙是成系統的。周祖謨和王力首先在《漢語詞彙講話》①和《漢語史稿》②中提出了詞彙的系統性問題。周祖謨認爲：“語言的詞彙是有一定的系統的，雖然複雜，但並非是一堆龐雜而無體系的東西。詞彙的系統性就表現在基本詞彙與詞彙間的內在聯繫上，不但構詞方面有其體系，就是詞義方面也有一定的關聯。”③ 王力指出：“一種語言的語音的系統性和語法的系統性都是容易體會到的，唯有詞彙的系統性往往被人們忽略了，以爲詞彙裏面一個個的詞好像是一盤散沙。其實詞與詞之間是密切聯繫着的。”④ 之後，黄景欣進一步指出“從整個看來，詞彙體系是由許多相互對立，相互制約的單位，按一定的詞彙——語法範疇逐層逐層地建立起來的。”⑤ 高名凱也認爲：“語言中的詞彙是語言中作爲句子結構中最小的句子成分的各個詞的總匯。它是一個系統，因爲這總匯是由彼此之間互相制約、互相影響的組成員（即各個詞）組織而成的狀態。”⑥ 同時指出：“語言的詞彙系統是個極其複雜的系統，它可以依照各種不同的結構關係把各詞位以互相制約、互相影響的方式聯合起來，組成各自的類聚，而這些不同的類聚之間又可以彼此互相交叉，互相制約，互相影響。”⑦ 與以上學者所持觀點相反，劉叔新在二十世紀六十年代認爲詞彙不一定具有系統性，他指出：“依憑這種對立制約而作出的詞彙是一種體繫上的論斷，自然很難是正確可信的。”⑧ 這一觀點的提出引起學界的廣泛關注，邢公畹在《詞彙學和詞典學問題研究·序》中表達了對劉叔新這一觀點的支持。⑨二十世紀九十年代，劉叔新又明確指出現代漢語詞彙具有系統性，並且將現代漢語詞彙分爲十一種詞語結構組織，即“同義組”、“反義組”、“對比組”、“分割對象組”、“固定搭配組”、“特定搭配組”、“互向依賴組”、“單

① 周祖謨：《漢語詞彙講話》，載《語文學習》1956 年第 9 期。
② 王力：《漢語史稿》，科學出版社，1958 年。
③ 周祖謨：《漢語詞彙講話》，外語教學與研究出版社，2006 年。9 頁
④ 王力：《漢語史稿》，中華書局，1980 年。545 頁
⑤ 黄景欣：《試論詞彙學中的幾個問題》，載《中國語文》1962 年第 3 期。
⑥ 高名凱：《語言論》，商務印書館，1995 年。259 頁
⑦ 高名凱：《語言論》，商務印書館，1995 年。291 頁
⑧ 劉叔新：《詞彙學和詞典學問題研究》，天津人民出版社，1984 年。75 頁
⑨ 劉叔新：《詞彙學和詞典學問題研究》，天津人民出版社，1984 年。

向依賴組"、"挨連組"、"級次組"、"同素族"。僅僅相隔二十多年,劉叔新的觀點發生了很大的改變,對此他作出了解釋:"近些年,由於幾種新的結構組織,特別是單向依賴組,爲筆者發掘出來,以前的結論就須要大大更改。"①

隨着大多數學者對詞彙具有系統性的認同,關於詞彙系統的研究也逐漸深入了。洪成玉詳細論述了詞義系統具有"類聚性"、"結構性"、"依存性"、"互補性"等特徵。② 張聯榮進一步區分了"詞彙系統"和"詞義系統"。③ 王寧指出:"詞彙的詞義總體上是有系統的,而詞彙系統與詞義系統是可以通過描寫顯示出來的。"④ "語義場對詞彙意義的研究,既有探討數量的作用,又有整理詞彙系統與詞義系統的作用。"⑤ "詞彙意義系統論的具體觀點是:同一種語言的意義之間互有聯繫,或處於層級關係,或處於親(直接)、疏(間接)的關係,詞彙意義的演變牽一發而動全局,首先是自身系統決定的。"⑥ 蔣紹愚也認爲:"詞不是孤立地存在的,它們處在相互的聯繫之中。一批有關聯的詞,組成一個語義場。"⑦ 語義場理論是語義學的重要理論之一。賈彥德認爲語義場以"義位元"爲元素,是義位元形成的系統。他指出: "語義場體現了義位的關係、區別,體現了語義的系統性。"⑧ 蘇寶榮、宋永培也對詞義系統進行了專門討論,認爲"在同一個詞的各個引申義之間,是有其內在聯繫的,而這一詞義的引申系列又是同其他的語詞(同義詞、反義詞、同源詞)密切相關的,這種詞義縱橫交織聯繫,就形成了詞義系統性。"李運富則將古代漢語詞義系統明晰地勾勒爲"本義——引申義——義系——義宗——義域"。⑨

綜上,大多數學者認同詞彙、詞義具有系統性這一觀點,並且從不同的

---

① 劉叔新:《漢語描寫詞彙學》,商務印書館,1990 年。382 頁

② 洪成玉:《詞義的系統特徵》,載《北京師院學報》1987 年第 4 期。

③ 張聯榮:《談詞的核心義》,載《語文研究》1995 年第 3 期。

④ 王寧:《訓詁學原理》,中國國際廣播出版社,1996 年。212 頁

⑤ 王寧:《訓詁學原理》,中國國際廣播出版社,1996 年。212 頁

⑥ 王寧:《漢語詞彙語義學的重建與完善》,載《寧夏大學學報(人文社會科學版)》2004 年第 4 期。

⑦ 蔣紹愚:《古漢語詞彙綱要》,北京大學出版社,1989 年。278 頁

⑧ 賈彥德:《語義學導論》,北京大學出版社,1986 年。112 頁

⑨ 李運富:《建立獨立的系統的古代漢語詞彙學》,載《上海青年語言學》1987 年第 8 期。

角度進行了論證。學者們不僅注意到對詞彙、詞義系統的闡述,而且逐漸加強了對詞彙、詞義系統的描寫。

近年來,學界對"義素分析"給予了較多的關注。"義素分析"是語義學術語,是分析詞義的一種方法,即把詞義分解爲義素,主要是根據人們對該詞義所反映的客觀事物的認識,使之與其他有關詞義能最低限度的加以區別。"義素分析"使詞義描寫形式化、精密化,有利於對詞義進行準確、全面、深入的理解。賈彥德的《語義學導論》是運用義素分析研究漢語詞義的代表性著作,他指出:"通過對不同的詞義的對比,找出義素的方法,這是結構語言學的對比原則在語義研究中的運用。"① 蔣紹愚認爲:"在宏觀方面,把詞義作爲一個系統來研究,在微觀方面,對詞再進行深入的分析,它的一整套理論和方法是值得借鑒的。"② 其中所說的一整套理論即"語義場理論",所說的方法即"義素分析",還進一步指出:"構成一個義位的諸義素之間不是任意地、無規則地堆積在一起的,義素之間也有層次結構"。③ 王寧指出:"字、詞、義一經類聚,就顯現出內部的系統性,爲詞義的比較創造了很好的環境。"④ "將詞義具有共同性的詞彙類聚到一起,並把不具有共同性的詞彙的類聚分開,形成一種基礎分類的局面,再將各種已歸納好的類聚之間相關、相容、相離的關係描寫出來,就可以看出詞彙的意義系統。"⑤ 並且總結出三種類聚模式——"同類類聚"、"同義類聚"、"同源類聚"。從實質上看,"義素分析法"就是一種聚合分析。當然,由於語義本身的複雜性及人們認識的不同,在運用"義素分析法"時必然會帶有主觀因素,基於這一缺陷,王先生結合傳統訓詁學理論提出了"窮盡的一分爲二的義素分析法",⑥ 並分析出三種不同作用的義素——"類義素"、"表義素"、"核義素",⑦ 這樣一來就能夠使詞義得以窮盡、客觀地描寫。

---

① 賈彥德:《語義學導論》,北京大學出版社,1986 年。32 頁
② 蔣紹愚:《古漢語詞彙綱要》,北京大學出版社,1989 年。
③ 蔣紹愚:《古漢語詞彙綱要》,北京大學出版社,1989 年。48 頁
④ 王寧:《訓詁學原理》,中國國際廣播出版社,1996 年。70 頁
⑤ 李亞明:《〈周禮·考工記〉先秦手工業專科詞語詞彙系統研究》,北京師範大學文學院,2006 年。
⑥ 王寧:《訓詁學原理》,中國國際廣播出版社,1996 年。208 頁
⑦ 王寧:《訓詁學原理》,中國國際廣播出版社,1996 年。208 頁

以上有關詞彙、詞義系統研究的理論及方法均有助於我們對化學元素詞彙系統的研究。

1.2.2 外來詞範圍研究概述

1.2.2.1 外來詞的名稱

外來詞是文化接觸、語言接觸的產物，如薩丕爾所言："一種語言對另一種語言最簡單的影響是詞的'借貸'，只要有文化的借貸，就可能把有關的詞也借過來。"[①] 史有爲也曾指出："只要漢語存在一天，外來詞也將伴隨漢語一天，因爲世界上只要存在不止一種語言，而且操這些語言的人們不得不互相交流，那就將從對方語言中吸收外來詞語。"[②]

漢語吸收外來詞的歷史相當久遠，因此關於外來詞術語名稱的數量也不少。漢語較早曾以"譯語"、"譯名"、"譯詞"指稱外來詞。"譯語"一詞始於唐代，是指經過翻譯的語詞，幾乎同時使用的還有"譯名"一詞。隨着"詞"的概念的產生，"譯詞"這一名稱也出現了。近代作爲正式的科學術語是從"外來語"開始的，[③]"外來語"一詞是從日語借入的，我國最早提及"外來語"的是國學大師章太炎，1902 年章先生在《新民叢報》發表《文學說例》時多次提及"外來語"，但在當時並未引起廣泛的重視。直至1934 年，陳望道在《關於大眾語文學的建設》中重提"外來語"，之後又在 1940 年文法革新討論中多次討論"外來語"。"外來語"一詞才逐漸受重視，並且得到胡行之、呂叔湘、岑麒祥等學者的沿用。[④] 20 世紀 50 年代隨着漢語中"詞"的確立，爲了與漢語中的以"詞"結尾的詞彙學術語相協調，1958 年，學界正式使用"外來詞"一詞，張清源、高名凱、劉正埃等學者在其論文或專著中率先使用"外來詞"這一名稱。此外有關外來詞的一些重要名稱還有"借用語"、"借字"、"借詞"、"借語"、"外來概念詞"、"外來影響詞"等。其中，1914 年，胡以魯在《論譯名》一文中使用"借

---

① ［美］愛德華・薩丕爾著，陸卓元、陸志韋譯：《語言論》，商務印書館，1997 年。174 頁
② 史有爲：《異文化的使者——外來詞》，吉林教育出版社，1991 年。254 頁
③ 史有爲：《漢語外來詞》，商務印書館，2003 年。8 頁
④ 1936 年，胡行之編纂我國最早的漢語外來詞詞典《外來語詞典》，以"外來語"命名。1947 年呂叔湘在《中國文法要略》中使用"外來語"。1990 年岑麒祥編纂《漢語外來語詞典》，以"外來語"命名。

用語"；1950 年，羅常培在《語言與文化》中使用"借字"和"借詞"；
1970 年，趙元任在《借語舉例》中使用"借語"；1993 年，香港中國語文
學會詞庫工作組創辦的《詞庫建設通訊》中所發表的《香港中國語文學會
"外來概念詞詞庫"總說明》中提出了"外來概念詞"；1995 年，黃河清在
《漢語外來影響詞》一文中提出了"外來影響詞"。根據李彥潔有關外來詞
術語使用情況的統計，在所有的外來詞的術語名稱中，"外來詞"的使用頻
率最高。①

1.2.2.2 外來詞的範圍

我國語言學界對漢語外來詞進行有系統的研究始於二十世紀五十年代。
目前學界對外來詞的定義仍存有分歧，就外來詞的內涵而言，即指將外語詞
的音義同時借入，還是只借入形、音、義中的任何一個因素？就外來詞的外
延而言，即意譯詞、仿譯詞和日語的借形詞②是否應歸於外來詞。③ 關於外
來詞範圍的確定歸根結底體現在意譯詞和仿譯詞的歸屬上。

1. 關於意譯詞

1）認爲意譯詞不是外來詞

持此觀點的理論依據爲：詞是音義結合的語言單位，只有將外語詞的形
式和內容同時引進才可稱爲外來詞。而意譯詞的本質是用本族語言成分記錄
外語詞的意義，而不是把外語詞連音帶義吸收到本族語言中來，外來詞的
"外來"之說自然就無從談起。④ 呂叔湘指出："譯語有兩種，譯意的和譯音
的。譯意的詞，因爲利用原語言裏固有的詞或詞根去湊合，應歸入合義複
詞，而且也不能算是嚴格的外來詞。譯音的詞，渾然一體，不可分離，屬於
衍聲的一類。"⑤ 高名凱和劉正埮認爲，把外語中具有非本語言所有的意義
的詞連音帶義搬到本語言裏來，這種詞才是外來詞。因爲它是把"音義的
結合物"整個地搬了過來。如果只將外語詞所表明的意義搬了過來，這就
只是外來的概念所表現的意義，不是外來的詞，因爲我們並沒有把外語的詞

① 李彥潔：《現代漢語外來詞發展研究》，山東大學，2006 年。
② 化學元素源語詞主要是拉丁語、英語、法語，其翻譯形式主要是音譯、意譯，而日語借形
詞不在本文的研究範圍之內，故於此不作討論。
③ 李海燕：《英語外來詞的引進與外來詞研究》，北京師範大學文學院，2005 年。
④ 楊錫彭：《漢語外來詞研究》，上海人民出版社，2007 年。22 頁
⑤ 呂叔湘：《中國文法要略》，商務印書館，1941 年。19 頁

（"音義的結合物"）搬到本語言裏來，只是把它的概念所表現的意義搬過來罷了。① 符淮青認爲，從外國語言和本國其他民族語言中連音帶義吸收來的詞叫外來詞。外來詞不包括意譯詞，意譯詞是根據原詞的意義，用漢語自己的詞彙材料和構詞方式創造的新詞。② 王力認爲，把別的語言中的詞連音帶義都接受過來的詞叫做借詞，即一般所謂的音譯，利用漢語原來的構詞方式把別的語言中的詞所代表的概念介紹到漢語中來的詞叫做譯詞，即一般所謂意譯。只有借詞才是外來語，而譯詞不應算作外來語。③ 史有爲认爲，外來詞是指詞義源自外族語的前提下，語音形式上全部或部分借自相對應的該外族語詞，並在不同程度上漢語化了的漢語詞。④ 持有類似觀點的還有伍鐵平、張應德、黃伯榮、廖序東、胡裕樹、武占坤、王鐵昆等學者。

2）認爲意譯詞是外來詞

持此觀點的學者強調的是詞的來源即詞產生的原因和根據，認爲意譯詞的意義是外來的，是對外語詞的翻譯，因此屬於外來詞。羅常培將外來詞解釋爲"一國語言裏所羼雜的外來語成分"，⑤ 分爲聲音的替代（音譯）、新諧聲字、借譯詞和描寫詞四種。其中的描寫詞即包含意譯詞。孫常敘用"譯詞"這個術語專指意譯詞，而用其他形式從別的語言裏借來的詞語都叫"借詞"，包括日語借形詞。⑥ 葛本儀認爲："外來詞就是指從外國或本國其他民族語言中吸收來的。"⑦ 潘允中認爲連詞和音搬過來是借詞，僅以漢字翻譯原來的詞義的是譯詞，並將這兩種詞都歸入外來詞。⑧ 香港中國語文學會詞庫工作組爲解決外來詞的歸屬問題，提出了"外來概念詞"的說法，即"漢語表示本爲外族語詞的概念的那種詞"，⑨ 其中包含意譯詞。隨後黃河清又提出了"漢語外來影響詞"的說法，即"漢語中受外來影響的詞，

---

① 高名凱、劉正埮著：《現代漢語外來詞研究》，文字改革出版社，1958 年。8 - 9 頁
② 符淮青：《現代漢語辭彙》，北京大學出版社，2004 年。187 頁
③ 王力：《漢語詞彙史》，商務印書館，1993 年。134 頁
④ 史有爲：《漢語外來詞》，商務印書館，2000 年。4 頁
⑤ 羅常培：《語言與文化》，北京出版社，1950 年。21 頁
⑥ 孫常敘：《漢語詞彙》，吉林人民出版社，1956 年。304 - 317 頁
⑦ 葛本儀：《現代漢語詞彙》，山東人民出版社，1975 年。
⑧ 潘允中：《漢語詞彙史概要》，上海古籍出版社，1989 年。20 頁
⑨ 香港中國語文學會：《"外來概念詞詞庫"總說明》，載《詞庫建設通訊》1993 年第 7 期。

這種影響有來自外語的，如語音、詞義、詞形等方面，也有來自外來事物的"。① 吳世雄認爲只要一個漢語詞語的音、形、義中有一個是從其他民族的語言中借用來的，那麼這個詞語就可以被看作是"外來詞"。② 郭伏良認爲："外來詞是從詞的來源劃分出的類型，只要是隨着民族接觸交往，受到外語影響而產生的新詞都應屬外來詞。"③ 楊錫彭认爲采取開放的態度看待外來詞，應考慮把意譯詞納入外來詞的範圍，並且將意譯詞與音譯詞和包含音譯成分的外來詞相區別并歸入廣義外來詞進行研究。他指出："外來詞是在吸收外語詞的過程中產生的表達源自外語詞的意義的詞語，亦可稱爲外來語、借詞。由音譯產生的與外語詞在語音形式上相似的詞語以及音譯成分與漢語成分結合而成的詞語是狹義的外來詞，通過形譯或意譯的方式產生的詞語是廣義的外來詞。"④

2. 關於仿譯詞

仿譯詞的歸屬問題較爲複雜，一是仿譯詞與意譯詞的關係，即仿譯詞是否歸屬於意譯詞；二是仿譯詞是否爲外來詞。

1）仿譯詞不屬於意譯詞

在此條件下，仿譯詞是否爲外來詞的問題有兩種不同的理解。其一，認爲仿譯詞是外來詞，而意譯詞非外來詞。張永言主張意譯詞非外來詞，卻持有仿譯詞屬於外來詞的觀點。他在《詞彙學簡論》中指出："如果是使用自己語言的構詞材料和構詞方法創造新詞來引進外語詞所代表的概念，而這個新詞跟相當的外語詞的內部形式和形態結構又並不相同，那麼這種詞就只是一般的新造詞而不能算作外來詞。"⑤ 而"保留外語詞的形態結構和內部形式不變、用自己語言的材料逐'字'（詞、詞素）翻譯過來"的仿譯詞是外來詞。岑麒祥認爲仿譯詞屬於外來詞，同時指出意譯詞與描寫詞"無論在發音上或意義上都跟原語言的詞沒有任何關係"所以"都不能看作外來詞"。⑥ 其二，認爲仿譯詞與意譯詞都是外來詞。羅常培將外來詞分爲四類，

---

① 黃河清：《漢語外來影響詞》，載《詞庫建設通訊》1995 年第 8 期。
② 吳世雄：《關於"外來概念詞"研究的思考》，載《詞庫建設通訊》1995 年第 7 期。
③ 郭伏良：《新中國成立以來漢語詞彙發展變化研究》，河北大學出版社，2001 年。27 頁
④ 楊錫彭：《漢語外來詞研究》，上海人民出版社，2007 年。37 頁
⑤ 張永言：《詞彙學簡論》，華中工學院出版社，1982 年。95 頁
⑥ 岑麒祥：《漢語外來語詞典》，商務印書館，1990 年。4 頁

其中的"借譯詞"和"描寫詞"就是我們所說的"仿譯詞"和"意譯詞"。

2）仿譯詞屬於意譯詞

在此條件下，仿譯詞是否爲外來詞的問題有兩種不同的理解：其一，認爲仿譯詞不是外來詞，持此觀點的代表學者是武占坤和王勤，他們指出："有人認爲從直譯的意譯詞的結構形式上看，好像受到原外民族詞的構詞規律的限制（如'馬力''足球'），字面上的意義又有所引申（'馬力'不能理解爲馬的力氣）。其實這些特點也是漢語詞本身所有。與其說它們的結構受外族語言原詞的限制，毋寧更准確地說，他們正體現了漢語固有詞的構詞規律，是區別於外來詞的。"[1] 其二，認爲仿譯詞是外來詞，張德鑫將仿譯詞稱爲"半漢化意譯詞"，並指出此類詞是"逐'字'直譯"，保留了原詞的意義結構形式，"可以承認是外來詞"。[2] 郭伏良認爲借意類的詞屬於外來詞，並且將其分爲"整體意譯"、"意譯加類名"和"逐詞意譯"三種，其中的"逐詞意譯"即仿譯詞。

綜上，我們將外來詞分爲狹義外來詞和廣義外來詞兩類。所謂狹義外來詞，即只有音譯詞才是外來詞；所謂廣義外來詞，即音譯詞和意譯詞都是外來詞。本文采用廣義外來詞的觀點。

1.2.3 近代科學譯著中相關學科詞語研究概述[3]

近代科學的傳入爲我們帶來大量的科學譯著，隨之也引進了一系列的用於各門學科中的專業詞，亦稱之爲"術語"。雖然這些詞語已成爲漢語詞彙發展史上不可或缺的重要環節，但由於這些詞語處於學科研究的邊緣地帶，需要專業的學科知識與相關語言學理論知識的綜合運用，因此該項研究具有一定的難度，人們對此的關注度也不是很强。儘管如此，仍有學者對近代科學譯著中的學科詞語進行了探索性的研究，並且取得了相應的成果，主要涉及以下幾個方面的内容：

1.2.3.1 針對各學科詞語的研究

德國學者李博的《漢語中的馬克思主義術語的起源與作用》（2003）通

---

① 武占坤、王勤著：《現代漢語詞彙概要》，内蒙古人民出版社，1983 年。219 頁
② 張德鑫：《第三次浪潮——外來詞引進和規範芻議》，載《語言文字應用》1993 年第 3 期
③ 此處所言"相關學科詞語"不含化學學科詞語，化學詞語的研究於下文專門概述。

過對馬克思主義思想在日本和中國各個發展階段的日語以及漢語馬克思社會主義文獻的分析，研究了大量的馬克思主義概念及其在日語和漢語裏相應語言形式的形成過程。鐘少華的《中國近代新詞語談藪》（2006）結合辭書學理論與知識對近代譯著中一些學科新詞語進行了專門研究。崔軍民的《萌芽期的現代法律新詞研究》（2007）在發掘大量有關法律的第一手資料的基礎上，結合社會背景和歷史文化，對近代新出現的法律語詞之源流進行較爲系統地考證，並對其發展演變的特點作了探討。上述研究爲我們較系統地展現了部分學科詞語的形成及演變的情況，同時也爲我們今後的研究提供了思路，是值得肯定的。此外，從詞語考證角度對各學科個別新詞語進行研究的成果如嚴敦傑的《“代數”的譯名來源》（1960）和《“方程”一詞的來歷》（1962）、王冰的《我國早期物理學名詞的翻譯及演變》（1995）和《中國早期物理學名詞的審訂與統一》（1997）、何勤華的《漢語“法學”一詞的起源及其流變》（1996）、李貴連的《話說“權利”》（1998）、張秉倫與胡化凱的《中國古代“物理”一詞的由來與詞義演變》（1998）、鄭永流的《法哲學名詞的產生及傳播考略》（1999）、方維規的《東西洋考“自主之理”：19 世紀“議會”、“民主”、“共和”等概念之中譯、嬗變與使用》（2000）、方流芳的《公司詞義考：解讀語詞的制度信息》（2000）、趙明的《近代中國對“權利”概念的接納》（2002）、馮天瑜的《近代漢字術語創製的兩種類型—以“科學”、“哲學”爲例》（2004）、咏梅與馮立升的《〈物理學〉與漢語物理名詞術語——飯盛挺造〈物理學〉對我國近代物理教育的影響》（2007）。以上論述主要針對數學、物理、法律、哲學等專業中的部分詞語作了源流上的考證。

1.2.3.2 以近代科學譯著爲主兼及相關學科詞語的研究

鄒振環的《晚清地理學在中國——以 1815 年至 1911 年西方地理學譯著的傳播與影響爲中心》（2000）在研究晚清西方地理學譯著的傳播與影響時涉及了地理學詞語的考證。王健的《溝通兩個世界的法律意義》（2001）主要研究中西法律文化的交流與互動，其中涉及了部分法律新詞來源的探討。江曉勤的《偉烈亞力與中西數學交流》（1999）收集了偉烈亞力的英漢數學名詞表以及後來我國歷次編訂的詞彙表中與之相應的名詞。趙栓林的《對〈代數學〉和〈代數術〉術語翻譯的研究》（2005）對《代數學》和《代數術》中的代數術語做了較全面的統計分析，通過研究《代數學》和《代數術》中幾個基本代數術語的形成，說明在翻譯西方代數學著作的過程中對傳統術語的取捨與改造以及創造新術語的方法，從而理解近代中西數學知識交流過程。袁媛《近代生理學在中國：1851～1926》（2006）對我國早期的生理學名詞的翻譯和統一的過程進行了研究，並且探討了部分基本生理學名詞的演變過程。吳震的《澳門土生葡人漢學家瑪吉士與〈新釋地理備考〉》（2006）主要以澳門土生葡人漢學家瑪吉士及其地理著作《新釋地理備考》爲論述主題，同時涉及了一些地理學詞語的介紹。李嫣的《清末電磁學譯著〈電學〉研究》（2007）對《電學》書中涉及的電磁學專業名詞的翻譯定名進行了歸納整理和分析，列出《電學》主要名詞術語的中英文名稱對照表。通過中英文對照分析譯文的質量，結合清末名詞術語翻譯定名規則，對《電學》的翻譯水準進行了適當的評價。樊靜的《晚清天文學譯著〈談天〉的研究》（2007）就偉烈亞力從《談天》及其原本中摘出並收錄於1874 年聚珍版《談天》書末的一份英漢對照名詞表中的 438 個名詞的英文名、漢譯名分別與《天文學名詞》、《英漢天文學名詞》以及《現代英漢牛津大辭典》對比，並對這些名詞經《談天》翻譯或引用之後在其他天文學作品中的使用情況進行了分析。胡照青的《晚清社會變遷中的法學翻譯及其影響》（2007）分析了法學翻譯過程中的基本構成元素法政詞語的翻譯和譯名統一。閆俊俠的《晚清西方兵學譯著在中國的傳播（1860—1895）》（2007）在對晚清西方兵學譯著進行梳理與研究的同時介紹了一些譯著中出現的兵學詞語。除此之外還有，汪子春的《我國傳播近代植物學知識的第一部譯著〈植物學〉》（1984）、羅桂環的《我國早期的兩本植物學譯著〈植物學〉和〈植物圖說〉及其術語》（1987）、閆志佩的《李善蘭和我國第一部〈植物學〉譯著》（1998）、曹育的《我國最早的一部近代生理學譯著〈身理啓蒙〉》（1992）、張順的《中國近代第一部系統介紹西方光學理論的科技譯著〈光學〉》（1999）、燕學敏的《晚清數學翻譯的特點——以李善蘭、華蘅芳譯書爲例》（2006）、鄒振環的《19 世紀西方地理學譯著與中國地理學思想從傳統到近代的轉換》（2007）、李嫣與馮立升的《晚清科學譯著〈電學〉初探》（2007）等。以上論述絕大多數側重於近代科學譯著本身的研究，真正從語言的角度對相關專業詞語進行梳理與考證的研究並不多。

綜觀以上研究成果，主要集中在各學科新詞語史料的疏理及個別詞語的論述方面，因而論證比較分散，其系統性也不是很強，能夠從語言學角度進行研究的甚少。

1.2.4 化學字詞研究概述

1.2.4.1 有關化學造字及用字方面的研究

徐行的《元素名稱拼寫法》（1964）將化學元素名稱的性質進行分類，即古已有之的、意譯的（舊字新義和新字新義）、音譯的（舊有的漢字和新造的漢字）。邢世增的《一些化學名詞譯法商討》（1988）指出創製化學元素名稱漢字方法有三類，音譯（以諧聲爲主創造新字和以諧聲爲主借用古字）、沿用古代化學元素名稱、意譯，同時還提出了有關化學名稱中同音字的改譯問題。叶蕊、吳士英的《元素的漢語名稱》（1990）概括了元素的漢語命名方式：舊有字命名、會意法命名、諧音法命名、直譯法命名、編號法命名。劉澤先的《從化學字的興衰看漢字的表意功能》（1991）對比近代化學譯著《化學鑒原》與《化學闡原》中的化學元素字，將早期化學造字分爲兩個派別，即根據外文名稱的一個音造一個諧音的形聲字的"諧音原則"造字以及造一個能夠表達出元素的某種特點的會意字的"會意原則"造字。王寶瑄的《化學術語的漢語命名》（1995）將化學譯著中的化學元素字歸納爲使用固有化學字、借用古字、形聲造字、會意造字幾類。傅惠鈞和蔣巧珍的《略論化學用字的特點》（2000）首次明確了"化學用字"這一概念，將其解釋爲："在化學這一學科領域中常用而在其他領域中不用或很少使用的帶有鮮明學科色彩的字，主要是指用以表示化學物質和化學工藝等的專用字。"同時，指出"化學用字"是具有特色的一類漢字，並且探討了化學字的主要來源，即沿用古代的化學字、借用古代的非化學用字或新造化學字。由於化學元素字的研究涉及學科的交叉，對於語言學家或化學家而言均有一定的難度。上述文章中各位學者主要針對化學譯著中化學元素字的類型進行了分類，由於是跨學科的研究，在對化學元素字的結構類型進行分類時標準並不一致，常常存在交叉，其中涉及了文字學方面如造字、借字、字的傳承等問題，詞彙學方面如外來詞的音譯、意譯等問題，但這些已有的成果畢竟爲我們提供了研究的思路並且奠定了研究的基礎。蘇培成的《造新漢字的現狀應當改變》（1999）從漢字學習和使用的角度指出進行漢字的規範化和標準化要實現漢字的"定量、定形、定音、定序"，其關鍵是"定量"，因而他認爲應該停止造新字，亦不應復活死字。並且提出建議，"或者實現術語的複音化，或者采用拼音轉寫"。① 針對這一問題，石磬的《名詞隨筆四——爲什麼會有這樣多的化學用字》（2001）作了回應，在分析化學造字原因複雜性的基礎上，指出化學新字的出現不僅是我國化學科學的不斷發展及化學術語特徵性的需要，也是漢語自身發展規律所決定的。此外，王寧的《第 111 號元素的定名與元素中文命名原則的探討》（2006）也明確指出"用漢字命名元素有很多拼音文字不具備的優越性"，進一步說明："有人從減少漢字字量出發，反對給元素命名時造新字，這是不現實的想法，元素的中文稱謂要遵循準確、唯一和便利使用的原則，完全不造字是難以做到的，何況，新的元素發現的週期比之一般詞彙增長的週期要長得多，而且只會越來越長，並不會妨礙漢字規範。完全不造新字，必然增加遵循準確、唯一和便利使用原則的難度，也不利於高科技在中國的發展、普及與教育。因此，在選字未果的情況下，新造字是必要的。"② 這樣就從理論和實踐上針對化學造字給予了解釋與說明。張培富和夏文華的《晚清民國時期化學元素用字的文化觀照》（2007）從歷史文化的角度切入，通過對化學元素新造字的歷史淵源、相關爭議、化學元素新字生成的文化意蘊幾個方面的考察，爲我們梳理出晚近化學元素用字的歷史情況。

石磬的《"炭"還是"碳"?》（2006）針對全國科學技術名詞審定委員會提出關於"碳"和"炭"在科技術語中用法的意見，討論了現代漢語廣泛使用的大多數由"炭"字構成的科技術語的來源，並對含"炭"與"碳"的術語加以區別，以體現科技術語約定俗成的原則。張澔的《中文無機名詞之"化"字 1896—1945 年》（2006）着重討論了"化"字在無機化學名詞中的形成。曹先擢的《關於第 111 號元素漢字定名問題的管見》（2006）主要針對 111 號元素的選字問題，指出應選擇能產量高的聲旁造字。邵靖宇的《矽字

---

① 蘇培成：《造新漢字的現狀應當改變》，載《科技術語》1999 年第 3 期。
② 王寧：《第 111 號元素的定名與元素中文命名原則的探討》，載《科技術語研究》2006 年第 1 期。

的來歷和變遷》（2008）較爲詳細地探討了"矽"字的來源及演變。

以上就具體的化學用字問題進行探討，從而證明了原有規律的適用性，如語言的約定俗成原則在科技術語中的體現，形聲字的優越性及偏旁的能產性在化學元素造字中的體現。

1.2.4.2 有關化學元素命名與溯源方面的研究

陶坤的《化學物質的中文命名問題》（1952）在簡略介紹國際及中國化學元素命名方法的基礎上，討論了語言學家對化學元素中文命名的一些意見，指出化學元素中文命名應遵循漢語的特點，並且意識到了化學元素詞的研究是一個涉及化學與語言學兩大學科交叉研究的問題，爲我們提供了利用語言文字方面的理論與實踐輔助化學術語制定的思路。張綸的《化學元素中文命名的由來》（1981）主要論述了化學元素中文命名原則的演變及確定的過程。張澔的《漫談中文化學元素名詞的演進及陸貫一的創解》（2000）、《在傳統與創新之間：十九世紀的中文化學元素名詞》（2001）和《從西方現代化學的觀點談養輕淡的翻譯》（2003）論述了十九世紀部分中文化學元素詞的形成及演變。何涓的《化學元素名稱漢譯史研究述評》（2004）主要從化學元素名稱的漢譯方法和方案、化學元素名稱音譯原則的創始、化學元素漢譯名的統一、化學元素名稱漢譯史研究的深化幾個方面對化學元素名稱的漢譯進行評述。何涓的《清末民初化學教科書中元素譯名的演變——化學元素譯名的確立之研究》（2005）選取了從1901年制定《化學名目與命名法》到1932年頒布《化學命名原則》這段時期中32本化學教科書，對83種元素的漢譯名進行了統計分析，從而證明其具有明顯的時段特徵。何涓這兩篇文章從歷時與共時的角度對化學元素譯名進行了較爲詳盡的研究，材料豐富，論證縝密，便於我們把握化學元素譯名的演變綫索及體會化學元素譯名選用的競爭情況。楊承印的《元素符號及其名稱的變遷》（1998）簡要論述了化學元素名稱的中國化過程。王寶瑄的《元素名稱的沿革》（2006）論述了1932—2004年期間元素名稱的變化及其主要原因，同時分析了一些元素用字的形體構造。王寧的《第111號元素的定名與元素中文命名原則的探討》（2006）首先強調了使用漢字爲化學元素命名的優越性，同時指出其存有一定的難度，結合以上的分析提出了化學元素命名應遵循的

三個原則——"區別性原則"、"準確性原則"、"優選性原則"，① 並且針對
111 號元素的命名進行闡發。文章從語言文字學的角度，運用漢字構形學等
相關理論，深入地分析了化學元素造字及命名原則，進而爲化學元素造字及
命名提供了理論依據和實踐方法。夏文華的《晚清民國時期化學元素中文
名稱生成歷史的文化考察》（2007）采用文獻研究、邏輯分析、統計處理等
方法結合文化語言學的相關理論，從歷史與文化的角度考察並梳理化學元素
中文名稱生成及演變的過程，從而揭示出在西學東漸的歷史背景下化學元素
中文名稱生成對化學本土化所起的重要作用及其所蘊藏的深厚文化內涵。此
外，淩永樂的《化學元素的發現》（1981）、趙匡華的《107 種元素的發現》
（1983）、王毓明的《化學元素的發現和名稱便覽》（1986）、周有恆和朱慧
如的《化學元素命名淺談》 （1989）、周興喜的《化學元素命名溯源》
（1989）、沙國平的《化學元素的發現及其命名探源》（1996）、梁豔的《化
學元素之中外命名》（2003）、鄧玉良的《化學元素的命名趣談》（2005）、
王寶瑄的《元素名稱考源》（2007）等大多采用材料歸納的方式從中外兩個
角度對化學元素的命名作了簡要的分析，對考證其源流有一定幫助。但就化
學元素中文命名角度的討論，有些學者則混同了字與詞的關係，這是我們繼
續研究時應注意的問題。

1.2.4.3 有關化學詞語方面的研究

張子高和楊根的《從〈化學初階〉和〈化學鑒原〉看我國早期翻譯的
化學書籍和化學名詞》（1982）討論了《化學初階》和《化學鑒原》所介
紹的化學內容，結合《博物新編》、《格致入門》、《化學初階》、《化學鑒
原》、《化學指南》及現行名詞比較分析早期化學元素譯名，對比《化學初
階》與《化學鑒原》中使用的一些化學術語。由此我們可以看出早期化學
譯著中的化學元素詞儘管不能翻譯得盡善盡美，然而畢竟是一個重要的開
端，正因有了這些作爲基礎，化學這一學科的詞彙系統才能在不斷的發展演
變過程中得以完善。劉廣定的《中文化學名詞的演變》（1985）結合我國古
代文獻和早期化學譯著分析了一些化學元素、無機化合物、有機化合物及一

---

① 王寧：《第 111 號元素的定名與元素中文命名原則的探討》，載《科技術語研究》2006 年第
1 期。

般化學名詞的中文譯名。曾昭掄的《江南製造局時代編輯之化學書籍及其所用之化學名詞》（1986）針對江南製造局出版的《化學材料中西名目表》中的“小序”部分及其所列英漢對照化學名詞，分析了化學名詞譯名的原則，即沿用舊名、音譯、意譯。實質上是從外來詞研究的角度分析化學名詞的命名。李翔峰的《幾個化學名詞的由來》（1996）考證了“王水”、“酒精”等幾個化學詞語的源流。郭玉傑的《元素週期表中漢日詞彙比較》（2004）對中日元素週期表所選用的詞語作了比較分析，且進行了類別的劃分，這對於我們研究元素的演變有一定的幫助。

僅就“化學”一詞而言學界也有相應的研究，潘吉星的《談“化學”一詞在中國和日本的由來》（1981）通過考證明確了“化學”一詞是隨着近代化學知識傳入中國進而由中國引入日本的。袁翰青的《“化學”一詞在我國的最早出現和使用》（1986）及袁翰青、應禮文的《我國什麽時候開始使用“化學”一詞》（1987）側重於探討“化學”一詞在我國的最早使用。沈國威《譯名“化學”的誕生》（2000）以“化學”一詞爲切入點，對19世紀西學東漸引發的新詞、譯詞的產生以及中日學術詞彙交流的某些史實進行了描述。張殷全的《“化學”一詞的由來》（2004）從語源的角度結合早期化學譯著討論“化學”一詞，同時爲我們提供了“化學”一詞的譯名競爭者即“質理學”。

此外，還有從術語規範的角度對化學詞語進行研究的：馮志偉的《中文數理化術語的發展源流》（1990）主要討論了我國物理學、化學和數學三個學科基本術語的形成和發展情況，給我們提供豐富材料的同時也爲我們提供了研究思路，如術語的歧義、同音術語、多義術語、異形術語、術語的學術意義與字面意義的關係等等，其中涉及不少語言文字方面的問題。張澔的《中文化學術語的統一：1912—1945》（2003）論述了1912年至1945年中文化學術語的統一情況。張澔的《鄭貞文與中文化學命名》（2006）指出在20世紀中文化學名詞發展過程中，鄭貞文的貢獻與影響是不容忽視的，着重討論了鄭貞文對元素、無機及有機化學名詞的命名及原則。何涓的《清末民初（1901~1932）無機物中文命名演變》（2006）論述了1901至1932年中文無機物命名史上的兩種命名方式即“類屬式”與“某化某式”及其演變與發展。

綜上所述，學界對於化學字詞的相關研究已有所觸及。就研究領域而言，多數集中在對我國化學發展脈絡的梳理，對早期部分化學譯著的評介，對化學用字結構的分析，對個別化學元素詞的考證；就研究者而言，多數是從事化學或科學史研究的學者以及少數語言學方面的學者；就研究角度而言，儘管化學字詞的研究會涉及文字學和詞彙學方面的探討，但大多是從化學、科學史角度切入進行研究的；就研究方法而言，主要采用了考證、比較、歸納、統計等方法。已有的成果爲我們開啓了化學元素字詞研究的思路，提供了必要的準備，同時也爲我們提出了值得思考的問題：第一，目前還沒有人真正從語言學角度對化學元素詞進行較爲系統的研究。化學元素詞的學科性比較強，不僅在化學史、科學史的研究上有其重要性，在語言學領域亦具有不可替代的作用，然而學界對近代化學元素詞進行系統性的整理與研究仍顯薄弱；第二，大多學者注意到了個別化學元素詞的考證卻忽視了化學元素詞演變的相關規律和特點的探索，這也是目前研究中的一大缺陷；第三，化學元素詞的研究要涉及化學、語言學等相關領域的理論與知識的綜合運用，因而存有一定的難度。根據已有成果，在化學元素造字、命名等相關研究的過程中存有混同字與詞概念的現象，將漢字的結構類型同外來詞的譯借方式、詞源角度的分類等攪擾在一起。

1.3 論文相關問題的說明

1.3.1 理論依據

1.3.1.1 傳統語言文字學的相關理論

1. 六書理論

漢字的造字方法前人總結爲"六書"，即所謂的象形、指事、會意、形聲、轉注、假借。"六書"一詞最早見於《周禮·地官·保氏》："保氏掌諫王惡，而養國子以道，乃教之六藝：一曰五禮，二曰六樂，三曰五射，四曰五馭，五曰六書，六曰九教。"直到西漢末年，"六書"理論臻於成熟，漢儒第一次將《周禮》的"六書"解釋爲六種造字法，總共有三家之說：一是班固的《漢書·藝文志》："古者八歲入小學,故周官保氏掌養國子,教之六書,謂象形、象事、象意、象聲、轉注、假借,造字之本也。"二是鄭眾的《周禮》注："六書:象形、會意、轉注、處事、假借、諧聲也。"三是許慎的《說文解字·敘》:"《周禮》八歲入小學,保氏教國子,先以六書。一曰指事,指事者,視而可識,察而見意,上下是也。二曰象形,象形者,畫成其物,隨體詰詘,日月是也。三曰形聲,形聲者,以事爲名,取譬相成,江河是也。四曰會意,會意者,比類合誼,以見指撝,武信是也。五曰轉注,轉注者,建類一首,同意相受,考老是也。六曰假借,假借者,本無其字,依聲托事,令長是也。"三家所舉"六書"的名稱和次序雖然不一致,但在本質上各家說法是相通的。其中,許慎不僅對"六書"作出了詳細的解釋,並且明確指出"六書"爲六種造字之法。

清代以後,對於"六書"一般都采用班固的次序、許慎的名稱和解釋,對於"轉注"和"假借"的看法眾說紛紜。由於許慎對"轉注"的解釋並不是十分明確,以至於後來的學者關於"轉注"的理解存有分歧,大致有三種觀點:其一是主形派的觀點,即同一部首的字而意義相關相同,彼此可轉相傳注,以南唐徐鍇爲代表。徐鍇在《說文解字系傳·卷三十九》指出:"屬類成字,而複於偏旁訓博喻近譬,故爲轉注。人、毛、匕爲老,壽耆耋亦老,故以老注之,受意於老,轉相傳注,故謂之轉注。"其二是主義派的觀點,即凡可以互相訓釋的字或有同訓關係的字爲轉注,以清代戴震爲代表。戴震在《答江慎修先生論小學書》指出:"考老二字屬諧聲會意者字之體,引之言轉注者字之用,古人以其語言爲名類,通以今人語言,猶曰互訓雲爾。轉相爲注,互相爲訓,古今語也。《說文》於考字訓之曰'老也',於老字訓之曰'考也',是以序中論轉注舉之。《爾雅·釋詁》多至四十字共一義,其書轉注之法與。別俗異言,古雅殊語,轉注而可知數字共一用者,如初、哉、首、基之皆爲始;卬、吾、台、予之皆爲我,其義轉相爲注曰轉注。"其三是主音派的觀點,即轉注是音近義同的同源字之間關係的一種,以章炳麟爲代表。章炳麟在《轉注假借字》一文中指出:"'類'謂聲類","'首'者今所謂語基","蓋字者孳乳而浸多,字之未造,語言先之矣。以文字代語言,各循其聲,方語有殊,名義一也。其音或雙聲相轉,疊韻相迤,則爲更製一字,此所謂轉注也。"以上三派學者雖同釋轉注,但見解不同，他們所涉及的問題，實際上已深入到漢字的形、音、義的發展和相互作用的研究。轉注雖屬六書之一，但非造字之法，而是用字之法。考察許書本意，所謂"建類一首"，實際上是指偏旁部首，許氏在《說文解字·敘》有"其建首也，立一爲而"，可見以形建首，許慎已自言之。但是同一部首，並非同義，只有字義相同，才能互訓，因而舉"考"、"老"爲例。由此可見，轉注不是針對單個漢字形體結構的說明，它並未產生新字，只要將其理解爲字與字之間的一種形義關係，即用字之法便可以了。"假借者，本無其字，依聲托事，令長是也。"所謂假借就是語言中有些詞，沒有專門用來記錄它們的字，就選取一個讀音相同或相近的字來代替並寄託其意義。可見，假借字是借已有的字充當的表音字，完全是被當作表音的符號使用的，而與原來的字義沒有必然的聯繫，因而假借也是用字的方法。綜上，正如清代學者戴震所言："指事、象形、形聲、會意四者，字之體也；轉注、假借二者，字之用也。"

從以上分析看，"六書"中的造字方法只有四種，即象形、指事、會意、形聲。所謂象形，就是依照物體的形狀，客觀地描摹出實物的全部或部分特徵的造字方法；所謂指事，就是用象徵性符號表明意義的造字方法；所謂會意，就是會合兩個或兩個以上的構件以表示一個新的意義的造字方法；所謂形聲，就是用表示意義類屬的義符和表示讀音的聲符構字的造字方法，形聲造字法由於聲符能夠記音，有了標音成分，因而相比其他造字法具有更大的優越性。

幾千年前的"六書"理論經久不衰，對於化學元素詞的記錄，會意與形聲兩種造字方法起了不可低估的作用。記錄化學元素詞的漢字中，利用形聲所造之字如碘、硒、碲、鈣、錳、鎂、銥、釷、鉺、鈾、鋼等，這些字的義符表明了化學元素的類屬，聲符則對應了化學元素源語詞的讀音，在化學元素字的演變過程中占據明顯的優勢。此外，還有部分化學元素字根據化學元素的類屬和特徵會意而成，如溴、鑶、鈤、燐、灝等。

2. 字詞關係理論

詞是語言中能夠獨立運用的、最小的表意單位，是構成語言的基本材料。它的內容是詞義，外部形式是詞形即口頭形式——音與書面形式——字形。口語中的詞是音與義的結合體，書面語中的詞是形音義的結合體。[①] 字指文字的個體，它在記録詞的同時承受了在詞中已經結合了的音與義，同時又以其形體作爲自己的獨有形式。一方面，文字是記録語言的符號，它的發展和演變固然要適應語言的發展和變化。漢字是據義構形的表意文字，這一特點決定了漢字與其所記録的漢語詞彙之間具有密切的聯係。隨着漢語中詞語的不斷增加，使其書面形式——汉字的數量亦隨之增加並且日趨複雜，這就要求文字要加强自身的表達與區别的功能。另一方面，由於汉字的特殊職能和本身的特點，決定了它具有脱離語言制約的自身發展規律。將全部文字系統與整個詞彙系統作比較，就可以看出，字與詞絕非一對一的簡單對當關係。[②] 在使用的過程中，字與詞的對當關係是不平衡、不整齊的，並非是簡單的一一對應的關係，存在許多同詞異字和異詞同字的現象。近代化學譯著中的化學元素字、詞之間同樣存在着較爲複雜的對應關係：一個字對應一個詞的，如"鈣"、"鎂"、"碘"；一個字對應不同的詞，如"淡"對應"氮"與"氫"兩個不同的詞，"鈒"對應"釩"與"鋁"兩個不同的詞，"鉨"對應"鈣"與"鋰"兩個不同的詞；不同的字對應同一個詞，"鈣"與"鉨"對應同一個詞"鈣"，"鎳"與"鎘"對應同一個詞"鎳"。文字與詞彙之間不僅存在着密不可分的關係，而且存在着一定的矛盾與差異，因此，文字與詞彙是兩個具有本質區别的系統，二者有着各自不同的發展規律，我們在研究中一定要區分清楚。

1.3.1.2 語義場理論

語義場指以某一概括的語義爲核心，同其他有關的語義所形成的語義範圍。一種語言中的全部詞彙是一個完整的系統，系統中各個詞項按意義聚合成各個系列，這個系列就是語義場。

現代語義學把詞彙和詞義作爲一個系統來研究，較之傳統的詞彙研究是一大進步。傳統的詞彙研究多是注重單個詞的發展和演變，這種研究被稱之爲"原子主義"。自索緒爾始，提出了語言的聚合與組合的兩種關係。至二十世紀三十年代，德國語言學家根據這些關係提出了語義場理論，它是現代

---

① 王寧：《訓詁學原理》，中國國際廣播出版社，1996 年。35 頁
② 陸宗達、王寧著：《訓詁方法論》，中國社會科學出版社，1983 年。42 頁

語義學中的重要理論之一，於二十世紀三十年代由德國語言學家特里爾提出。特里爾所提出的語義場主要着眼於詞的聚合關係。他認爲，在同一個概念場上覆蓋着一個詞彙場，詞彙場中的各個詞之間具有相互聯繫、相互制約的關係，每一個詞的意義只能根據和它相鄰或相反的其他詞的意義而確定。詞彙場會隨着時代的不同而發生相應的變化，這不僅是因爲詞彙中存在着舊詞的消亡和新詞的產生，而且是因爲一個詞意義的變化會影響到與它鄰近的其他詞，從而使這些詞之間的關係發生變化。[①] 具體而言就是，語言中的詞不是孤立的存在的，而是由語義相關的詞組成一個區域，即語義場。語言是由多個系統組成的多平面與多層級的獨立的體系，詞彙系統中的詞語以各種方式相互關聯，同一語義場範圍內的詞互相依存、互相制約，詞語的意義也不是孤立的存在於詞彙系統中的，而是在各種關係中得以體現的。因此表示同一個或者同一類意義的詞語義位便形成了一個集合，即構成了一個語義場。語義場是由具有某種相同或相近語義的單位形成的一個聚合或組合，具有如下特徵：其一，語義場具有多樣性，事物間的複雜多樣的關係決定了語義場的多樣化；其二，語義場具有聯繫性，不同語義場之間以及同一語義場內部的詞語之間是互相聯繫又互相獨立的；其三，語義場具有層級性，依據語義概括能力的大小形成語義場高低不同的層級；其四，語義場具有民族性，由於不同民族語言之間的語義並非是一一對應的，與不同語言的詞相聯繫的概念亦不盡相同，當不同的民族使用各自的語言進行記錄時，便不免會帶有民族的特色。

事實上，我國古代訓詁纂集材料裏就蘊含着語義場的觀念。在解決單個詞義時，訓詁學家需要進行旁徵博引，兼及左右，這樣就有了中國訓詁學對材料纂集的傳統，而纂集材料的必要步驟就是分類，分類是中國古代十分成熟的哲學觀念。《易經·乾卦》云："同聲相應，同氣相求。水流濕，火就燥。雲從龍，風從虎，聖人作而萬物睹。本乎天者親上，本乎地者親下。則各從其類也。"更有《禮記·樂記》，明確提出了"方以類聚，物以群分"的規律。在這種哲學思想的指導下，分類成爲了中國訓詁學必不可少的方法，《爾雅》、《方言》、《釋名》等訓詁專書，都以義類的劃分作爲全書的

---

① 蔣紹愚：《古漢語詞彙綱要》，北京大學出版社，1989 年。19 頁

編排體例。如《爾雅》中的親、宮、器、樂、天、地、丘、山、水、草、木等義類，按照語義場的理論，每一個義類都可以構成一個語義場。再有，我國文字學奠基之作《說文解字》的五百四十部是對小篆形體的分類，亦屬語義的分類，每一部所統領的漢字都是按照意義的相同或相近編排的。

　　詞以類分，同類而纂集，這就是一種聚合，因此在我國早期訓詁材料的纂集裏，就已經存在着西方語義學所說的"語義場"觀念，語義場對詞彙意義的研究，既有探討數量的作用，又有整理詞彙系統與詞義系統的作用。① 王寧先生就漢語詞彙系統提出了"類聚"的概念，並且總結出"同類類聚"、"同義類聚"、"同源類聚"三種模式。② 王先生認爲，漢語中的字、詞、義一經類聚，就會顯現出其內部的系統性，爲詞義的比較創造了很好的環境。正是運用這種類聚，我們可以將某一方面相同而具有可比性的詞或詞義集中起來，通過比較其相異之處求得其特點。而這一類聚比較的本質就是在一定的語義場裏觀察詞彙的系統。在論及漢語詞彙語義學的重建與完善問題時，王先生又指出漢語詞彙語義學的重建與完善要堅持系統論，這是中西方成功的研究的共識。③

　　蔣紹愚先生在《古漢語詞彙綱要》中較早地引進并闡釋了語義場及義素分析法。他指出，"義素"是由處於同一語義場中相鄰或相關的詞的比較而得出的。構成一個詞的若干義素，就是這個詞區別於其他詞（特別是同一語義場中相鄰或相關的詞）的區別性特徵，這種詞分析爲義素的方法稱爲"義素分析法"。義素分析不是對一個詞的幾個意義綜合起來加以分析，而是以一個詞的一個意義爲單位來進行分析，在語義學中稱爲"義位"，我們可以把它看作是區別性特徵的混合。④ 蔣先生利用"義位"和"義素"的概念分析了漢語中的同義詞、反義詞以及詞義的發展演變。並且指出，研究漢語詞彙系統及其發展變化可以從三個方面作考察，一是義位的結合關係，二是詞在語義場中的關係，三是詞的親屬關係。

---

　　① 王寧：《訓詁學原理》，中國國際廣播出版社，1996 年。212 頁

　　② 王寧：《訓詁學原理》，中國國際廣播出版社，1996 年。70 頁

　　③ 王寧：《漢語詞彙語義學的重建與完善》，載《寧夏大學學報（人文社會科學版）》2004 年第 4 期。

　　④ 蔣紹愚：《古漢語詞彙綱要》，北京大學出版社，1992 年。23 頁

　　王寧先生在闡釋訓詁學中詞義異同的原理時提出了“窮盡的一分爲二的義素分析法”的觀點，並且從詞義比較中切分出三種不同作用的義素，一是類義素，用以指稱單義項中表示義類的意義元素；二是核義素（源義素），用以指稱同源詞所含的相同特點；三是表義素，用以指稱類義素與核義素之外的義素。①

1.3.1.3 現代術語學的相關理論

　　劉湧泉認爲：“術語可以是詞，也可以是詞組；它們是用來正確標記生產技術、科學、藝術、社會生活等等各個專門領域中的事物、現象、特性、關係和過程的。”② 陳原認爲術語就是“在一定的主題範圍內（某一學科），爲標示一個特定的專門的概念而確定的一個單詞或詞組（一般術語和複合術語）”③。馮志偉認爲術語是“通過語音或文字來表達或限定專業概念的約定性符號”④。以上是三位學者從不同角度對術語的理解，究其本質是相同的。本文所研究的化學元素詞屬於化學術語，因此具備術語的基本特徵——專業性、科學性、單一性和系統性，⑤ 其中，在術語命名中應該特別注意的是術語的系統性，⑥ 這在化學元素詞的創製上有所體現。根據術語的作用範圍分爲純術語、次術語和准術語三類，其中的純術語專業性最強，次術語次之，而准術語已滲透到人們的生活中，逐漸和一般詞彙融合起來（其關係如下圖所示）。⑦ 化學譯著中有一些化學元素詞已融入全民用語，但絕大多數化學元素詞屬於純術語，它們是成系統的。上述關於術語問題的研究理論有助於我們對化學元素詞的理解和分析。

1.3.2 研究方法

1.3.2.1 類聚與比較相結合的方法

　　針對漢語詞彙系統的研究方法，李國英師曾指出：“最簡單的研究方法

---

① 王寧：《訓詁學原理》，中國國際廣播出版社，1996 年。208 頁
② 劉湧泉：《略論我國術語工作》，載《中國語文》1984 年第 1 期。
③ 陳原：《當代術語學在科學技術現代化過程中的作用和意義》，載《自然科學術語研究》1985 年第 1 期。
④ 馮志偉：《現代術語學引論》，語文出版社，1997 年。1 頁
⑤ 劉湧泉、喬毅著：《應用語言學》，上海教育出版社，2003 年。72 – 73 頁
⑥ 馮志偉：《術語淺說》，語文出版社，2000 年。41 頁
⑦ 劉湧泉、喬毅著：《應用語言學》，上海教育出版社，2003 年。72 – 73 頁

是類聚，最基本的研究方法是比較。將相關材料進行類聚可以提高發現問題的時效，在類聚的基礎上作比較時還應注意標準的選擇與把握。"① 因此，針對化學元素詞的研究，類聚與比較是一種有效的方法。經過類聚的比較會有同有異，我們可以據同觀其因襲繼承，據異觀其發展演變。

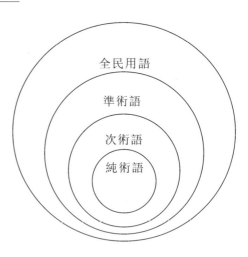

圖1　術語類型關係圖

1.3.2.2 層次分析與類型分析相結合的方法

層次分析可以反映出事物組合的系統性，是觀察各種現象的基本方法之一，類型分析可以反映出事物相互的區別性和同類事物的同一性，是對各種現象認同辨異的重要手段。② 層次分析和類型分析相結合的方法有利於體現化學元素詞彙整體的系統性以及不同化學元素個體之間的區別性及同一性。

1.3.2.3 統計與歸納相結合的方法

統計與歸納是普遍運用於各類研究中比較可靠的方法。就本文而言，所謂統計即對化學元素詞這一研究對象的相關資料進行搜集、整理、計算和分析，通過具體的資料分析以增強論述的說服力。在統計的基礎上進行歸納，就是從化學元素詞材料所反映的現象中概括出相應的特點或規律。

1.3.3 相關問題的界定和說明

1.3.3.1 近代的界定

漢語史上關於近代的分期問題，學界有不同的看法：王力先生把公元十三世紀至十九世紀的鴉片戰爭期間歸爲近代，自 1840 年鴉片戰爭到 1919 年五四運動爲過渡階段；③ 呂叔湘先生以晚唐五代爲界，把漢語的歷史分成古

---

① 李國英師課程講義。
② 王寧：《漢字漢語基礎》，科學出版社，1996 年。20 頁
③ 王力：《漢語史稿》，中華書局，1980 年。35 頁

代漢語和近代漢語兩個大的階段;① 向熹先生把公元十三世紀至公元二十世紀初歸爲近代，即元、明、清時期，其中元代屬近代前期，明清屬近代中期，鴉片戰爭至‘五四’運動屬近代後期。② 本文關於近代的分期採取向熹先生的觀點，具體指近代後期的 1855 年至 1896 年。本文研究的時間段選在這一時期，原因主要有兩點：其一，據化學家袁翰青考證，近代化學是在十九世紀鴉片戰爭后傳入我國的。③ 這樣一來，在時間上正好與近代化學傳入的時間相吻合。據現有史料，西方近代化學知識的傳入當以 1855 年英國醫師合信編譯的《博物新編》爲最早。而大量的化學著作的翻譯主要是集中在鴉片戰爭後至十九世紀末期，即 1855 年至 1896 年。其二，漢語的發展是一個自古至今連貫的過程，近代漢語是由古代漢語向現代漢語發展的重要階段，擁有極爲豐富的文獻資料和學術價值，因此近代漢語的研究是漢語史研究中不可缺少並具有特殊意義的重要環節。語言的發展過程中總是存在着劇烈變化期和相對穩定期兩種不同的表現形態，近代漢語就處於漢語的劇烈變化期，在詞彙、語法、語音等各個方面產生了重大的變化並且形成了這一時期漢語的鮮明特點。引起這一變化的因素有很多，其中之一是來自近代"西學東漸"④ 的影響，隨着西方科技文化的大量湧入，西方著作的譯介漸成趨勢，並且成爲西方科學文化的重要傳播方式。翻譯過程中的語言接觸對漢語的發展與完善起到了一定的推動作用，尤其是對語言要素中最敏感、最靈活的詞彙的影響更大。其中，一個非常直觀的現象就是各個學科的學科詞語基本上都是翻譯過來的，而且大多數學科詞語都是新造的。化學學科詞語的重要組成——化學元素詞的形成亦不例外，主要源自 1855 年至 1896 年間的近代化學譯著的翻譯，而 1855 年至 1896 年恰好處於漢語發展過程中的劇

---

① 呂叔湘：《近代漢語指代詞》，學林出版社，1985 年。

② 向熹：《簡明漢語史》，高等教育出版社，1998 年。42－43 頁

③ 袁翰青：《近代化學傳入我國的時期問題》，載《化學通報》1954 年第 6 期。

④ 西學東漸是指近代西方學術思想向中國傳播的歷史過程，通常是指明末清初以及晚清民初這兩個時期西方學術思想的傳入。主要分爲兩個階段：一是明末清初的西學東漸：明萬曆年間，隨着耶穌會傳教士的到來，他們在傳播基督教教義的同時也傳入了大量的科學文化。這一階段的西學東漸，由於種種原因而被迫中斷。二是晚清民初的西學東漸：19 世紀中葉前後西方人再度開始進入中國，並以各種方式帶來西方的新知識。鴉片戰爭之後清政府開始推行了洋務運動，並采取"中學爲體，西學爲用"的態度來面對西學，促進了西方科學文化的再次傳播。這一時期西方知識的傳入，較前一個時期範圍更廣、影響更大。

烈變化期，因此具有一定的研究價值。

1.3.3.2 化學譯著的界定

本文所言化學譯著，是指隨着西方近代化學的傳入，由外國傳教士和中國學者編譯或翻譯的化學著作。本文涉及的化學譯著有兩類，一是由外國傳教士或學者編譯的化學著作，如《博物新編》（1855）、《格物入門·化學入門》（1868）、《西學啓蒙·化學啓蒙》（1886）；一是由外國傳教士或學者口譯、中國學者筆述的化學著作，如《化學初階》（1870）、《化學鑒原》（1871）、《化學指南》（1873）、《格致啓蒙·化學啓蒙》（1879）、《化學新編》（1896）。爲了儘量全面地反映化學元素詞的面貌，本文選擇了由不同譯者、不同譯館翻譯的不同類型的化學譯著。

1.3.3.3 化學元素詞的界定

本文所言化學元素詞，是指近代化學譯著中出現的指稱化學元素的詞。本文主要依據化學譯著正文、化學術語中英對照表、以及譯著中化合物表达式，提取出指稱 64 個化學元素的 317 個化學元素詞進行分析研究。

1.3.3.4 外來詞的界定

本文采取廣義外來詞的觀點，即將音譯與意譯均歸入外來詞。主要基於以下幾點考慮：其一，就理論而言，語言中的詞是形式與内容的結合體，詞的形式是音，詞的内容是義。按照詞的音與義的來源看，若音與義均來自本族語的詞我們稱之爲本族詞①；音與義中的任何一個因素若是源自外族語的詞我們稱之爲外來詞。其二，就具體材料的處理而言，采用廣義外來詞的觀點有利於化學元素本族詞與化學元素外來詞區分標準的把握。

本文根據詞的音與義的借入情況，將外來詞分爲音譯詞與意譯詞兩類。音譯詞側重於音的借入，利用漢字摹寫外語詞的讀音，如"孛羅明"、"嘎

---

① 本文所謂的"本族語詞"指的是狹義的本族語詞。具體而言，"本族語詞，也稱'民族固有詞'。按來源劃分的詞的兩個類别之一。與外來詞相對，即不是來源於其他民族語言，而是本族語言所固有詞。其意義也可以有廣、狹之分。狹義的本族語詞指漢語原有的，完全用漢語的構詞材料並按漢語構詞的内部規律構成的，意義亦非外來的。如"天"、"地"、"看"、"聽"、"悠久"、"幸福"、"一"、"二"、"你"、"我"、"已經"、"既然"等。……廣義的本族語詞則在狹義的基礎上再增加意譯詞和仿譯詞，即無論意義是否外來，只要是用漢語的構詞材料的，在構成上符合漢語的構詞内部規律的詞，都是本族語詞。（張清源：《現代漢語知識辭典》，四川人民出版社，1990年。162 – 163 頁）

爾本"、"埃阿顛"、"碘"、"鈣"等；意譯詞側重於義的借入，根據外語詞的意義，利用漢語固有的構詞材料和構詞規則造新詞，按照意譯詞與外語詞命名理據的關係又把意譯詞分爲兩類：一是與外語詞命名理據無關的純意譯詞，如"輕氣"、"鹽氣"、"砂精"等；一是與外語詞命名理據有關的仿譯詞，如"玻"、"炭"、"水母"、"綠氣"等。

1.3.3.5 化學譯著中含有"下標"的化學元素詞的說明

爲了區別化學譯著中出現的書寫形式相同而所指不同的化學元素詞，本文采用下標"1"和"2"的方式予以區分。這類化學元素詞的出現，究其原因是詞形的偶合，即不同的造詞者依據不同的理據造詞時，恰巧采用相同的的書寫形式表達彼此完全沒有聯繫的意義。化學譯著中的此類化學元素詞共有七組，見下表：

表 1 含"下標"的化學元素詞表

化學元素源語詞①	譯著用詞	化學譯著出處
Cadmium（鎘）	鎘$_1$	《化學鑒原》
Nickel（鎳）	鎘$_2$	《化學初階》
Titanium（鈦）	鈦$_1$	《化學初階》
Yttrium（釔）	鈦$_2$	《化學鑒原》
Vanadium（釩）	釩$_1$	《化學鑒原》
Aluminum（鋁）	釩$_2$	《化學初階》
Calcium（鈣）	鉮$_1$	《化學初階》
Lithium（鋰）	鉮$_2$	《化學指南》
Nitrogen/Azote（氮）	淡氣$_1$	《格物入門·化學入門》以外的化學譯著
Hydrogen（氫）	淡氣$_2$	《格物入門·化學入門》
Nitrogen/Azote（氮）	淡$_1$	《格物入門·化學入門》以外的化學譯著
Hydrogen（氫）	淡$_2$	《格物入門·化學入門》

———————————

① "（）"內爲漢語今用詞。

2 章　近代化學譯著的形成
及化學元素詞的提取

2.1 近代化學譯著的形成

中國是世界上文明發達最早的國家之一，擁有燦爛輝煌的古代科學文化和令世人矚目的造紙、火藥等偉大的發明創造，並且爲後世保留了極其豐富的歷史典籍，儘管中國早已有了高度發達的經驗化學，但近代化學知識卻是從歐洲傳來的。

2.1.1 近代化學譯著形成的背景

歐洲化學的傳入源於西方科學的傳入，歐洲近代科學是在 16 至 18 世紀歐洲的基督教文化及資本主義背景下形成，並漸由西方傳入中國。基督教來華傳教士曾在 "西學東漸" 這一特定時期中起着較爲特殊的作用。明末清初傳入了西方的數學、天文學、地理學、物理學、生理學等。歐洲化學傳入中國大致可以分爲兩個階段：明朝末年至鴉片戰爭期間爲第一階段，傳入的是歐洲的舊化學，即經驗化學；鴉片戰爭以後爲第二階段，傳入的是新化學，即科學的化學。

1626 年意大利人耶穌會士高一志的《空際格致》最早向我們輸入了亞里士多德的 "四元素說"："一切根者惟四元行，所謂火、氣、水、土是也。……行也者，純體也。乃所分不成他品之物，惟能生成雜物之諸品也。所謂純體者何也？謂一性之體，無他行之雜。蓋天下萬物，有純雜之別，純者即土、水、氣、火四行也。"① 文中的"元行"、"行"就是我們現在所說的"元素"。1643 年德國耶穌會士湯若望口授給焦勗寫成的《火攻挈要》，其中介紹了多種火藥的配方。之後，湯若望還翻譯了德國著名礦冶學家阿格里柯拉的《金屬論》，其譯本名爲《坤輿格致》，書中介紹了許多金屬的化學性質和冶煉技術。方以智在其所著《物理小識》（1664）中也提到強酸，並指明是傳教士湯若望介紹給他的。總的說來，這一時期西方化學的傳入，相比較其他學科，數量上可以說是少得微不足道，其影響也非常小，而且傳入的是西方的經驗化學，即舊化學。

由於近代化學建立較晚，在歐洲直至 18 世紀 40 年代才正式產生，因而相比其他科學，近代化學的傳入也較晚，是在十九世紀鴉片戰爭之後傳入我國的。②

2.1.2 重要的近代化學譯著③

隨着近代化學的傳入，1855 年至 1896 年間湧現出大量的近代化學譯著，大約有四十餘種，我們將主要譯著列表如下：

表 2　近代重要的化學譯著表

書名	原著者	譯者	出版處	出版時間	備註
博物新編 1 冊	［英］合信		墨海書館	1855	最早引進西方近代化學知識
化學入門 1 冊		［美］丁韙良	京師同文館《格物入門》七種本	1868	最早通俗化學譯著
化學初階 2 卷 4 冊	［英］韋而司	［美］嘉約翰譯 何瞭然述	廣州博濟醫局	1870	最早系統介紹化學知識的譯著

---

① 袁翰青、應禮文著：《化學重要史實》，人民教育出版社，1989 年。191 頁

② 袁翰青：《近代化學傳入我國的時期問題》，載《化學通報》1954 年第 6 期。

③ 有關近代重要化學譯著的相關介紹主要依據潘吉星先生的《明清時期（1640—1910）化學譯作書目考》。（潘吉星：《明清時期（1640—1910）化學譯作書目考》，載《中國科技史料》1984 年第 5 期。）

書名	原著者	譯者	出版處	出版時間	備註
化學鑒原 6 卷 4 冊	[英]韋而司	[英]傅蘭雅譯 徐壽述	江南製造局	1871①	最早普通 化學譯著
化學分原 8 卷 2 冊	[英]包門 蒲陸山	[英]傅蘭雅譯 徐建寅述	江南製造局	1872	最早分析 化學譯著
化學指南 10 卷 16 冊	[法]馬拉古蒂	[法]畢利幹譯	京師同文館	1873	最早排印化學符 號反應式的譯著
化學鑒原續編 24 卷 4 冊	[英]蒲陸山	[英]傅蘭雅譯 徐壽述	江南製造局	1875	最早有機 化學譯著
化學鑒原補編 6 卷 6 冊	[英]蒲陸山	[英]傅蘭雅譯 徐壽述	江南製造局	1879	最早無機 化學譯著
化學啓蒙 1 卷	[英]羅斯古	[美]林樂知譯 鄭昌棪述	江南製造局 《格致啓蒙》 四種本	1879	通俗化學譯著
化學闡原 6 卷	[德]富里西著 尼烏司	[法]畢利幹譯 承霖 王鐘祥述	京師同文館	1882	最早分析 化學譯著
化學考質 8 卷 6 冊	[德]富里西著 尼烏司	[英]傅蘭雅譯 徐壽述	江南製造局	1883	最早定性分析 化學譯著
化學求數 15 卷 14 冊	[德]富里西著 尼烏司	[英]傅蘭雅譯 徐壽述	江南製造局	1883	最早定量分析 化學譯著
化學須知 1 卷		[英]傅蘭雅	江南製造局	1886	通俗化學譯著
化學啓蒙 1 卷	[英]羅斯古	[英]艾約瑟譯	廣學會 《西學啓蒙》 十六種	1886	通俗化學譯著
化學新編 1 卷	[美]福開森	李天相譯	金陵匯文書院	1896	通俗化學譯著

2.1.2.1《博物新編》

據現有史料，西方近代化學知識的傳入，當以 1855 年 [英] 合信（Benjamin Hobson）編譯的《博物新編》爲最早，該書"甚爲欣羨，有愜襟懷"②。化學家曹元宇在《中國化學史話》中指出，《博物新編》是中國最

---

① 《化學鑒原》的出版時間依據傅蘭雅與潘吉星的觀點。（[英]傅蘭雅：《江南製造總局翻譯西書事略》，載《格致彙編》1878 年第 6 期。潘吉星：《明清時期(1640—1910)化學譯作書目考》，載《中國科技史料》1984 年第 5 期。）

② [英] 傅蘭雅：《江南製造總局翻譯西書事略》，載《格致彙編》1878 年第 6 期。

早的一部講化學等科學的書籍，該書介紹的近代化學知識要比同文館出版的
《格物入門》（1868）早十三年，比江南製造局出版的《化學鑒原》（1871）
早近二十年。①《博物新編》的編譯出版對中國近代早期科學家與知識分子
產生過很大的影響，聞名近代化學界的徐壽亦曾研讀過此書。王韜評價該書
是："詞簡意盡，明白曉暢，講格致之學者，必當由此入門，奉爲圭臬。"②

　　《博物新編》共分三集，初集分地氣論、熱論、水質論、光論、電氣論
五部分，介紹了氣象學、物理學、化學、天文學等各種西方近代科學知識。
"地氣論"中第一次介紹近代化學知識，在其化學部分"物質物性論"裏講
到："天下之物，元質五十有六，萬類皆由之以生，造之不竭，化之不滅，
是造物主之冥冥中材料也。"這段話指出化學元素共有五十六種，大致反映
了西方十九世紀初期的化學水準。書中還介紹了一些化學元素："養氣，又
名生氣，養氣者，中有養物，人畜皆賴以活其命，無味無色，而性甚濃，火
藉之而光，血得之而赤，乃生氣中之尤物。……輕氣，又名水母氣。輕氣生
於水中，色味俱無，不能生養人物，試之以火有熱而無光，其質爲最
輕。……淡氣者，淡而無用，所以調淡生氣之濃者也，功不足以養生，力不
足以燒火。……炭者何，煙煤之質，火爐之餘氣之最毒者也。"書中首次將
強水分爲硝強水（又名火硝油）、磺強水（又名火磺油）、鹽強水，即現在
的硝酸、硫酸、鹽酸。

　　2.1.2.2《化學入門》③（《格物入門》七種本）

　　1868 年，《化學入門》由［美］丁韙良（William Alexander Parson Mar-
tin）編譯而成。該書英文名 Natural Philosophy and Chemistry（《自然哲學與
化學》），原文底本不明。《化學入門》是我國最早的通俗化學讀物。該書主
要是以問答的形式討論了四章的内容——論物質之原質、論氣類、論金類、
論生物之體質。

　　2.1.2.3《化學初階》

　　1870 年，《化學初階》由［美］嘉約翰（John Glasgow Kerr）口譯、何
瞭然筆述而成。該書前兩卷與《化學鑒原》譯自同一原著——1858 年 David

---

① 曹元宇：《中國化學史話》，江蘇科學技術出版社，1979 年。305 頁
② 王韜：《甕牖余談》，嶽麓書社，1988 年。339 – 340 頁
③ 爲明確版本，後文作《格物入門·化學入門》。

Wells（［英］韋而司）的 Principles and Applications of Chemistry[1]（《化學原理和應用》）的無機化學部分，同時還參考了 1863 年 George Fownes（［英］方尼司）的 Manual of Chemistry[2]（《化學教程》）第 10 版等化學書。

《化學初階》是我國最早問世的一部系統介紹近代化學知識的譯著。該書共兩卷，"凡例"中指明此書之大旨有二："細詳其理，使學者得門而入，一令學者知化學之益世，復細釋化力，能令萬有滋生如環，實源乎日之光熱。"本書中首先采用了漢語單音音譯作爲元素命名的基本原則，爲當時所知六十四種元素定名，此舉爲後來化學文獻的撰寫與譯述奠定了基礎，書中除了介紹一些重要的化學術語概念之外，還較爲系統地討論了金屬、非金屬元素的性質、化學物質的生成等内容。

2.1.2.4《化學鑒原》、《化學鑒原續編》、《化學鑒原補編》、《化學分原》、《化學考質》、《化學求數》、《化學須知》

1. 《化學鑒原》

1871 年，《化學鑒原》由［英］傅蘭雅口譯、徐壽筆述而成。該書譯自 1858 年 David Wells 的 Principle and Application of Chemistry[3]（《化學原理和應用》）。

《化學鑒原》是我國最早的一部普通化學譯著，該書共六卷，四百一十節。其中，首卷通論化學基本原理及元素命名原則，卷二介紹養氣、輕氣、淡氣等氣體元素，卷三介紹碘、溴、硫、炭等非金屬元素，卷四至卷六介紹鉀、鈉、鋰、鋇、鐵、錳等金屬元素。《化學鑒原》的重要貢獻之一即明確了化學元素的中文命名原則："西國質名，字多音繁，翻譯華文，不能盡叶，今惟以一字爲原質之名。……原質之名，中華古昔已有者，仍之，如金、銀、銅、鐵、鉛、錫、汞、硫、燐、炭是也。惟白鉛一物，亦名倭鉛，乃古無今有。名從雙字，不宜用於雜質，故譯西音作鋅。昔人所譯，而合宜者亦仍之，如養氣、淡氣、輕氣是也。若書雜質則原質名概從單字，故白金

① Principles and Applications of Chemistry by David Wells. New York Chicago：Ivison，Blakeman，Taylor and Co，1858.

② Manual of Chemistry lothed. H. vones and A. W. Hofmann. London：Rolfe and Gillet. 1863.

③ Principles and Applications of Chemistry by David Wells. New York Chicago：Ivison，Blakeman，Taylor and Co，1858.

亦昔人所譯，今改作鉑。此外尚有數十品，皆爲從古所未知。或雖有其物，而名仍闕如，而西書賅備無遺。譯其意義，殊難簡括，全譯其音，苦於繁冗。今取羅馬文之首音，譯一華字，首音不合，則用次音，並加偏旁，以別其類，而讀仍本音。"① 徐維則在《東西學書錄》（1899）中評價此書爲："專論化成類之質，於原質論其形性取法、試法及各變化並成何雜質，變而無垠小而無內皆能確言其義理，中譯化學之書，殆以此爲善本。"孫維新在1889 年的格致書院的考課所答 "泰西格致之學與近刻翻譯諸書詳略得失何者爲最要論" 中指出，《化學鑒原》把六十四種元素分爲金屬和非金屬，每種 "論其形性、取法、試法及各變化，並所成雜質，於以知天地間之物，無非此六十四原質，分合變化而成，所論質點之細小，而無內變化之巧，出人意外，習天文可想天地之大，襟懷爲之廣闊，習化學能覺物之細心，心思爲之縝密。《鑒原》爲化學善本，條理分明，欲習化學應以此爲起首工夫。"

2.《化學鑒原續編》

1875 年，《化學鑒原續編》由〔英〕傅蘭雅口譯、徐壽筆述而成。該書譯自 1875 年 Charles Bloxam（〔英〕蒲陸山）的 Chemistry, Inorganic and Organic With Experiments and a Compion of Equivalent and Molecular Fomulae②（《無機與有機化學》）的有機化學部分，由於之前的《化學鑒原》內容多屬無機化學，而此書只翻譯了原著的有機化學部分，恰好將《化學鑒原》之未盡內容續完，故名爲《化學鑒原續編》。

《化學鑒原續編》是我國最早的有機化學譯著，共二十四卷，主要討論了含衰之質、蒸煤所得之質、草木所含各質等有機化學知識。徐維則在《東西學書錄》（1899）中評價這部書是："專詳生長類之質，首論含衰之質、次論蒸煤蒸木所得之質，次論油酒粉糖醋等質性，以至動物變化植物生長等各盡其理。"

3.《化學鑒原補編》

鑒於《化學鑒原續編》對 1875 年 Charles Bloxam（〔英〕蒲陸山）的

---

① 〔英〕韋而司著，〔英〕傅蘭雅、徐壽譯：《化學鑒原》，江南製造局，1871 年。卷一：二十九節

② Chemistry, Inorganic and Organic With Experiments and a Compion of Equivalent and Molecular Fomulae by Charles Bloxam. 3rd ed. London：John Churchill and Co，1875.

Chemistry, Inorganic and Organic With Experiments and a Compion of Equivalent and Molecular Fomulae① (《無機與有機化學》) 有機化學部分的翻譯，1879年，［英］傅蘭雅與徐壽繼續翻譯該書的無機化學部分，名爲《化學鑒原補編》，這樣一來，蒲陸山的《無機與有機化學》就全部譯出。

《化學鑒原補編》是我國最早的無機化學譯著，該書共六卷，卷一至卷四論非金屬元素十五種，卷五和卷六論金屬元素四十九種，較多地補充和介紹了無機化合物的知識。徐維則在《東西學書録》（1899）中評價這部書是："所論原質亦六十有四，惟較《鑒原》爲詳。"

4.《化學分原》

1872 年，《化學分原》由［英］傅蘭雅口譯、徐建寅筆述而成。該書譯自 1866 年 John Bowman（［英］包門）著、Charles Bloxam（［英］蒲陸山）增訂的 Introduction to Practical Chemistry, Including Analysis② (《實用化學及分析導論》) 的第四版。

《化學分原》是我國最早的分析化學譯著，共八卷，該書前五卷主要介紹定性分析化學的知識，第六卷介紹定量分析化學的知識，第七卷介紹化學工藝知識，第八卷爲附表。

5.《化學考質》

1883 年，《化學考質》由［英］傅蘭雅口譯、徐壽筆述而成。該書譯自 1875 年 Carl Remigius Fresenius（［德］富里西尼烏司）著、W. Johnston（［美］約翰斯頓）修訂的英文版 Manual of Qualitative Chemical Analysis③ (《定性分析化學教程》)。

《化學考質》是我國最早的一部定性分析化學譯著，共八卷。卷一介紹實驗的基本操作和儀器，卷二介紹實驗試劑的製備、檢驗及作用，卷三介紹陽離子與陰離子反應，卷四介紹定性分析，卷五和卷六介紹實際樣品的分析，卷七介紹有機物的定性分析，卷八列有注意事項及附表。

---

① Chemistry, Inorganic and Organic With Experiments and a Compion of Equivalent and Molecular Fomulae by Charles Bloxam. 3rd ed. London: John Churchill and Co, 1875.

② Introduction to Practical Chemistry, Including Analysis by John E. Bowman. ed. Charles L. Bloxam. 4th American ed. from the 5th rev. London ed. , Philadelphia: Henry C. Lea, 1866.

③ Manual of Qualitative Chemical Analysis by C. R. Fresenius, newly ed. by W. Johnston. New York: John Wiley and Sons, 1875.

6. 《化學求數》

1883 年，《化學求數》由〔英〕傅蘭雅口譯、徐壽筆述而成。該書的底本是英國化學家 A. Vacher（〔英〕瓦切爾）從 Carl Remigius Fresenius（〔德〕富里西尼烏司）所著 Quantitative Chemical Analysis[①]（《定量化學分析導論》）德文第六版譯出的 1876 年倫敦英文第七版。

《化學求數》是我國最早的一部定量分析化學譯著，共十五卷，卷一介紹化學實驗儀器與操作，卷二介紹化學試劑，卷三介紹重量分析的稱量形式，卷四介紹金屬元素、陰離子、陽離子的測定，卷五介紹金屬與非金屬元素的分離，卷六介紹有機化合物的元素分析，卷七介紹定量分析，卷八介紹水質分析，卷九至卷十四介紹礦物、土壤、肥料、空氣等的分析，卷十五爲附錄。

7. 《化學須知》

1886 年，《化學須知》由〔英〕傅蘭雅編譯而成。徐維則在《東西學書錄》（1899）中指出此譯本 "與羅氏《啓蒙》同出一本，譯者稍異其文"。經化學家潘吉星先生考證，二者並非出自同一底本，《化學須知》另有未知譯本。

《化學須知》共六章，即略論四行形質、略論原質五氣、略論非金類原質、略論金類原質、略論賤金類原質和略論貴金類原質。

上述化學譯著由江南製造局出版，其譯述者是〔英〕傅蘭雅、徐壽和徐建寅（徐壽之子），譯著中的化學元素詞彙系統一致，均沿襲《化學鑒原》中所譯的化學元素詞。

2.1.2.5《化學指南》《化學闡原》

1. 《化學指南》

1873 年，《化學指南》由〔法〕畢利幹譯成。該書譯自 1853 年 Faustino Javita Mariao Malaguti（〔法〕馬拉古蒂）在巴黎發表的二卷本的 Lecons élémentaire de chimie（《化學基本教程》）。

《化學指南》是我國最早排印西方通用化學反應式的一部譯著，共十

---

①　Quantitative Chemical Analysis by C. R. Fresenius, 7th Eng. ed. , tr, from the 6th German ed. by A. Vacher, London John Churchill, 1876.

卷，以問答的方式介紹化學知識，前六卷主要討論了金屬與非金屬元素的性情、功用、製煉之法等内容，后四卷討論生物化學知識。

2.《化學闡原》

1882 年，《化學闡原》由［法］畢利幹口譯、承霖與王鐘祥筆述而成。該書譯自 1841 年 Carl Remigius Fresenius（［德］富里西尼烏司）的 Anlcitung zur qualitativen Alnalyes[①]（《定性分析化學導論》）。

《化學闡原》是我國較早的一部分析化學譯著，專爲分求礦類而設。該書"凡例"中明確指出："蓋天下之礦類甚多，倘不詳細推求，則礦類中所含之金類與非金類，斷難明曉，且何爲原質？何爲雜質？何爲應得之質？何爲無用之質？亦難洞悉，惟必細爲考核，非特可闡礦類之原，亦不致有虛靡之患。"並且稱"是書與《化學指南》參觀，蓋《指南》係講配合各質之法，而《闡原》爲深造之學也"。《化學闡原》共分六章，即論分原一切之法、論分原所備各種藥品、論令各質成爲定質之法、論反酸强酸重數、論分晰强酸之類、論分化生物之質。其化學元素詞與《化學指南》一致。

2.1.2.6《化學啓蒙》[②]（《格致啓蒙》四種本）

1879 年，《化學啓蒙》由［美］林樂知口譯、鄭昌棪筆述而成。該書譯自 1866 年 Henry Enfield Roscoe（［英］羅斯古）的 Science Primer Series—Chemistry[③]（《科學啓蒙叢書·化學篇》）。《化學啓蒙》屬於通俗化學譯著，首先對火、空氣、水等物質進行了分析，之後介紹了一些重要的非金屬元素和金屬元素。

2.1.2.7《化學啓蒙》[④]（《西學啓蒙》十六種本）

1886 年，《化學啓蒙》由［英］艾約瑟譯成，共二十二章。該書譯自 1866 年 Henry Enfield Roscoe（［英］羅斯古）的 Science Primer Series—Chemistry[⑤]（《科學啓蒙叢書·化學篇》），與《格致啓蒙》本的底本相同，如傅蘭雅所言，此書與林樂知所譯"同出一稿，只有詳略之異"。[⑥]

---

① Anlcitung zur qualitativen Alnalyes. Bonn, 1841.
② 爲明確版本，後文作《格致啓蒙·化學啓蒙》
③ Science Primer Series—Chemistry by H. E. Roscoe. London, 1866.
④ 爲明確版本，後文作《西學啓蒙·化學啓蒙》
⑤ Science Primer Series—Chemistry by H. E. Roscoe. London, 1866.
⑥ ［英］傅蘭雅：《披閲西學啓蒙十六種記》，載《格致彙編》1891 年。

2.1.2.8《化學新編》

1896 年，［美］福開森編、李天相譯的《化學新編》包含四部分内容，即總引、論死物質、論生物質和考質。其中，"總引"部分主要介紹了一些化學術語，"論死物質"部分介紹了重要的金屬與非金屬元素的性質和取法，"論生物質"部分介紹了一些有機化合物知識，"考質"部分對二十六種金屬元素與十二種酸質進行了定性分析。

2.2 近代化學譯著中化學元素詞的提取

2.2.1 化學元素詞提取的範圍

本文所言化學元素詞，是指近代化學譯著中出現的指稱 64 個化學元素的 317 個化學元素詞。

1. 化學譯著的選用

本文的語料是《博物新編》（1855）、《格物入門・化學入門》（1868）、《化學初階》（1870）、《化學鑒原》（1871）、《化學指南》（1873）《格致啓蒙・化學啓蒙》（1879）、《西學啓蒙・化學啓蒙》（1886）、《化學新編》（1896）八部化學譯著。

我們之所以選擇以上八部化學譯著，基於以下幾方面的考慮：

第一，就時間而言，可以將以上化學譯著的出現分爲兩個階段，1855 年至 1873 年爲第一階段，期間形成的是能夠反映西方近代化學傳入的最早的一批化學譯著，如《博物新編》是我國最早引進西方近代化學知識的書，《格物入門・化學入門》是我國最早的通俗化學譯著，《化學初階》是我國最早系統介紹化學知識的譯著，《化學鑒原》是我國最早的普通化學譯著，《化學指南》是我國最早排印化學符號反應式的譯著。這些譯著能夠較好地反映出化學元素詞的初創情況。1879 年至 1896 年爲第二階段，這一階段的化學譯著可以反映出化學元素詞的沿用情況。這兩個階段的化學譯著形成了時間上的連續性，便於我們追蹤化學元素詞的產生、繼承與演變。

第二，就譯者而言，爲了能夠全面地反映這一時期化學元素詞的創製與使用情況，我們選擇了不同出版處的、不同譯者翻譯的化學譯著。其中，出版處分別有墨海書館、京師同文館、廣州博濟醫局、江南製造局、廣學會、金陵匯文書院，譯者分別是〔英〕合信、〔美〕丁韙良、〔美〕嘉約翰與何瞭然、〔英〕傅蘭雅與徐壽、〔法〕畢利幹、〔美〕林樂知與鄭昌棪、〔英〕艾約瑟、李天相，由於口譯者（國籍亦不同）、筆述者的不同，翻譯的語言風格與所使用的詞語便會存有差別，這樣的選擇有利於我們進行化學元素詞的對比研究。

第三，就類型而言，儘量兼顧化學譯著的學術性與普及性。其中，《化學初階》、《化學鑒原》、《化學指南》屬於具有代表性的化學學術譯著，《格物入門·化學入門》、《格致啓蒙·化學啓蒙》、《西學啓蒙·化學啓蒙》、《化學新編》都屬於具有代表性的通俗化學譯著，《博物新編》則是最早綜合介紹自然科學知識的一部著作，同時也是最早介紹西方近代化學知識的一部著作。

2. 輔助材料

在描寫和論證化學元素詞彙系統時，僅上文提及的幾部化學譯著的材料有一定的局限性，可能會造成論證環節的不連貫，因而在論證過程中，勢必要補充一些相關材料進行佐證，具體包括以下幾類：其一，涉及化學知識的重要期刊，如《格致彙編》、《亞泉雜誌》、《科學》、《東方雜誌》等；其二，與規範化學元素詞相關的重要詞表和原則，如《術語辭彙》、《化學語彙》、《無機化學命名草案》、《化學命名原則》等；其三，與化學元素詞的意義、來源研究相關的辭書，如《華英字典》、《中文大辭典》、《國語辭典》、《辭源》、《古今漢語詞典》、《漢語外來詞詞典》、《漢語大字典》、《漢語大詞典》、《近現代漢語新詞詞源詞典》等。

2.2.2 化學元素詞提取的依據和原則

1. 化學元素詞提取的依據

任何論證都是建立在基礎材料的概括和歸納上，所選擇的材料應該是無爭議的。因此，本文主要依據所選化學譯著正文中有關化學元素的說明材料、化學譯著中的化學元素表、化學術語中英對照表，輔以化學譯著中的化合物表达式進行提取，最終提取出與化學元素源語詞相對應的指稱 64 個化學元素的化學元素詞共 317 個。

2. 化學元素詞提取的原則

只要是出現於本文所選化學譯著中的能够表達一定完整而確定的化學元素概念的一個詞或詞組，即可作爲一個化學元素詞語單位提取出來。例如，我們據此提取出的指稱元素氟、硼、硒、鉀、鈉的化學元素詞有：

【氟】弗 傅咾連 佛律約而 夫驢約合 弗婁利拿 弗氣 瀬 瀬氣

【硼】布倫 薄何 撥喝 撥合 硼 硼精 硇

【硒】色勒尼約母 塞林尼約母 塞類尼約母 硒 矽

【鉀】卜對斯阿末 怕台西恩 波大寫母 波大先 柏大約母 不阿大寫阿母鉀 鉂 灰精 木灰精

【鈉】蘇地菴 素地阿末 索居約母 索居阿母 鈉 鎯 鹻母 鹻精 城精 鍼

2.2.3 化學元素詞提取的方法

近代化學的傳入，對於當時的國人而言是一個近乎全新的領域，爲了新知識的傳播，《博物新編》、《格物入門・化學入門》、《化學初階》、《化學鑒原》、《化學指南》、《格致啓蒙・化學啓蒙》、《西學啓蒙・化學啓蒙》、《化學新編》這些反映早期西方近代化學知識的譯著於 1855 至 1896 年間應運而生。特定的背景決定了這批材料的特殊性：第一，成書的方式是譯述，即外國學者編譯或者是外國學者口譯與中國學者筆述相結合的方式；第二，譯述的語言是以文言爲主間雜白話，化學譯著形成的時期正處於漢語由古代漢語向現代漢語的轉型期，中外學者的譯述語言自然會呈現出文白間雜的特點；第三，譯述者的專業背景不同，他們並非都是化學方面的專家，翻譯時必然存在語言表達不很明確的情况；第四，翻譯同一化學元素外語詞時，不同譯者的用字、用詞不同，更有大量新造字、新造詞的現象，這就形成了化學譯著中特有的字形與詞形，基於學科的限制，化學元素字、詞未能全部收入後來的辭書中，給讀者的辨識增添了一定的困難；第五，化學譯著的印刷方式屬繁體漢字豎排版式印刷，不僅如此，許多譯著行文中兼以豎綫進行分隔，不便於生成電子文本。

我們曾試圖將以上化學譯著材料電子化，但基於材料本身的特殊性，生成電子文本的困難極大，這樣一來就不能采用電腦識別，因此，只能采用人工選取化學元素詞的方式。

2.2.4 化學元素詞提取的步驟

第一步，通讀譯著《博物新編》、《格物入門·化學入門》、《化學初階》、《化學鑒原》、《化學指南》、《格致啓蒙·化學啓蒙》、《西學啓蒙·化學啓蒙》、《化學新編》的全文。

第二步，在通讀並理解的基礎上，利用所選化學譯著中的化學元素和化學術語中英對照表、化學譯著中的化合物表达式、化學譯著正文中對化學元素進行說明的材料，提取本文所需的化學元素詞，並將提取出的化學元素詞及相關文獻用例錄入電腦。

第三步，制出化學元素詞表，以供研究。

2.2.5 化學元素詞表

表 3　近代化學譯著中的化學元素詞表

今用詞	近代化學譯著中的化學元素詞
金	阿日阿末 哦合 俄而 金 黃金
銀	阿而件得阿末 阿合商 阿而商 銀 白銀
鉑	布拉典阿末 不拉的訥 不拉底乃 鉑 白金 小銀
銠	何抵約母 喝底約母 銈 釰
銥	以日地阿末 底里地約母 依合底約母 銥 鉭
鋨	歐司米約母 鎴 銇
釘	釘 銠
汞	海得喏治日阿末 芉合居合 芉喝居喝 汞 汞精 水銀
錳	蒙 蒙戛乃斯 蒙嘎乃斯 蒙精 錳 錳精 鑾
鐵	勿日阿末 非呵 非而 鐵 銕
銅	古部日阿末 居衣夫合 居依吳呵 銅 紅銅
鈷	可八里得 戈八而得 鈷 鎬 錆
鎳	尼該樂 鎳 鎘$_2$ 鐸
錫	司歟奴阿末 哀單 歌單 錫 軟鉛

续表

今用詞	近代化學譯著中的化學元素詞
鉛	部勒末布阿末 不龍 鉛 黑鉛 硬鉛
鋅	日三恪 日三可 日三 鋅 鋰 白鉛 倭鉛 鎞
鉍	必斯迷他 必司美得 鉍 鏴 鈖
銻	昂底摩訥 杭底母阿那 安底摩尼 銻 鉬
鉻	犒曼 可嫛母 鉻 鐒 鑢
鎘	戛底迷約母 嘎大迷約母 鎘$_1$ 鐸 鑶
鈾	迂呵呢約母 於阿尼約母 鈾 鏉 鑛
鈦	幾單那 的大訥 鈦$_1$ 鐟 鉨
鉬	鉬 鋗
鈮	鈮 鈳
釩	釩$_1$ 鐇
銦	銦 鎇
鉈	銩 鉿
鉀	卜對斯阿末 怕台西恩 波大寫母 波大先 柏大約母 不阿大寫阿母 鉀鉣 灰精 木灰精
鈉	蘇地菴 素地阿末 索居約母 索居阿母 鈉 鑪 鹻精 城精 鍼
鋰	里及約母 理及阿母 鋰 鈮$_1$
鍶	斯特龍寫阿母 鍶 鑕
鉫	鉫 鑪
鈣	戛勒寫阿母 嘎里寫阿母 嘎里先 鈣 鈣$_2$ 鏃 砯 石精 石灰精
鋇	鋇呂阿末 巴哩菴 巴阿里約母 八阿里嘎母 鋇 鍾
鎂	馬可尼及寫阿母 馬革尼先 鎂 鑢 滷 滷精 鹽滷精
鉋	銅 鎞
鋁	阿驢迷尼約母 阿閒迷尼約母 阿祿迷年 鋁 釩$_2$ 鑱 白礬精 膠泥精 礬精
鈹	各閒須尼阿母 銑 鉻 鉗
釷	釷 釻 釰
釔	鐿 鈦$_2$
鋯	鋯 鉲

续表

今用詞	近代化學譯著中的化學元素詞
鏑	鏑 鋲 鋲
鑭	鑭 鋃
鈰	鑥 錯 鉮
鉽	鉽 鉹
鈀	鈀
鎢	鎢
鉺	鉺
鉭	鉭
氧	阿各西仁 我克西仁訥 哦可西仁訥 養氣 養 生氣 酸母
氫	依特喝仁訥 伊得喝仁訥 依他喝仁訥 依得樂仁訥 輕氣 輕 水母 水母氣 淡氣$_2$ 淡$_2$
氮	阿蘇的 阿索得 阿色得 阿索哦得 尼特合壬哪 淡氣$_1$ 淡$_1$ 硝母 硝氣 硝
氯	啥咾連 克羅而因 可樂合 可樂喝而 可樂而 緑 緑氣 緑精 鹽氣
氟	弗 傅咾連 佛律約而 夫驢約合 弗婁利拿 弗氣 瀩 瀩氣
溴	孛羅明 不合母 不母 溴 溕 溴水
碳	嘎爾本 戛薄訥 戛各撥那 戛爾撥那 炭 炭質 炭氣精 炭精
硫	蘇夫合 硫 磺 硫黃 硫磺
磷	勿司勿而阿司 佛斯佛合 燐 硄 光藥
硼	布倫 薄何 撥喝 撥合 硼 硼精 硫
硅	西里西約母 西里西亞母 西里寫阿母 西利根 玻 玻精 矽 砂精 砂
碘	挨阿顛 埃阿顛 約得 碘 爕 海藍
碲	得律合 得驢喝 得驢合 碲 硉 砷
硒	色勒尼約母 塞林尼約母 塞類尼約母 硒 砽
砷	阿何色尼 阿各色呢各 阿合色尼閣 鉮 碻 㙓 㙓精 砒 信石 信石原質

3章　近代化學譯著中的化學元素語義場描寫

3.1 "元素" 概念的形成

3.1.1 "元素" 概念的萌芽

"元素" 是化學基本概念之一，萌芽於古希臘的 "四元素說" 和中國古代的 "五行說"。所謂元素的學說，就是把元素看作構成自然界中一切物質的最簡單、最基礎的材料，早在古代就有了這一學說的萌芽。我國戰國時代《管子・水地篇》中有："水者，地之血氣。……萬物莫不以生。……水者，何也？萬物之本原也。" 認爲水是組成萬物的本原。《莊子・外篇》中有 "故通天下一氣耳" 之說，認爲氣是構成萬物的本原。至戰國末期，我國古代的一部歷史文獻彙編《尚書》中記載了 "五行學說"："五行：一曰水，二曰火，三曰木，四曰金，五曰土。水曰潤下，火曰炎上，木曰曲直，金曰從革，土曰稼穡。" 其中的 "潤下"、"炎上"、"曲直"、"從革"、"稼穡" 都是表示物質的基本性質，即水之性爲潤物而向下，火之性爲燃燒而向上，木之性爲可曲可直，金之性爲熔鑄改造，土之性爲耕種收穫。《國語・鄭語》中則進一步表明了金、木、水、火、土是構成物質基礎的觀念："夫和實生物同則不繼，以它平它謂之和，故能豐長而物生之。若以同裨同盡乃棄矣，故先王以土與金、木、水、火雜以成百物。"

公元前 7 世紀至 6 世紀期間，古印度的哲學家卡皮拉提出了與我國 "五行" 類似的 "五大"，在印度化學家累埃的《古代和中古印度化學史》中，記載有"akasa（空）"、"vayu（氣）"、"tejas（火）"、"ap（水）"、"kshiti（土）"。[①] 西方自然哲學來自古希臘，公元前 6 世紀至公元前 5 世紀間，被尊爲希臘七賢之一的唯物主義哲學家泰勒斯認爲水是萬物之母。公元前 5 世紀中期，思想家安拉克西米尼認爲組成萬物的基本物質是氣。被列寧譽爲"辯證法的奠基人之一"的赫拉克利特認爲萬物是由火而生的。公元前 4 世紀，哲學家安培多可勒綜合其前之各種觀點，在原有的"水"、"氣"、"火"之外，又加以"土"，稱爲四元素。公元前 3 世紀，古希臘哲學家亞里士多德提出自然界是由熱、冷、干、濕四種相互對立的基本性質組成的，其不同的結合構成了火（熱和干）、氣（熱和濕）、水（冷和濕）、土（冷和干）四種元素，[②] 因此可以進行物質之間的相互轉化。

以上對於元素的各種理解，可以說大都限於對客觀事物的觀察或主觀臆測。

3.1.2 具有科學形態的"元素"概念的形成

直至 17 世紀中期，隨着歐洲科學實驗的興起，積累了一些物質變化的實驗資料，終於開始從化學分析的結果去理解有關元素的概念了。具有科學形態的元素概念是由 17 世紀英國的波義耳提出的，他從宏觀上把元素定義爲不由任何其他物質構成的原始物質或完全純粹的物質，即用一般化學方法不能再分解的物質成分。1661 年，英國科學家波義耳在《懷疑派的化學家》中指出，元素就是某種原始的、簡單的或完全未經化合的物質，它們既不能由其他物體構成，也不是相互構成的，它們是一切被稱爲緊密化合的完全化合物的直接構成的成分和最終分解的成分。1789 年，法國化學家拉瓦錫在《化學概論》中指出，元素是組成物體的簡單的和單個的微小粒子，把元素定義爲"分析所能達到的終點"，並列出了第一張真正的化學元素表（見下表）。19 世紀初，隨着英國化學家道爾頓的原子學說化學理論的創立，化學元素的概念才開始與物質原子的概念聯繫起來。19 世紀後期，俄羅斯化學家門捷列夫建立化學元素週期系，明確指出元素的基本屬性是原子量。原

---

① 凌永樂：《化學概念和理論的發展》，科學出版社，2001 年。2 頁
② 凌永樂：《化學概念和理論的發展》，科學出版社，2001 年。2 頁

子——分子論提出後，化學元素被定義爲具有相同化學性質的一類原子的總稱。[1]

1923 年，國際原子量委員會作出決定：化學元素是根據原子核電荷的多寡對原子進行分類的一種方法，把核電荷相同的一類原子稱爲一種元素，即我們現在所理解的化學元素概念。

1933 年，國立編譯館出版《化學命名原則》明確了元素的含義，即"凡以化學方法不能分解爲更簡之物質者，稱曰元素（element）"。[2]

近代化學譯著中對"元素"的理解如下：

《博物新編》："萬類皆由之以生，造之不竭，化之不滅，是造物主之冥冥中材料也。"

《格物入門・化學入門》："若者質本精一，其不復分化者，皆以爲原質。"

《化學初階》："不能判爲二者是之謂原質。"

《化學鑒原》："萬物之質，今所不能化分者，名曰原質。"

《化學指南》："原行之質……如金銀硫磺等質，皆系純一無雜之物，以分法分之，不能分爲二質。"

綜上，近代化學譯著中所謂的元素，即指構成萬物最基本的、純淨的不可再分的物質。

---

① 凌永樂：《化學概念和理論的發展》，科學出版社，2001 年。3－4 頁

② 化學名詞審查委員會：《化學命名原則》，國立編譯館，1933 年。3 頁

表 4　拉瓦錫的元素表① （1789）

Noms nouveaux.	Noms anciens correspondans.
Lumière.........	Lumière.
Calorique........	Chaleur.
	Principe de la chaleur.
	Fluide igné.
	Feu.
	Matière du feu & de la chaleur.
Oxygène.........	Air déphlogistiqué.
	Air empiréal.
	Air vital.
	Base de l'air vital.
Azote...........	Gaz phlogistiqué.
	Mofete.
	Base de la mofete.
Hydrogène.	Gaz inflammable.
	Base du gaz inflammable.
Soufre..........	Soufre.
Phosphore........	Phosphore.
Carbone.........	Charbon pur.
Radical muriatique.	Inconnu.
Radical fluorique.	Inconnu.
Radical boracique.	Inconnu.
Antimoine........	Antimoine.
Argent..........	Argent.
Arsenic.........	Arsenic.
Bismuth.........	Bismuth.
Cobolt..........	Cobolt.
Cuivre..........	Cuivre.
Etain...........	Etain.
Fer.............	Fer.
Manganèse.......	Manganèse.
Mercure.........	Mercure.
Molybdène.......	Molybdène.
Nickel..........	Nickel.
Or.............	Or.
Platine.........	Platine.
Plomb..........	Plomb.
Tungstène.......	Tungstène.
Zinc...........	Zinc.
Chaux..........	Terre calcaire, chaux.
Magnésie........	Magnésie, base du sel d'Epsom.
Baryte.........	Barote, terre pesante.
Alumine........	Argile, terre de l'alun, base de l'alun.
Silice.........	Terre siliceuse, terre vitrifiable.

Rows grouped on the left (row labels):

- Substances simples qui appartiennent aux trois règnes & qu'on peut regarder comme les élémens des corps.
- Substances simples non métalliques oxidables & acidifiables.
- Substances simples métalliques oxidables & acidifiables.
- Substances simples salifiables terreuses.

---

① 凌永樂：《化學概念和理論的發展》，科學出版社，2001 年。5 頁

3.2 近代化學譯著中的化學元素詞及化學元素類屬詞

爲了方便下文化學元素語義場的分析，現將近代化學譯著中的化學元素詞①、化學元素類屬詞及其在近代化學譯著中的出現情況、文獻用例列舉如下：

3.2.1 化學元素詞及其在近代化學譯著中的出現情況和文獻用例

1. 金　黃金　阿日阿末　哦合　俄而

表5　"金"等化學元素詞表

今用詞	化學譯著用詞	博物新編 1855	化學入門 1868	化學初階 1870	化學鑒原 1871	化學指南 1873	化學啓蒙 1879	化學啓蒙 1886	化學新編 1896
金 Au	金			√	√	√	√	√	√
	黃金	√	√	√			√	√	
	阿日阿末				√				
	哦合					√			
	俄而					√			

《博物新編》："水質之重，與他物各自不同，譬如以一寸方平而論，黃金重於水十九倍。"

《格物入門·化學入門》："黃金原於何物？……多由砂石揀汰而出，往往粒大如豆。至由水晶等石碾淘得者，須經煉化，不論見水見風，皆不變色。"

《化學初階》："論黃金，在鑛產者多純金不涸別質，賦形大小不等間作珠形。……色黃返光。……黃金雜質與養氣合成者有二級金養、金養$_三$，金

---

① 無化學譯著文獻用例的化學元素詞出自近代化學譯著的化學元素表中，本文爲了更好地觀察化學元素詞在近代化學譯著中的使用情況，於每組詞之下列表顯示並以"√"標示該化學元素詞在近代化學譯著中的出現情況，表中的 1868 年的《化學入門》即《格物入門·化學入門》，1879 年的《化學啓蒙》即《格致啓蒙·化學啓蒙》，1886 年的《化學啓蒙》即《西學啓蒙·化學啓蒙》。

養屬底類，金養三，酸類也。"

《化學鑒原》："金爲地產而無礦，常見獨成之薄片，或顆粒，間有大塊。……金色正黃，而面光質性最韌，純者更軟。"又"昔時已知之原質多仍俗名，間有羅馬方言。……金曰阿日阿末。"

《化學指南》："論金，此質有天然生產者，查悉金屬，此質爲最先，不易生銹，不易鎔化。……金之顏色性情何如？迎光看之色黃，透光看之其色綠而藍，映光看之其色紅，較水重十九倍半，最難消剋，固結力大。"

《格致啓蒙‧化學啓蒙》："金，黃金在金類內爲極貴重之品，在沙石內，淨是，純金不與他質相合。"

《西學啓蒙‧化學啓蒙》："金，黃金之價，較銀貴二十倍，色黃，極美觀，不出於礦，取得者俱生金。"

《化學新編》："金多存於石內，其細小如沙土。"

2. 銀 白銀 阿而件得阿末 阿合商 阿而商

表6　"銀"等化學元素詞表

今用詞	化學譯著用詞	博物新編 1855	化學入門 1868	化學初階 1870	化學鑒原 1871	化學指南 1873	化學啓蒙 1879	化學啓蒙 1886	化學新編 1896
銀 Ag	銀	√	√	√	√	√	√	√	√
	白銀		√						
	阿而件得阿末				√				
	阿合商					√			
	阿而商					√			

《博物新編》："水質之重，與他物各自不同，譬如以一寸方平而論，……銀重十倍。"

《格物入門‧化學入門》："銀本何用？有自然銀質頗純者，有與硫磺相合者，有與黑鉛相合者。……白銀何法徵驗？其顯者不難明辨。"

《化學初階》："論銀，鑛產純銀絕少，多與磺相合稟成。……各金類中，以銀爲最白。"

《化學鑒原》："銀有自然獨成者。……銀之色於金類中最白。"又"昔時已知之原質多仍俗名，間有羅馬方言。……銀曰阿而件得阿末。"

《化學指南》："銀之形色性情何如？在金類中惟銀最白，用之製造器皿，體極光亮。"

《格致啓蒙·化學啓蒙》："銀爲貴重之質，出於美國墨西哥秘魯爲最多。其所以貴於用者，以在空氣內不與養氣相合，故久遠色白不變。"

《西學啓蒙·化學啓蒙》："銀之爲用最多，品物極貴，天下各國，奉爲貨物之價。"

《化學新編》："銀，礦之純者罕見。……銀之形至白，而軟。"

3. 鉑 白金 小銀 布拉典阿末 不拉的訥 不拉底乃

表 7　"鉑"等化學元素詞表

今用詞	化學譯著用詞	博物新編 1855	化學入門 1868	化學初階 1870	化學鑒原 1871	化學指南 1873	化學啓蒙 1879	化學啓蒙 1886	化學新編 1896
鉑 Pt	鉑			√	√	√			√
	白金	√	√	√					
	小銀					√			
	布拉典阿末				√				
	不拉的訥					√			
	不拉底乃					√			

《格物入門·化學入門》："白金何物？其白如銀，貴與金等，質堅難化。"

《化學初階》："論鉑，此原質世間尠少，在礦得者俱純白金，不與別質溷合。……此質色白而帶灰，硬逾銅而軟於鐵。"

《化學鑒原》："鉑之根源，即白金。鉑爲地產而甚少，常見獨成小片粒，雖有大塊，庶幾一見，藏於石中。……鉑色如銀，而略帶灰色。其堅在銅鐵之間，銅鐵之外，此爲最固，金銀之外，此爲最韌。"又"白金亦昔人所譯，今改作鉑。"又"考得金類之原質，則於其名之末，添阿末以別之，使與羅馬舊有金類名之末字相同，如布拉典阿末、以日地阿末、卜對斯阿末、素地阿末，皆是。"

《化學指南》："論鉑，百年以前尚未查出此金，後在亞美利加查出，名曰小銀。尚無鎔煉之法，經化學家體其性情，始得鎔化之方，乃以之作器具，此金生產不易。"又"鉑，此質性似金其色白。"

《化學新編》："鉑多產於俄國烏拉山前之土中，在機微小之光點中。……論其形性與銀略同。"

4. 銤 釓 何抵約母 喝底約母

表8 "銤"等化學元素詞表

今用詞	化學譯著用詞	博物新編1855	化學入門1868	化學初階1870	化學鑒原1871	化學指南1873	化學啓蒙1879	化學啓蒙1886	化學新編1896
銠 Rh	銤			√	√				√
	釓					√			
	何抵約母					√			
	喝底約母					√			

《化學初階》："論鈀、銤、銠、鐁、銥，此數質世間揿少，產白金礦中，形狀與白金相仿。"

《化學鑒原》："銤恒與鉑礦同見，惟甚脆而易打碎，打碎者在空氣內加熱，即與養氣化合，鎔界較鉑更大。"

《化學指南》："釓，此金所生之鹽，其色丹，故名。"又"論釓，此金所生之鹽，其色丹，故名。此金之形色及其性情何如？係銀灰色，體硬不易拔成絲。"

5. 銥 鉒 以日地阿末 底里地約母 依合底約母

表9 "銥"等化學元素詞表

今用詞	化學譯著用詞	博物新編1855	化學入門1868	化學初階1870	化學鑒原1871	化學指南1873	化學啓蒙1879	化學啓蒙1886	化學新編1896
銥 Ir	銥			√	√				√
	鉒					√			
	以日地阿末				√				
	底里地約母					√			
	依合底約母					√			

《化學初階》："論鈀、銼、鋩、鎰、銤，此數質世間尠少，產白金鑛中，形狀與白金相仿。……各雜金類中，推鎰及銤質爲最硬，銤質色白而脆勁，化液比白金尤難，質比白金尤重。"

《化學鑒原》："銤有自然獨成者，有與鉑同見者，鎔亦難於鉑，質更重，與水較重二十二倍三。"又"考得金類之原質，則於其名之末，添阿末以別之，使與羅馬舊有金類名之末字相同，如布拉典阿末、以日地阿末、卜對斯阿末、素地阿末，皆是。"

《化學指南》："鉳，此金所成之鹽，其色似虹，故名。"又"鉳，此金所生之鹽其色若虹。"

《化學新編》："貴金類：金、銀、鉑、汞、鈀、銣、銤、銖。"

6. 鎰 銤 歐司米約母

表 10　"鎰"等化學元素詞表

今用詞	化學譯著用詞	博物新編 1855	化學入門 1868	化學初階 1870	化學鑒原 1871	化學指南 1873	化學啓蒙 1879	化學啓蒙 1886	化學新編 1896
鋨 Os	鎰			√		√			
	銤				√				√
	歐司米約母					√			

《化學初階》："論鈀、銼、鋩、鎰、銤，此數質世間尠少，產白金鑛中，形狀與白金相仿。……各雜金類中，推鎰及銤質爲最硬，銤質色白而脆勁，化液比白金尤難，質比白金尤重。"

《化學鑒原》："銤恒與鉑粒相間，亦爲片粒。……能與養氣化合，或銤養而化散，其氣甚毒，人若嗅之，咳逆，與嗅綠氣同。"

《化學指南》："鎰，此金化氣味惡而毒。"

《化學新編》："貴金類：金、銀、鉑、汞、鈀、銣、銤、銖。"

《化學指南》："鎰，此金化氣味惡而毒。"又"論鎰，此金之形色及其性情何如？此金之性似碸，狀如鉑。"

7. 釕 銠

表 11 　"釕"等化學元素詞表

今用詞	化學譯著用詞	博物新編 1855	化學入門 1868	化學初階 1870	化學鑒原 1871	化學指南 1873	化學啓蒙 1879	化學啓蒙 1886	化學新編 1896
釕 Ru	釕				√			√	
	銠			√					

《化學初階》："論鈀、銼、銠、鎴、銥，此數質世間尠少，產金礦中，形狀與白金相仿。"

《化學鑒原》："釕亦與鉑同，性硬而脆，鎔亦極難，合強水微能消化。"

《化學新編》："鹼質金類：鉀、鈉、鋰、釕、銫。"

8. 汞 汞精 水銀 海得喏治日阿末 芉合居合 芉喝居喝

表 12 　"汞"等化學元素詞表

今用詞	化學譯著用詞	博物新編 1855	化學入門 1868	化學初階 1870	化學鑒原 1871	化學指南 1873	化學啓蒙 1879	化學啓蒙 1886	化學新編 1896
汞 Hg	汞		√	√	√	√	√		√
	汞精		√						
	水銀	√	√	√		√	√	√	√
	海得喏治日阿末				√				
	芉合居合					√			
	芉喝居喝					√			

《博物新編》："水質之重，與他物各自不同，譬如以一寸方平而論，……水銀重於水十三倍。"

《格物入門·化學入門》："水銀何物？……色則銀也，而流動若水，故名，又名汞精。"

《化學初階》："汞，在鑛或獨裏成。……多磺汞養汞再加甄煉，乃成水銀。……色白如銀，返光、體重，尋常之熱則爲流質。"

《化學鑒原》："汞有自然獨成者，爲流質。……汞爲亮白之金，質甚密，不冷不熱爲流質。……水銀之用甚多，工藝中爲尤要。"又"昔時已知之原質多仍俗名，間有羅馬方言。……汞曰海得喏治曰阿末。"

《化學指南》："汞之性情何如？係流質形。"又"水銀即汞。"

《格致啓蒙·化學啓蒙》："汞爲金類内之流質。……再行加熱則汞養粉亦可燒去養氣，而仍復爲水銀也。"

《西學啓蒙·化學啓蒙》："水銀，各金品中，惟水銀於不加火平熱度時爲流質。"

《化學新編》："汞，又名水銀，因其流動如水，而色似銀也，古昔術士常以汞中有銀。"

9. 錳 钀 錳精 蒙 蒙戛乃斯 蒙嘎乃斯 蒙精

表 13　"錳"等化學元素詞表

今用詞	化學譯著用詞	博物新編 1855	化學入門 1868	化學初階 1870	化學鑒原 1871	化學指南 1873	化學啓蒙 1879	化學啓蒙 1886	化學新編 1896
錳 Mn	錳		√	√		√			√
	蒙	√							
	錳精			√					
	蒙精	√							
	钀				√				
	蒙戛乃斯				√				
	蒙嘎乃斯				√		√		

《格物入門·化學入門》："以黑蒙（西音也）石 MnO^2，盛玻釜灌以鹽強水 HCl，炙火令其微熱，則氣上騰，養淡二氣相合成水，餘賸蒙精與鹽氣。"

《化學初階》："論錳，色白如生鐵，脆而硬，鋼銼所不能入。"又"黑蒙散即蒙養_。"又"錳養_即黑蒙散。"

《化學鑒原》："錳爲灰白色之金，無甚大用。形與性皆如生鐵，甚脆而堅不能鑽磋，衹可磨礪。"

《化學指南》："鑾之形色及其性情何如？此金色如生鐵，體脆而堅。"
又 "鑾，無名異分出之金。"

《西學啓蒙·化學啓蒙》："蒙嘎乃斯黑鏽，即無名異分出之金也。"

《化學新編》："第三等金，此等内有鈷、鎳、鐵、鉻、錳、鋁、鋰、若此數質在無性情之流質，或鹼質之流質内，用亞莫尼硫即成底質。"

10. 鐵 銕 勿日阿末 非呵 非而

表 14　"鐵" 等化學元素詞表

今用詞	化學譯著用詞	博物新編 1855	化學入門 1868	化學初階 1870	化學鑒原 1871	化學指南 1873	化學啓蒙 1879	化學啓蒙 1886	化學新編 1896
鐵 Fe	鐵	√	√	√	√	√	√	√	√
	銕			√					
	勿日阿末				√				
	非呵					√			
	非而					√			

《博物新編》："水質之重，與他物各自不同，譬如以一寸方平而論，……鐵重八倍。"

《格物入門·化學入門》："鐵本何如？地中本有自然之鐵，與養炭磺相合者，隨處有之。"

《化學初階》："論鐵，統金類以鐵爲最多，而爲用又最廣，出產則隨處皆有。"

《化學鑒原》："昔時已知之原質多仍俗名，間有羅馬方言。如羅馬名鐵曰勿日阿末。"又 "鐵之化成本末，不能詳悉，蓋自古已有之矣，爲金類中最多而最用之物。"

《化學指南》："論鐵，此質世間所產最多，其雷楔雷墨内皆有生鐵，大凡鐵礦係鐵與養氣或硫磺合成者。"

《格致啓蒙·化學啓蒙》："鐵爲金類中極有用不可少之物，若無鐵則國之政教不能行。"

《西學啓蒙·化學啓蒙》："鐵，於茲時也，欲探索乎於人大有益之金類物，可首論夫鐵。"

《化學新編》："鐵爲興盛之兆，國家興衰觀於鐵之製造即知，鐵用愈多，國家愈盛。較一切他金類爲尤貴。"

11. 銅 紅銅 古部日阿末 居衣夫合 居依吳呵

表 15　"銅"等化學元素詞表

今用詞	化學譯著用詞	博物新編 1855	化學入門 1868	化學初階 1870	化學鑒原 1871	化學指南 1873	化學啓蒙 1879	化學啓蒙 1886	化學新編 1896
銅Cu	銅	√	√	√	√	√	√	√	√
	紅銅						√		
	古部日阿末				√				
	居衣夫合					√			
	居依吳呵					√			

《博物新編》："水質之重，與他物各自不同，譬如以一寸方平而論，……銅重八倍。"

《格物入門·化學入門》："銅本何物？自然銅間或有之，但礦窯中与他物攙雜者多。"

《化學初階》："論銅，有在礦獨稟而成者，產於多處。"

《化學鑒原》："昔時已知之原質多仍俗名，間有羅馬方言。……銅曰古部日阿末。"又"銅，古名赤金，得用於世最早。"

《化學指南》："論銅，此金天然生產者，古時不知有鐵，多以銅爲器具。"

《格致啓蒙·化學啓蒙》："銅質略帶紅色，其用處甚多，有時得天生淨銅。"又"汞養爲雜質可化分得水銀與養氣。……銅養硫養$_三$亦雜質，可化分得硫磺與紅銅，惟硫磺、炭、燐、紅銅、鐵、金、銀等爲專一。"

《西學啓蒙·化學啓蒙》："銅爲紅色之金。"

《化學新編》："論銅，此質之純者，多產於美國之北西比利悟湖間，有大塊銅礦，在銅礦中有人得石錘，乃上古時所用者。"

12. 鈷 鎬 錆 可八里得 戈八而得

表 16　"鈷" 等化學元素詞表

今用詞	化學譯著用詞	博物新編 1855	化學入門 1868	化學初階 1870	化學鑒原 1871	化學指南 1873	化學啓蒙 1879	化學啓蒙 1886	化學新編 1896
鈷 Co	鈷				√				√
	鎬			√					
	錆					√			
	可八里得					√			
	戈八而得					√			

《化學初階》："論鎬，厥質色紅白，世間無現成者，天隕星石函有是質。"

《化學鑒原》："鈷爲紅灰色之金。地產無獨成者，惟空中墜下之鐵中有之。"

《化學指南》："錆，此金所生之鹽係天藍色。" 又 "論錆，此質之純淨者反無用處，與養氣相合者，有配藍色顏料之用。"

《化學新編》："第三等金，此等內有鈷、鎳、鐵、鉻、錳、鋁、鋥，若此數質在無性情之流質，或鹻質之流質內，用亞莫尼硫即成底質。"

13. 鎳 鎘₂ 鐸 尼該樂

表 17　"鎳" 等化學元素詞表

今用詞	化學譯著用詞	博物新編 1855	化學入門 1868	化學初階 1870	化學鑒原 1871	化學指南 1873	化學啓蒙 1879	化學啓蒙 1886	化學新編 1896
鎳 Ni	鎳				√				√
	鎘₂			√					
	鐸					√			
	尼該樂					√			

《化學初階》："論鎘，色麗白如銀。……天韻星石時函此質百分之十，此質結鹽青色，水鎔此鹽，亦成青色。"

《化學鑒原》："鎳爲光亮之金，色白如銀。……與各配化合之質，色多淺綠，消化於水，色亦無異。"

《化學指南》："鑼，此金所生之鹽係翠色。"又"鑼之形色及其性情何如？此金能吸鐵，銀灰色，體甚脆。……鑼與養氣相合，共有幾種？有兩種，即……鑼養與鑼$_2$養$_3$二質，鑼養之色綠，可與強酸相合成鹽，其色大半仍綠。"

《化學新編》："第三等金，此等內有鈷、鎳、鐵、鉻、錳、鋁、鍟，若此數質在無性情之流質，或鹼質之流質內，用亞莫尼硫即成底質。"

14. 錫 軟鉛 司歟奴阿末 哀單 歌單

表 18　"錫"等化學元素詞表

今用詞	化學譯著用詞	博物新編 1855	化學入門 1868	化學初階 1870	化學鑒原 1871	化學指南 1873	化學啓蒙 1879	化學啓蒙 1886	化學新編 1896
錫 Sn	錫	√	√	√	√	√	√	√	√
	軟鉛						√		
	司歟奴阿末				√				
	哀單					√			
	歌單					√			

《博物新編》："水質之重，與他物各自不同，譬如以一寸方平而論，……錫重七倍。"

《格物入門·化學入門》："錫本何如？其自然而純者罕見，與養氣相合成石者多。……以之包鐵，則鐵不生銹，明淨適用，即俗謂馬口鐵也。"

《化學初階》："論錫，礦皆錫養、錫磺出產之地不多。……質不甚硬。……色白如銀，返光，與養氣不甚牽合，常熱非濕不易發繡。"

《化學鑒原》："昔時已知之原質多仍俗名，間有羅馬方言。……錫曰司歟奴阿末。"又"錫性易鎔，可打爲箔，色白如銀，而較軟。"

《化學指南》："錫之形色及其性情何如？色白而發黃，其不純者易結楞，磨擦之生熱，腥味，體軟不傳音。"

《格致啓蒙·化學啓蒙》："錫爲白色之金類，亦用以包鐵。"又"是六十三原質，……有金類，有非金類。非金類只有十五質，金類有四十八質。單開非金類，一養氣、一輕氣、一淡氣、一炭、一綠氣、一硫黃、一燐、一矽，金類，一鐵、一鋁、一鈣、一鎂、一鈉、一鉀、一紅銅、一鋅即白鉛、一錫即軟鉛、一鉛即硬鉛、一汞、一銀、一金。此皆常用者也。"

《西學啟蒙·化學啟蒙》："錫於金品中爲白色明潔物，西國恒用錫汁漿，浸漬鐵片鐵葉等，益處即防範鐵面生銹。"

《化學新編》："錫雖爲自古有者，而產出則少。"

15. 鉛 黑鉛 硬鉛 部勒末布阿末 不龍

表19 "鉛"等化學元素詞表

今用詞	化學譯著用詞	博物新編 1855	化學入門 1868	化學初階 1870	化學鑒原 1871	化學指南 1873	化學啟蒙 1879	化學啟蒙 1886	化學新編 1896
鉛 Pb	鉛	√	√	√	√	√	√	√	√
	黑鉛		√	√		√			
	硬鉛						√		
	部勒末布阿末				√				
	不龍				√				

《博物新編》："水質之重，與他物各自不同，譬如以一寸方平而論，……鉛重十一倍。"

《格物入門·化學入門》："黑鉛何物？即常鉛也。與硫磺相合成石者最多。"

《化學初階》："論鉛，此質天然者尠，多繇采鑛煉成。……中華所產甚盛，體柔而色藍白。"

《化學鑒原》："鉛質獨自生成者其少，與別質化合而爲礦者甚多。……鉛爲藍灰色之金，可作薄片，可抽長絲，質甚軟，而結力甚小。"又"昔時已知之原質多仍俗名，間有羅馬方言。……鉛曰部勒末布阿末。"

《化學指南》："論鉛，此質多與硫磺炭強氣合，製造此金。……色白而發藍，體亮能結楞。"又"鑻，白礬中分出之金。"

《格物啟蒙·化學啟蒙》："鉛，西謂之硬鉛，鉛性重，有藍色，易鎔易鑽，不與空氣中之養氣相合，故不生鏽，用處甚廣。"

《西學啟蒙·化學啟蒙》："鉛之爲物，體重而有灰藍色，既易鎔化，復易割切，從不生銹。"

《化學新編》："論鉛，取自鉛硫中者居多，然法亦不一，性能打薄，因其冷時縮小，故不能作模。"

16. 鋅　鉎　白鉛　倭鉛　鏒　日三恪　日三可　日三

表 20　"鋅"等化學元素詞表

今用詞	化學譯著用詞	博物新編 1855	化學入門 1868	化學初階 1870	化學鑒原 1871	化學指南 1873	化學啓蒙 1879	化學啓蒙 1886	化學新編 1896
鋅Zn	鋅				√		√		√
	鉎		√						√
	白鉛	√	√	√		√			
	倭鉛			√	√			√	
	鈆				√				
	日三恪				√				
	日三可				√				
	日三				√				

《格物入門・化學入門》："白鉛何物？與養炭二氣相合成石 $ZnOCO_2$，與硫磺相合成石 ZnS，皆可煅煉。"

《化學初階》："論鉎，此質天然而純者未見，然此鑛殊多，鉎質硬而色月白。"

《化學鑒原》："鋅無自然獨成者，與別質化合之礦，產出甚多。……鋅爲藍白色之金，性稍堅。"又"惟'白鉛'一物，亦名'倭鉛'。……名從雙字不宜用於雜質，故譯西音作'鋅'。"

《化學指南》："鏒，即倭鉛。"又"鏒之形色性情并用處何如？色白而發藍，體軟而有楞，較水重七倍。"

《格致啓蒙・化學啓蒙》："鋅色白爲極有用之質。"又"鋅即白鉛。"

《西學啓蒙・化學啓蒙》："倭鉛爲白色之金，實爲大有益於人間之物。用處即蒙敷於鐵片面，免得天氣潮濕生銹，倭鉛礦內，最要之一種，即倭磺酸鹽，內有硫磺，有倭鉛。"

《化學新編》："論鉎，又名鋅，此質在他書亦有稱鋅者，純者罕見。……鉎養爲白色質，漆中用之，見輕￹硫不變色，亦不至害人，如白鉛然。"

17. 鉍 鎓 鈖 必斯迷他 必司美得

表 21　"鉍"等化學元素詞表

今用詞	化學譯著用詞	博物新編 1855	化學入門 1868	化學初階 1870	化學鑒原 1871	化學指南 1873	化學啓蒙 1879	化學啓蒙 1886	化學新編 1896
鉍 Bi	鉍			√	√				√
	鎓					√			
	鈖					√			
	必斯迷他					√			
	必司美得					√			

《化學初階》："論鉍，色紅白質脆而硬。"

《化學鑒原》："鉍爲硬脆之金，與別金配合，固有大用而獨自一質，則無用，色白稍紅，顆粒分明。"

《化學指南》："鎓，此金所生之鹽能作面粉。"又"鎓之形色性情何如？此金係銀灰色，微發紅，結立方形，而楞上生銹一層，故現虹色。"

《化學新編》："論第二等金，二等金有汞之餘雜質，及鉍、銅、鎘、䥐、銻、錫、金、鉑、鉛，與酸質化合成鹽質，此數種，若與酸質消化，加輕_硫，亦成底質。"

18. 銻 鉳 昂底摩訥 杭底母阿那 安底摩尼

表 22　"銻"等化學元素詞表

今用詞	化學譯著用詞	博物新編 1855	化學入門 1868	化學初階 1870	化學鑒原 1871	化學指南 1873	化學啓蒙 1879	化學啓蒙 1886	化學新編 1896
銻 Sb	銻			√	√				√
	鉳					√		√	
	昂底摩訥					√			
	杭底母阿那					√			
	安底摩尼							√	

《化學初階》："論銻，色藍白內函珠形，極脆可研爲粉，經天氣與水常

熱不能變。"

《化學鑒原》："銻之根源，銻與養氣化合有三，而銻養$_三$及銻養$_五$爲最要。"

《化學指南》："釲，食此金所生之鹽即吐。"又"釲之形色及其性情何如？此質體亮，狀如銀。"

《西學啓蒙·化學啓蒙》："安底摩尼，因人食此金所生之鹽即吐，《化學指南》書曾爲之定名曰釲。"

《化學新編》："論第二等金，二等金有汞之餘雜質，及鉍、銅、鎘、鎰、銻、錫、金、鉑、鉛，與酸質化合成鹽質。"

19. 鉻 鏴 鑱 犒曼 可婁母

表23　"鉻"等化學元素詞表

今用詞	化學譯著用詞	博物新編 1855	化學入門 1868	化學初階 1870	化學鑒原 1871	化學指南 1873	化學啓蒙 1879	化學啓蒙 1886	化學新編 1896
鉻 Cr	鉻				√			√	√
	鏴			√					
	鑱					√			
	犒曼					√			
	可婁母					√			

《化學初階》："論鏴，此原質非出於天然，鑛產者皆鏴養也。……此原質提出極難，體硬而脆，色白，最濃之強酸亦不能化，此質之雜質，色艷而麗者多，故恒以之充顏色染料。"

《化學鑒原》："鉻無自然獨成者，惟與養氣化合之質，有數處產之。……鉻與各質化合，色皆悅目，故可作繪圖之顏料，或染布之顏料，或玻璃、磁器之顏料，有數種寶石之色即鉻養也。"

《化學指南》："鑱，此金所生之鹽能生各種顏色。"又"論鑱，……此質無用，結楞甚堅硬，不惟強酸等水不能消剋之，即王強水亦不能消剋之也。"

《格致啓蒙·化學啓蒙》："鉛與鉻合，化學家名曰鉛養鉻養$_三$。"

《化學新編》："第三等金，此等內有鈷、鎳、鐵、鉻、錳、鋁、鋰，若

近代化學譯著中的化學元素詞研究

此數質在無性情之流質，或醶質之流質內，用亞莫尼硫即成底質。……鉻之雜質，加亞莫尼硫成綠色底質。"

20. 鎘₁ 錚 鑚 戛底迷約母 嘎大迷約母

表24 "鎘"等化學元素詞表

今用詞	化學譯著用詞	博物新編 1855	化學入門 1868	化學初階 1870	化學鑒原 1871	化學指南 1873	化學啓蒙 1879	化學啓蒙 1886	化學新編 1896
鎘 Cd	鎘₁				√				√
	錚		√						
	鑚					√			
	戛底迷約母					√			
	嘎大迷約母					√			

《化學初階》："論錚，色白形狀如錫，性如鍟，產自鍟鑛。此質世間殊少。"

《化學鑒原》："鎘爲白色之金，形如錫，性如鋅。"

《化學指南》："鑚，此金與鑷相似焚之則成黃霜。"又"鑚之形色及其性情何如？其顏色不及錫白，體軟。"

《化學新編》："第二等金，二等金有汞之餘雜質，及鉍、銅、鎘、鎿、銻、錫、金、鉑、鉛，與酸質化合成鹽質，此數種，若與酸質消化，加輕₂硫，亦成底質。"

21. 鈾 鍫 鑛 迂呵呢約母 於呵尼約母

表25 "鈾"等化學元素詞表

今用詞	化學譯著用詞	博物新編 1855	化學入門 1868	化學初階 1870	化學鑒原 1871	化學指南 1873	化學啓蒙 1879	化學啓蒙 1886	化學新編 1896
鈾 U	鈾				√				
	鍫			√					
	鑛					√			
	迂呵呢約母					√			
	於呵尼約母					√			

《化學初階》："論鋊、鐇、鎢、鈦、鉬、鈳，此數質世間尠少，化學家亦多未睹，鈦鋊二質時或合磁油作色，鉬養合輕淡，以之試驗各水含燐養否。"

《化學鑒原》："鈾爲罕見之金，性與錳鐵略同。"

《化學指南》："鐄，此金所生之鹽多黄色。"又"作鐄之法何如？作法係用鐄緑與鉠二質，置鉑碗内煅煉之，得一種灰色之面，再置食鹽下煅至極熱度，得一種黄色之金，體硬。"

22. 鈦$_1$ 鐟 銻 幾單那 的大訥

表 26　"鈦"等化學元素詞表

今用詞	化學譯著用詞	博物新編 1855	化學入門 1868	化學初階 1870	化學鑒原 1871	化學指南 1873	化學啓蒙 1879	化學啓蒙 1886	化學新編 1896
鈦 Ti	鈦$_1$			√					
	鐟				√				
	銻					√			
	幾單那					√			
	的大訥					√			

《化學初階》："論鋊、鐇、鎢、鈦、鉬、鈳，此數質世間尠少，化學家亦多未睹，鈦鋊二質時或合磁油作色。"

《化學鑒原》："鐟與錫相似，昔人以爲罕物。"

《化學指南》："銻，此金與他質合產其色赤。"

23. 鉬 鉬

表 27　"鉬"等化學元素詞表

今用詞	化學譯著用詞	博物新編 1855	化學入門 1868	化學初階 1870	化學鑒原 1871	化學指南 1873	化學啓蒙 1879	化學啓蒙 1886	化學新編 1896
鉬 Mo	鉬				√				
	鉬			√					

《化學初階》："論鋊、鐇、鎢、鈦、鉬、鈳，此數質世間尠少，化學家亦多未睹，鈦鋊二質時或合磁油作色，鉬養合輕淡，以之試驗各水含燐養否。"

《化學鑒原》："取鉬之法，將鉬養$_三$與炭屑合匀，煅至白熱，所得白色之質，即鉬也。"

24. 鈮 錭

表28　"鈮"等化學元素詞表

今用詞	化學譯著用詞	博物新編 1855	化學入門 1868	化學初階 1870	化學鑒原 1871	化學指南 1873	化學啓蒙 1879	化學啓蒙 1886	化學新編 1896
鈮 Nb	鈮				√				
	錭			√					

《化學初階》："論銚、鐇、鎢、鈦、錭、錭，此數質世間尠少，化學家亦多未睹，鈦銚二質時或合磁油作色，錭養合輕淡，以之試驗各水含燐養否。"

《化學鑒原》："鈮礦爲極堅之顆粒。……鈮爲黑粉，取法皆甚繁，而用處則甚少。"

25. 釩₁ 鐇

表29　"釩"等化學元素詞表

今用詞	化學譯著用詞	博物新編 1855	化學入門 1868	化學初階 1870	化學鑒原 1871	化學指南 1873	化學啓蒙 1879	化學啓蒙 1886	化學新編 1896
釩 V	釩₁				√				
	鐇			√					

《化學初階》："論銚、鐇、鎢、鈦、錭、錭，此數質世間尠少，化學家亦多未睹，鈦銚二質時或合磁油作色，錭養合輕淡，以之試驗各水含燐養否。"

《化學鑒原》："取釩之法，昔用釩與鐵相合之礦，今用鉛養釩養₃之礦。"

26. 銦 鎵

表30　"銦"等化學元素詞表

今用詞	化學譯著用詞	博物新編 1855	化學入門 1868	化學初階 1870	化學鑒原 1871	化學指南 1873	化學啓蒙 1879	化學啓蒙 1886	化學新編 1896
銦 In	銦				√				
	鎵			√					

《化學初階》的《原質總目》中列出"鎵"對應化學元素符號 In（銦）。

《化學鑒原》："銦，銦礦產日耳曼國。近時用光色分原之法考得其原質，色白而可大薄，入鹽強水能消化，熱至紅色即燒，見茄花色之光，而成銦養，色黃。"

27. 鉈 鉛

表 31　"鉛"等化學元素詞表

今用詞	化學譯著用詞	博物新編 1855	化學入門 1868	化學初階 1870	化學鑒原 1871	化學指南 1873	化學啟蒙 1879	化學啟蒙 1886	化學新編 1896
鉈 Tl	鉈			√					
	鉛				√				

《化學初階》的《原質總目》中列出"鉈"對應化學元素符號 Tl（鉈）。

《化學鑒原》："鉛之根源……以鐵硫礦燒取硫強水，將引氣管內所結之質，用光色分原法試分而得之，其光帶現綠色綫，比鉀之綫更亮。"

28. 鉀 鏺 灰精 木灰精 卜對斯阿末 怕台西恩 波大寫母 波大先 柏大約母 不阿大寫阿母

表 32　"鉀"等化學元素詞表

今用詞	化學譯著用詞	博物新編 1855	化學入門 1868	化學初階 1870	化學鑒原 1871	化學指南 1873	化學啟蒙 1879	化學啟蒙 1886	化學新編 1896
鉀 K	鉀				√		√		√
	鏺		√			√			√
	灰精	√			√				
	木灰精							√	
	卜對斯阿末				√				
	柏大約母					√			
	不阿大寫阿母					√			
	怕台西恩						√		
	波大寫母							√	
	波大先							√	

《格物入門·化學入門》："灰精，木灰之精也。灰精何物？亦金屬也，其與養氣相合者，藏於土石，土有此則肥，無此則瘠，草木賴之以生。木灰中有之，因其出於灰，故名灰精。"

《化學初階》："論鈉，此質於嘉慶十二年始查悉。……昔人以蛤利爲雜質，自查得此質。"

《化學鑒原》："鉀，英國博物學家兌飛於前此六十三年，攷知此金用大力五金電氣，化分鉀養、輕養而得。"又"鉀，灰精，木灰之精也。"又"考得金類之原質，則於其名之末，添阿末以別之，使與羅馬舊有金類名之末字相同，如布拉典阿末、以日地阿末、卜對斯阿末、素地阿末，皆是。"

《化學指南》："鈉之形色若何？體甚軟，能如意割切，其新切開者，白亮如銀。"又"鈉，木灰中分出之金。"

《格致啓蒙·化學啓蒙》："鉀名怕台西恩。"又"鉀亦爲阿喀唻，合雜質而爲鹽類。"

《西學啓蒙·化學啓蒙》："鈉，即木灰精。……西語名波大寫母，意即木灰中分出之金也。"又"木灰精西名曰波大先。"

《化學新編》："論鈉，此質在他書有言鉀者，出自石中，因石消磨被植物吸食，植物燒而成灰。"

29. 鈉 鏀 鱺精 城精 鍼 蘇地菴 素地阿末 索居約母 索居阿母

表33 "鈉"等化學元素詞表

今用詞	化學譯著用詞	博物新編 1855	化學入門 1868	化學初階 1870	化學鑒原 1871	化學指南 1873	化學啓蒙 1879	化學啓蒙 1886	化學新編 1896
鈉 Na 鈉 Na	鈉				√		√		√
	鏀			√					
	鱺精		√						
	城精							√	
	鍼				√				
	蘇地菴			√					
	素地阿末				√				
	索居約母					√			
	索居阿母					√			

《格物入門·化學入門》："鱺精何物？與綠氣相合成鹽，與土石攪和者

有之，草木體中有之。”

《化學初階》：“論鏀，即蘇地菴。……此質合別質成雜質者，在地面及鹹洋皆有。”

《化學鑒原》：“鈉亦兌飛所攷知，乃先得鉀而後得此也。……色白如銀，與鉀略同，但與養氣化合，不若鉀之易且速。”

《化學指南》：“鹹，城中分出之金。”又“鹹之性情若何？體軟似鉛。”

《西學啓蒙·化學啓蒙》：“夫城精之爲物也，原與人目所常見之金銀銅鐵各金類，有格外之不同。”

《化學新編》：“論鈉，此物多自鹽中取出。”

30. 鋰 鈤₂里及約母 理及阿母

表 34　　“鋰”等化學元素詞表

今用詞	化學譯著用詞	博物新編 1855	化學入門 1868	化學初階 1870	化學鑒原 1871	化學指南 1873	化學啓蒙 1879	化學啓蒙 1886	化學新編 1896
鋰 Li	鋰		√	√		√			√
	鈤₂				√				
	里及約母				√				
	理及阿母				√				

《化學初階》：“論鋰，此質世間尟少，與養氣相合成蛤利，形狀同鏀。”

《化學鑒原》：“鋰，此金不常見，形性與鈉略同。”

《化學指南》：“鈤，依希臘國語意名之。”又“鈤之性情形色何如？此質色如銀。”

《化學新編》：“鹼質金類，鉀、鈉、鋰、釘、鎈。”又“第五等金，屬此等之金，即鎂、鋏、鈉、鋰。”

31. 鎴 鑥 斯特龍寫阿母

表 35　　“鎴”等化學元素詞表

今用詞	化學譯著用詞	博物新編 1855	化學入門 1868	化學初階 1870	化學鑒原 1871	化學指南 1873	化學啓蒙 1879	化學啓蒙 1886	化學新編 1896
鍶 Sr	鎴			√	√				√
	鑥					√			
	斯特龍寫阿母					√			

《化學初階》："論鎴，色白，形似銀。……凡鎴之雜質投火中能令火成猩紅色。"

《化學鑒原》："鎴爲白色金類，與銀略同。……鎴之各雜質置於火中，則燒而有大紅色之光，故可作焰火之紅火。"

《化學指南》："鑪，此金生藥燃着時苗紅色。"又"論鑪，此質與鍾相似，其體内不含水者，與水相感生大熱。"

《化學新編》："論鎴、銁，此二金類與鉐形同。銁之雜質，遇火有青色，鎴爲紫色。"

32. 鉫 鑪

表 36　"鉫"等化學元素詞表

今用詞	化學譯著用詞	博物新編 1855	化學入門 1868	化學初階 1870	化學鑒原 1871	化學指南 1873	化學啓蒙 1879	化學啓蒙 1886	化學新編 1896
鉫 Rb	鉫				√				√
	鑪			√					

《化學初階》的《原質總目》中列出"鑪"對應化學元素符號 Rb（鉫）。

《化學鑒原》："鉫……性略同於鉀，而與養氣之愛力，更大於鉀。"

《化學新編》："貴金類：金、銀、鉑、汞、鈀、鉫、銥、銖。"

33. 鈣 鉐₁ 鏩 硙石精 石灰精 戛勒寫阿母 嘎里寫阿母 嘎里先

表 37　"鈣"等化學元素詞表

今用詞	化學譯著用詞	博物新編 1855	化學入門 1868	化學初階 1870	化學鑒原 1871	化學指南 1873	化學啓蒙 1879	化學啓蒙 1886	化學新編 1896
鈣 Ca	鈣				√		√		√
	鉐₁		√						√
	鏩					√			
	硙							√	
	石精		√						
	石灰精							√	
	戛勒寫阿母					√			
	嘎里寫阿母					√			
	嘎里先							√	

《格物入門・化學入門》："石精何物？與養氣相合成石灰，石灰與炭氣相合成漢白玉等石。"

《化學初階》："論鈣，此質體輕色黃。……此原質在地球中爲要物而又賦成極多，即函在各種石及鈣養中也。"

《化學鑒原》："鈣爲淡黃色之金類。"

《化學指南》："鏀，石灰中分出之金。"又"鏀之性情何如？此質狀似金類，色黃體亮而柔軟。"

《格致啓蒙・化學啓蒙》："鈣亦爲難得之淨質，往往與他物合質甚多。"

《西學啓蒙・化學啓蒙》："石灰精，西語曰嘎里先。……其與他物合成者甚多，石灰即石灰精與養氣相合之物，凡漢白玉石、石灰石、瑪瑙……俱石灰精與養氣相合之物。……硤，即石灰精。"

《化學新編》："論鈣，又名鈣，鈣在他書有稱鈣者，多產於石灰及人骨中。"

34. 鋇 鏙 鋇呂阿末 巴哩菴 巴阿里約母 八阿里嘎母

表 38　"鋇"等化學元素詞表

今用詞	化學譯著用詞	博物新編 1855	化學入門 1868	化學初階 1870	化學鑒原 1871	化學指南 1873	化學啓蒙 1879	化學啓蒙 1886	化學新編 1896
鋇 Ba	鋇			√	√				√
	鏙					√			
	鋇呂阿末				√				
	巴哩菴			√					
	巴阿里約母					√			
	八阿里嘎母					√			

《化學初階》："論鋇，色白，能構成薄片，不須煅至紅色即鎔，西國名此質曰巴哩菴，譯即重意，蓋此質所合成各物皆重者也。"

《化學鑒原》："鋇爲白色之金類，可打爲箔，煅至紅色即鎔。亦爲兌飛所攺得，名鋇呂阿末，其義爲重。"

《化學指南》："鏙，由一種沉土煉出。"又"鏙之性情及其用處何如？此質最易拆水，因其與養氣牽合之力大也。"

《化學新編》："論鎴、錮，此二金類與鉐形同。錮之雜質，遇火有青色，鎴爲紫色。"又"錮，希利尼之錮音，即重意。"

35. 鎂 鑛 滷 滷精 鹽滷精 馬可尼及寫阿母 馬革尼先

表39　"鎂"等化學元素詞表

今用詞	化學譯著用詞	博物新編1855	化學入門1868	化學初階1870	化學鑒原1871	化學指南1873	化學啓蒙1879	化學啓蒙1886	化學新編1896
鎂 Mg	鎂			√	√		√		√
	鑛					√			
	滷							√	
	滷精							√	
	鹽滷精							√	
	馬可尼 及寫阿母					√			
	馬革尼先							√	

《化學初階》："論鎂，此質能構成薄片，色白如銀，地體內此質本多，有多種石俱函之。"

《化學鑒原》："鎂色如銀，可打爲箔，無獨自生成者，常化合於別質之中，亦爲地殼內極多之物。"

《化學指南》："鑛，滷水中分出之金。"又"鑛之形色性情何如？此質色如銀。……體軟可錘成鑛葉。受熱至五百度，即鎔化，熱至鐵發白度，即化氣騰散。"

《格致啓蒙·化學啓蒙》："鎂爲質甚軟韌，其色銀白。"

《西學啓蒙·化學啓蒙》："鹽滷精，化學家謂爲滷，即滷水中分出屬金之一類，西名馬革尼先。在海灘與他物連合時，可尋覓之。"

《化學新編》："鎂多産於各等石中，其雜質有苦味，海水之苦味，因含鎂之雜質，如純者色似白銀，體輕而軟，鎂條遇火易燒，有白色之煙。"

36. 銫 鑠

表 40　"銫"等化學元素詞表

今用詞	化學譯著用詞	博物新編 1855	化學入門 1868	化學初階 1870	化學鑒原 1871	化學指南 1873	化學啟蒙 1879	化學啟蒙 1886	化學新編 1896
銫 Cs	銫			√					
	鑠				√				√

《化學初階》的《原質總目》中列出"銫"對應化學元素符號 Cs（銫）。

《化學鑒原》："鑠，化學家名本生，於十年前用光色分原之法考驗某處泉水之定質而得。"

《化學新編》："鹼質金類：鉀、鈉、鋰、釕、鑠。"

37. 鋁 釩₂ 鑻 白礬精 膠泥精 礬精 阿驢迷尼約母 阿閭迷尼約母 阿祿迷年

表 41　"鋁"等化學元素詞表

今用詞	化學譯著用詞	博物新編 1855	化學入門 1868	化學初階 1870	化學鑒原 1871	化學指南 1873	化學啟蒙 1879	化學啟蒙 1886	化學新編 1896
鋁 Al	鋁				√		√		√
	釩₂			√					
	鑻					√			
	白礬精							√	
	膠泥精							√	
	礬精		√					√	
	阿驢迷尼約母					√			
	阿閭迷尼約母					√			
	阿祿迷年							√	

《格物入門·化學入門》："礬精何物？與他物相合成明礬。"

《化學初階》："論釩，道光七年始查悉此質。……色白如銀而硬，其質外觀似等金重，實比玻璃尤輕，與養氣相處不發銹，露放天氣中亦然。……釩質狀如錫而體輕。"

《化學鑒原》："鋁之根源，日耳曼國化學家名胡訛賴於四十三年前，攷得此質。"

《化學指南》："鐢，白礬中分出之金。"又"鐢之性情何如？體光華者，色白微藍，性似銀。"

《格致啓蒙·化學啓蒙》："鋁出於泥土，有幾許石內含此質。"

《西學啓蒙·化學啓蒙》："膠泥精，或謂礬精，即白礬分出之精，西名曰阿祿迷年，許多石中有此類金，膠泥處有之。"又"金類原質，鐵、白礬精、石灰精、滷精、堿精、木灰精、銅、倭鉛、錫、鉛、水銀、銀、金。"

《化學新編》："鋁之名與礬同，自礬中出者，多半，亦名爲土金類石。"

38. 銑 鋊 鉗 各間須尼阿母

表 42 "銑"等化學元素詞表

今用詞	化學譯著用詞	博物新編 1855	化學入門 1868	化學初階 1870	化學鑒原 1871	化學指南 1873	化學啓蒙 1879	化學啓蒙 1886	化學新編 1896
鈹 Be	銑			√					
	鋊				√				
	鉗					√			
	各間須尼阿母					√			

《化學初階》："論成土之金類，厥質或釟、或銑、或鉴、或釰、或鐿、或鉺、或鉹、或鉮、或鑭、或鋲。"

《化學鑒原》："鋊與鋁相同而罕見者，昔人分寶石而得之。……其雜質之味甚甜。"

《化學指南》："鉗，此金所生之鹽其味甘。"又"論鉗，……其性大半與鐢同，難鎔化。"

39. 鉭 釰 釰

表 43 "鉭"等化學元素詞表

今用詞	化學譯著用詞	博物新編 1855	化學入門 1868	化學初階 1870	化學鑒原 1871	化學指南 1873	化學啓蒙 1879	化學啓蒙 1886	化學新編 1896
鉭 Th	鉭				√				
	釰			√					
	釰			√					

《化學初階》的《原質總目》中列出“釷”對應化學元素符號 Th（釷）。

《化學初階》：“論成土之金類，厥質或釩、或銑、或鑭、或釤、或鏡、或鉺、或鏒、或鉨、或鑭、或鈲。”

《化學鑒原》：“釷形，似鋁，其產奴耳威國。”

40. 鏡 欽₂

表 44　“鏡”等化學元素詞表

今用詞	化學譯著用詞	博物新編 1855	化學入門 1868	化學初階 1870	化學鑒原 1871	化學指南 1873	化學啟蒙 1879	化學啟蒙 1886	化學新編 1896
釔 Y	鏡			√					
	欽₂				√				

《化學初階》：“論成土之金類，厥質或釩、或銑、或鑭、或釤、或鏡、或鉺、或鏒、或鉨、或鑭、或鈲。”

《化學鑒原》：“欽，欽礦產瑞顛國，以大皮地，欽養色白，性與釷養相同，其雜質之色皆白。”

41. 鋯 鑭

表 45　“鋯”等化學元素詞表

今用詞	化學譯著用詞	博物新編 1855	化學入門 1868	化學初階 1870	化學鑒原 1871	化學指南 1873	化學啟蒙 1879	化學啟蒙 1886	化學新編 1896
鋯 Zr	鋯				√				
	鑭			√					

《化學初階》：“論成土之金類，厥質或釩、或銑、或鑭、或釤、或鏡、或鉺、或鏒、或鉨、或鑭、或鈲。”

《化學鑒原》：“鋯似異形之矽，大熱不能鎔。”

42. 鏑 鉳 鈚

表 46 "鏑" 等化學元素詞表

今用詞	化學譯著用詞	博物新編 1855	化學入門 1868	化學初階 1870	化學鑒原 1871	化學指南 1873	化學啓蒙 1879	化學啓蒙 1886	化學新編 1896
鏑 Dy	鏑				√				
	鉳			√					
	鈚			√					

《化學初階》的《原質總目》中列出 "鈚" 對應化學元素符號 D（鏑）。

《化學初階》："論成土之金類，厥質或釩、或銑、或鎈、或釙、或鐿、或鉺、或鏐、或硒、或鑭、或鈚。"

《化學鑒原》："鏑亦出於錯礦，性與銀相同，鏑養含水者茄花色，不含水者，楼色。"

43. 鑭 鋃

表 47 "鑭" 等化學元素詞表

今用詞	化學譯著用詞	博物新編 1855	化學入門 1868	化學初階 1870	化學鑒原 1871	化學指南 1873	化學啓蒙 1879	化學啓蒙 1886	化學新編 1896
鑭 La	鑭			√					
	鋃				√				

《化學初階》："論成土之金類，厥質或釩、或銑、或鎈、或釙、或鐿、或鉺、或鏐、或硒、或鑭、或鈚。"

《化學鑒原》："鋃出於錯礦而與錯有別，與養氣化合，只有錯養一質。"

44. 鑈 錯 硒

表 48 "錯" 等化學元素詞表

今用詞	化學譯著用詞	博物新編 1855	化學入門 1868	化學初階 1870	化學鑒原 1871	化學指南 1873	化學啓蒙 1879	化學啓蒙 1886	化學新編 1896
鈰 Ce	鑈			√					
	硒			√					
	錯				√				

《化學初階》的《原質總目》中列出“鐳”對應化學元素符號 Ce（鈰）。

《化學初階》：“論成土之金類，厥質或釩、或銻、或鑑、或釖、或鐿、或鉺、或鎵、或錙、或鑭、或鋲。”

《化學鑒原》：“錯，錯礦爲錯養炭養$_{二}$，而錯養色白，錯$_{二}$養$_{二}$色黃，錯養草酸可以治病。”

45. 鋱 鎵

表 49　“鋱”等化學元素詞表

今用詞	化學譯著用詞	博物新編 1855	化學入門 1868	化學初階 1870	化學鑒原 1871	化學指南 1873	化學啓蒙 1879	化學啓蒙 1886	化學新編 1896
鋱 Tb	鋱				√				
	鎵			√					

《化學初階》：“論成土之金類，厥質或釩、或銻、或鑑、或釖、或鐿、或鉺、或鎵、或錙、或鑭、或鋲。”

《化學鑒原》：“鋱亦出於釱礦，鋱養與釱養性亦相同，而其雜質皆玫瑰色。”

46. 養氣 養 生氣 酸母 阿各西仁 我克西仁訥 哦可西仁訥

表 50　“養氣”等化學元素詞表

今用詞	化學譯著用詞	博物新編 1855	化學入門 1868	化學初階 1870	化學鑒原 1871	化學指南 1873	化學啓蒙 1879	化學啓蒙 1886	化學新編 1896
氧 O	養		√	√	√	√			√
	養氣	√	√	√	√	√	√	√	
	生氣	√							
	酸母				√				
	阿各西仁					√			
	我克西仁訥					√			
	哦可西仁訥					√			

《博物新編》：“養氣，又名生氣。養氣者，中有養物，人畜皆賴以活其

命，無味無色，而性甚濃，火藉之而光，血得之而赤，乃生氣中之尤物。"

《格物入門·化學入門》："萬物中要物也，風水火均賴以生，人物均賴以呼吸，其故名養氣，其質爲原行。"

《格物入門·化學入門》："原質各種之爲多寡何如？有常見者，有罕見者，不能以一物兼也，故二行合成者有之，三行合成者有之，既一二十種合成者亦有之，其常見最多者，不過十數種，如四氣即養、淡、硝、鹽之氣也，五金、硫磺、光藥、炭精、石精互相配合化生水、風、草、木、沙、石等類。"

《化學初階》："養（養氣），地球體函三份一，水函九份八，天氣內函五份一，生物體中均函此氣，養生，養火，咸籍乎是。"

《化學鑒原》："前九十六年，英國教士，名布里司德里考得養氣之質。其明年，瑞國習化學者名西里，法國習化學者名拉夫西愛二人未知前人已知此氣，乃各自考驗，不謀而合，拉夫西愛命名譯曰酸母（養氣），意以爲各物之酸皆由是生也。"

《化學指南》："養氣，因此氣養人故名。"

《化學新編》："所以名爲養者，因人與各物之生命系焉，養多於他質。"

47. 輕氣 輕 水母 水母氣 淡氣$_2$ 淡$_2$ 依特喝仁訥 伊得喝仁訥 依他喝仁訥 依得樂仁訥

表 51　"輕氣"等化學元素詞表

今用詞	化學譯著用詞	博物新編 1855	化學入門 1868	化學初階 1870	化學鑒原 1871	化學指南 1873	化學啓蒙 1879	化學啓蒙 1886	化學新編 1896
氫 H	輕			√	√	√			√
	輕氣	√		√	√	√	√	√	
	水母		√		√				
	水母氣	√						√	
	淡氣$_2$		√						
	淡$_2$		√						
	依特喝仁訥					√			
	伊得喝仁訥					√			
	依他喝仁訥					√			
	依得樂仁訥					√			

《博物新編》："輕氣，又名水母氣。輕氣生於水中，色味俱無，不能生養人物，試之以火有熱而無光，其質爲最輕。"

《格物入門・化學入門》："淡氣，亦原行也。……蓋與養氣相合成水也，草木禽獸之體，各既含水，即亦包函淡氣，西方稱之爲水母，既無色無臭且爲氣類之最輕者。"

《格物入門・化學入門》："原質各種之爲多寡何如？有常見者，有罕見者，不能以一物兼也，故二行合成者有之，三行合成者有之，既一二十種合成者亦有之，其常見最多者，不過十數種，如四氣即養、淡、硝、鹽之氣也，五金、硫磺、光藥、炭精、石精互相配合化生水、風、草、木、沙、石等類。"

《化學初階》："輕，各原質中以是爲最輕。"

《化學鑒原》："英國習化學者賈分弟詩於一百四年前考得輕氣（水母），因於養氣化合爲水也。……各原質中以是爲最輕。"

《化學指南》："因其較各氣皆輕，故名之曰輕氣。"

《西學啓蒙・化學啓蒙》："輕氣即水母氣。"

《化學新編》："所以名爲輕者，因萬物中以此爲至輕之故也，在水有九分之一，各動植物皆有之。"

48. 淡氣₁ 淡₁ 硝母 硝氣 硝 阿蘇的 阿索得 阿色得 阿索哦得 尼特合壬哪

表 52　"淡氣"等化學元素詞表

今用詞	化學譯著用詞	博物新編 1855	化學入門 1868	化學初階 1870	化學鑒原 1871	化學指南 1873	化學啓蒙 1879	化學啓蒙 1886	化學新編 1896
氮 N	淡₁			√	√				√
	淡氣₁	√		√	√		√		
	硝母				√				
	硝氣		√			√		√	
	硝		√			√			√
	阿蘇的				√				
	阿索得					√			
	阿色得					√			
	阿索哦得					√			
	尼特合壬哪					√			

《博物新編》：“淡氣者，淡然無用，所以調淡生氣之濃者也，功不足以養生，力不足以燒火。”

《格物入門・化學入門》：“與養氣和而生風，按其分量，硝氣爲十分之八，故宇内硝氣之多，惟次於養淡二氣。……草木之體質、人物之骨肉，皆含此氣，碌炭金石等類，其中亦有之，然不如硝之多，因硝而生故名硝氣。”又“原質各種之爲多寡何如？有常見者，有罕見者，不能以一物兼也，故二行合成者有之，三行合成者有之，既一二十種合成者亦有之，其常見最多者，不過十數種，如四氣即養、淡、硝、鹽之氣也，五金、硫磺、光藥、炭精、石精互相配合化生水、風、草、木、沙、石等類。”

《化學初階》：“論淡氣，乾隆三十七年，始查悉，原質中此物本多，天氣内函十分之八。……無色、無臭、無味。……不能然，不能養火、養生，淡氣瓶投以火立熄，投以生物（禽獸之類）則斃。”

《化學鑒原》：“淡氣根源，前九十八年，英國人如脱福特考得此氣其命名之意，譯爲硝母。……淡氣乃無色無味無臭之氣質。”

《化學指南》：“論硝氣，以天氣爲則，不助火，亦不養火，此質亦難消化。”又“硝氣，係於硝中分出之氣故名。”

《格致啓蒙・化學啓蒙》：“淡氣亦無色無味之氣。”

《西學啓蒙・化學啓蒙》：“硝氣之爲物，無形色，無臭味。……既不能自被火焚，兼不能助火焚物，更不能爲物活人。”

《化學新編》：“淡，又名硝，所以名爲淡者，因其淡而無味也，別名爲硝者，因硝質之中，此質居多。”又“淡……別名爲硝者，因硝質之中，此質居多。”

49. 綠氣 綠 綠精 鹽氣 咭咾連 克羅而因 可樂合 可樂喝而 可樂而

表 53　“綠氣”等化學元素詞表

今用詞	化學譯著用詞	博物新編 1855	化學入門 1868	化學初階 1870	化學鑒原 1871	化學指南 1873	化學啓蒙 1879	化學啓蒙 1886	化學新編 1896
氯 Cl	綠		√	√	√	√	√		√
	綠氣		√	√	√	√	√	√	
	鹽氣		√						
	綠精							√	

续表

今用詞	化學譯著用詞	博物新編 1855	化學入門 1868	化學初階 1870	化學鑒原 1871	化學指南 1873	化學啓蒙 1879	化學啓蒙 1886	化學新編 1896
	咭咾連		√						
	克羅而因				√				
	可樂合					√			
	可樂喝而					√			
	可樂而					√			

《格物入門·化學入門》："鹽氣何物？與鹽精相合成鹽，與土類攪和者居多，草木生物之體質，亦胥含之，其色綠，故又名綠氣。"

《化學初階》："綠氣，因其色黃綠，故名曰咭咾連，譯即綠也。"

《化學鑒原》："前九十六年西里考得此氣，當時習化學者猶不以爲原質，後此三十四年，兌飛始爲考定，因其色黃綠，故名之爲綠氣。"又"若近時考得之原質，則命名之意，即表其性。……克羅而因即綠氣，其意此氣綠色也。"

《化學指南》："綠氣，即鹽氣，係於鹽中分出者，其色綠。"又"綠氣，即可樂而。與養氣相合，成爲綠強水，即阿西得可樂伊葛。"

《格致啓蒙·化學啓蒙》："綠氣，與上所說各質性情迥異，其色略黃，其味亦烈。"

《西學啓蒙·化學啓蒙》："非金類原質：養氣、輕氣、硝氣、炭精、綠精。"又"綠氣之爲物，與上所論者大不同，其爲氣也，色微黃，鼻嗅之味甚大，且有毒。"

《化學新編》："名爲綠者，因其有綠色也，多在鹽質之中。"

50. 弗 傅咾連 佛律約而 夫驢約合 弗夔利拿 弗氣 瀜 瀜氣

表 54　"弗氣"等化學元素詞表

今用詞	化學譯著用詞	博物新編 1855	化學入門 1868	化學初階 1870	化學鑒原 1871	化學指南 1873	化學啓蒙 1879	化學啓蒙 1886	化學新編 1896
氟 F	弗			√	√				√
	弗氣				√				

今用詞	化學譯著用詞	博物新編 1855	化學入門 1868	化學初階 1870	化學鑒原 1871	化學指南 1873	化學啓蒙 1879	化學啓蒙 1886	化學新編 1896
氟 F	灡					√			
	灡氣					√			
	傅咾連			√					
	佛律約而					√			
	夫驢約合					√			
	弗婁利拿							√	

《化學初階》："論弗，此質與別質牽合之力極大，分之甚難，而且酷毒。"又"弗，即傅咾連。"

《化學鑒原》："弗氣與別種原質之愛力甚大，故獨成一質者，世所希有。……爲無色氣質，其性與綠氣與溴與碘大致相同也。"

《化學指南》："灡，因是質能消剋物故名。"又"灡氣其性若何？因此質不易得，又無大用，故其性亦未之詳查。惟知此氣無色有味，……其性最強，凡至堅硬之物，皆能被其消剋。"

《西學啓蒙·化學啓蒙》："大抵各國化學家，語言固分有各國，惟用爲號誌者。……即因 F 一字已有他用，作爲弗婁利拿原質之號誌。"

《化學新編》："原質中惟弗不與養化合，人之齒釉間，亦略含弗，在鉐弗礦中亦有之。"

51. 溴 溴 溴水 字羅明 不合母 不母

表 55　"溴"等化學元素詞表

今用詞	化學譯著用詞	博物新編 1855	化學入門 1868	化學初階 1870	化學鑒原 1871	化學指南 1873	化學啓蒙 1879	化學啓蒙 1886	化學新編 1896
溴 Br	溴			√	√				√
	溴					√			
	溴水				√				
	字羅明				√				
	不合母					√			
	不母					√			

《化學初階》："論溴，道光六年間於鹹水中查得此質。……此物尋常天氣壓之，則爲流質，色紅極而近黑。……氣味與綠氣相仿而臭惡過之。"

《化學鑒原》："若近時考得之原質，則命名之意，即表其性。……孛羅明即溴水，其意此物有臭氣也。"

《化學指南》："溴，其味臭係流質物故名。"又"溴之形色性情何如？此物係流質形，色深紅，味甚臭。"

《化學新編》："溴之爲名，因其臭烈也，其性至毒，爲深紅色之流質。"

52. 炭 炭質 炭氣精 炭精 嘎爾本 戞薄訥 戞各撥那 戞爾撥那

表 56　"炭"等化學元素詞表

今用詞	化學譯著用詞	博物新編 1855	化學入門 1868	化學初階 1870	化學鑒原 1871	化學指南 1873	化學啓蒙 1879	化學啓蒙 1886	化學新編 1896
碳 C	炭	√		√	√	√	√		√
	炭質			√					
	炭精		√	√		√		√	
	炭氣精							√	
	戞薄訥					√			
	戞各撥那					√			
	嘎爾本							√	
	戞爾撥那					√			

《博物新編》："炭者何，煙煤之質，火燼之餘，氣之最毒者也，究其所自來，乃養氣經用之後，混毒氣於其中，實養氣之無精英者，其質爲最重，重於生氣三數倍。"

《格物入門·化學入門》："炭精何物？五行之木也，上與養硝二氣相摻爲風，下與土類相和成石成煤，在田野成草木，此炭精也，乃萬物所不可離者。其純者何如？其形有三，金剛鑽一也，筆鉛二也，木炭三也。"

《化學初階》："炭精，世間原質，以此爲多，又爲最要之物。……生物體中最要者爲炭。炭精稟賦純者，形狀有三，一金剛沙、一筆鉛、一純炭。"

《化學鑒原》："炭，其一質有三形，形性迴異，一金剛石，一筆鉛，一煤與木炭煙炱。"

《化學指南》："炭精共有幾種，常見者約有九種，即金剛石、筆鉛、水火炭、硬煤、炭膽、木炭、獸炭、煅煤、煙煤也。"

《格致啓蒙·化學啓蒙》："炭爲煤炭之炭，炭爲原質。"

《西學啓蒙·化學啓蒙》："炭精，爲定質中純一原行之物。"又"炭氣精，化學家謂之嘎爾本。"

《化學新編》："炭，萬物中至多者爲炭，植物中有一半爲炭質，他如石灰及珊瑚等，皆含炭質，論炭之原質有二種，即金鋼石、筆鉛，此二種乃同質異形者，金鋼石乃至純之炭成顆粒者，較各物爲至硬。"

53. 硫 磺 硫黃 硫磺 蘇夫合

表 57　"硫"等化學元素詞表

今用詞	化學譯著用詞	博物新編 1855	化學入門 1868	化學初階 1870	化學鑒原 1871	化學指南 1873	化學啓蒙 1879	化學啓蒙 1886	化學新編 1896
硫 S	硫				√		√		√
	磺		√	√		√		√	
	硫黃				√		√		
	硫磺	√	√	√		√		√	√
	蘇夫合					√			

《博物新編》："硝强水，又名火硝油，製法用火硝一斤，硫磺一斤，同放於玻璃瓢內，以炭火炕其瓢底，即有硝磺汽由瓢蒂而出，接之以罐，使汽冷凝爲水，是名火硝油，其性烈甚，滴物即焦灼黃色，力能溶化水硍。"

《格物入門·化學入門》："原質相合，其義有二，何也？其一乃同類相合，積小成大，而所成之物純一不雜，無所爲變化，如磺氣凝結爲磺，乃質之純者也。"又"硫磺何物？原行之一。"

《化學初階》："硫磺一物自古已得，産於火山者爲多。……色黃，質脆，以物摩擦，則發磺磺臭，此質清水所不能鎔。"又"用磺炙令化氣，由管而入極冷之房，磺氣經冷，則化粉而漸墜。"

《化學鑒原》："萬物皆含硫黃，而地質爲最多。……西國所用之硫，俱須須里海島所出。……硫爲淡黃色之脆定質，或微熱，或摩擦，則生臭氣，不能消化於水。"

《化學指南》："硫磺何處產最多？火山左近地方，所產最多。……硫磺於水中不能消化。……煉磺酸氣，係用磺强水二倍，內加水銀，以火煆之。"

《格致啓蒙‧化學啓蒙》："硫黄，硫爲黃色定质。"

《西學啓蒙‧化學啓蒙》："硫磺爲定質，以其色黃而得名也。……硫磺能與輕養二氣，合成爲磺强水。"

《化學新編》："硫常產於火山之間。……色黃，無味，不能消化。"又"故人言大人有燐一斤有半，能作四千盒洋火，僅無硫磺以使其燃耳。"

54. 燐 硴 光藥 勿司勿而阿司 佛斯佛合

表58　"燐"等化學元素詞表

今用詞	化學譯著用詞	博物新編 1855	化學入門 1868	化學初階 1870	化學鑒原 1871	化學指南 1873	化學啓蒙 1879	化學啓蒙 1886	化學新編 1896
磷 P	燐	√		√	√		√		√
	硴					√			
	光藥		√			√		√	
	勿司勿而阿司				√				
	佛斯佛合					√			

《博物新編》："夫光之爲物，最爲微薄，其源有六，一曰日光、二曰火光、三曰燐光、四曰鹹汐光、五曰蟲光、六曰電光，六光以火日爲正光。"又"燐光，凡叢葬塚累之地，與林木除濕之藪，黑夜每出燐光，華人謂爲鬼火，其實惡有鬼哉。不過腐尸霉藥，受日熱蒸溫，化腐爲氣而然耳（此乃自焚之氣日間有人自不見耳）其爲色也，青綠而慘，照人照物，皆作淡金色有一顆轔轔，散爲千百顆者，有長聲謖謖渾如松下風者，亦足駭人耳目。"

《格物入門‧化學入門》："光藥何物？與石類土類相合，地中有之，動植含之，與石灰相合者成骨，其體如蜜蠟，最愛養氣，非沈藏水底，必致出火，其焰熱極而明，故名光藥。"

《化學初階》："康熙七年間日耳曼人因煉點金術於人尿中偶煉得此物，

燐質獨在者惟覩，動植物沙石坭，皆函之，禾麥田中具此質。"

《化學鑒原》："若近時考得之原質，則命名之意，即表其性。如勿司勿而阿司即燐，其意發光也。"

《化學指南》："硴，因其有光發出故名。"又"硴即光藥。……此質白晝生煙，黑夜發光，蓋因其有光，故名之曰硴、曰光藥。"

《格致啓蒙・化學啓蒙》："燐非獨生之質，每在動物骨內，與養氣相合。"

《西學啓蒙・化學啓蒙》："光藥之爲物，不以煆煉法取之不可見，可於活物之骨內尋得。"

《化學新編》："論燐，此質暗中能以發光。"

55. 硼 硼精 硴 布倫 薄何 撥喝 撥合

表 59　"硼"等化學元素詞表

今用詞	化學譯著用詞	博物新編 1855	化學入門 1868	化學初階 1870	化學鑒原 1871	化學指南 1873	化學啓蒙 1879	化學啓蒙 1886	化學新編 1896
硼 B	硼			√		√			√
	硼精		√	√		√			
	硴				√				
	布倫				√				
	薄何					√			
	撥喝					√			
	撥合					√			

《格物入門・化學入門》："硼精何物？與鏑相合成硼砂，與養氣相合成硼强水，冷則凝如鹽顆，因其能化鐵繡故可作銲藥。"

《化學初階》："論硼，此質恒與養相合而爲硼$_2$養$_3$酸。此硼酸地面甚少，硼酸合鏑養，即硼砂也。"

《化學鑒原》："硴之根源，西名布倫。硴無自然獨成者，必與養氣三分劑化合，地球上所產硴養$_2$之處甚少，常與鈉養化合成一質，俗名硼砂，古人已知之，但不知其所含之質。"

《化學指南》："論硼，狀似炭精，其形有三，一有楞，一無楞，一體軟似筆鉛。”又“硼精，即硼砂之精。”

《化學新編》：“此質在他書有言硼者，與輕養相合之雜質居多。”

56. 玻 玻精 矽 矽精 砂 西里西約母 西里西亞母 西里寫阿 西利根

表 60　“矽”等化學元素詞表

今用詞	化學譯著用詞	博物新編 1855	化學入門 1868	化學初階 1870	化學鑒原 1871	化學指南 1873	化學啓蒙 1879	化學啓蒙 1886	化學新編 1896
硅 Si	玻			√					
	玻精		√	√					
	矽				√		√		√
	矽精					√		√	
	砂					√			√
	西里西約母					√			
	西里西亞母					√			
	西里寫阿母					√			
	西利根							√	

《格物入門·化學入門》：“玻精何物？與土類相合成火石成堅砂，此物在土，如炭精之於木。……與養灰相合爲玻璨。”

《化學初階》：“論玻，水晶淨者，實止玻質，地球各堅物，多此玻質合成，世間各石，若非鉐質所合，即屬玻質矣。”又“此質（弗）與別質牽合之力極大。……然牽合玻精及各金類，其力極大。”

《化學鑒原》：“矽之根源，遍地球最多而甚繁者。矽與養化合之質，凡石類非鈣養爲其要質，即矽養$_二$爲要質。水晶之質，幾全爲矽養$_二$，白砂與火石之質，大半爲矽養$_二$，昔人誤以矽養$_二$爲原質，至六十七年前，兌飛始考知其原質爲矽。”

《化學指南》：“砂精，即砂土之精。”又“砂質之形性並重若何？此質於養氣中煆煉，無論受若干度熱力，不能焚着，亦不能與養氣相合成物。”

《格致啓蒙·化學啓蒙》：“矽亦非獨生之質，與養氣化合之物極多，有矽養$_二$者，即水晶，又砂石、火石皆爲矽養之質，但不能純淨耳。……沙泥、磚瓦與瓷與玻璃皆爲矽養。”

《西學啓蒙·化學啓蒙》："砂精爲原行一質物。……砂精原行質，西語曰西利根。……凡在地球内屬於石類之各物，非爲西利根與養氣合成者，即金類與養氣合成者。"

《化學新編》："砂，較水重。……砂在他書有言矽者。與化合即養砂養二，爲地球上至多者，其成顆粒者，即寶石，瑪瑙中亦多含此質。"

57. 碘 燦 海藍 挨阿顛 埃阿顛 約得

表 61　"碘"等化學元素詞表

今用詞	化學譯著用詞	博物新編 1855	化學入門 1868	化學初階 1870	化學鑒原 1871	化學指南 1873	化學啓蒙 1879	化學啓蒙 1886	化學新編 1896
碘 I	碘			√	√				√
	燦					√			
	海藍		√						
	挨阿顛			√					
	埃阿顛				√				
	約得					√			

《格物入門·化學入門》："海藍何物？海草海茸有之，鱗介亦有之，泉水亦間有之，色黑如鉛，氣現紫藍。"

《化學初階》："論碘，即挨阿顛。嘉慶十六年，泰西始查得是物，由法國藥師，以鹹水草灰製。……旋出藍氣，續細推考，始悉固原質之一焉。萬類中函此質者最少，鹹洋水、洋草、海棉乃函之，然或多或寡不等。"

《化學鑒原》："碘之根源，舊譯埃阿顛。前五十九年法國京都人名古爾朵，燒一種海草名開勒布。……則化爲淡紫色之霧，用各法細試之，而知此物爲新原質。碘之爲物，徧藏萬物之中而不多。海水内有之，泉水内間有之，數種不常見之金類亦有之，海中所生之草皆有之。"

《化學指南》："燦，因其氣色紫故名。"又"論燦，其色深紫，易於變氣騰散，凡海水以及各種海菜，多含此質。"

《化學新編》："碘乃自海草灰中取出，碘之雜質不第在海水中，即泉源中亦有之，其顆粒爲黑色。"

58. 碲 硒 砓 得律合 得驢喝 得驢合

表 62　"碲"等化學元素詞表

今用詞	化學譯著用詞	博物新編 1855	化學入門 1868	化學初階 1870	化學鑒原 1871	化學指南 1873	化學啓蒙 1879	化學啓蒙 1886	化學新編 1896
碲 Te	碲			√	√				
	硒					√			
	砓					√			
	得律合					√			
	得驢喝					√			
	得驢合					√			

《化學初階》:"論碲,此質地球亦頗少,非金類也。"

《化學鑒原》:"碲不常見,惟奧地里國,有二處產之,偶見自然獨成者,略不雜他質。"

《化學指南》:"硒,因其色似地故名。"又"論砓,此質純產者最少,與金銀鈆銅雜生亦不多。"

59. 硒 矽 色勒尼約母 塞林尼約母 塞類尼約母

表 63　"硒"等化學元素詞表

今用詞	化學譯著用詞	博物新編 1855	化學入門 1868	化學初階 1870	化學鑒原 1871	化學指南 1873	化學啓蒙 1879	化學啓蒙 1886	化學新編 1896
硒 Se	硒			√	√				
	矽					√			
	色勒尼約母					√			
	塞林尼約母					√			
	塞類尼約母					√			

《化學初階》:"論硒,此亦非金類也。"

《化學鑒原》:"硒,前五十三年,八西里烏司考得此質,萬物中不常有,且無自然獨成者。"

《化學指南》:"矽,因始得此物時見其色似月故名。"又"論矽,因其色似月故名。此質純淨者,世間罕有。"

60. 鉮 礵 盫 盫精 砒 信石 信石原質 阿何色尼 阿各色呢各 阿合色尼閣

表64　"鉮"等化學元素詞表

今用詞	化學譯著用詞	博物新編 1855	化學入門 1868	化學初階 1870	化學鑒原 1871	化學指南 1873	化學啓蒙 1879	化學啓蒙 1886	化學新編 1896
砷 As	鉮				√				√
	礵					√			
	盫			√					√
	盫精			√					
	砒								√
	信石		√						
	信石原質			√					
	阿何色尼					√			
	阿各色呢各					√			
	阿合色尼閣					√			

《格物入門·化學入門》："信石何物？俗名砒霜，煉得其精，爲金屬，其色潔白，惟易生繡，熱之直化爲氣，不能化水如他金。"又《格物入門·化學入門》中《原行總目》中以"信石"對應 Arsenic（砷）。

《化學初階》："論盫，或産於地或合金類成物，製盫精，以盫_養_即信石和炭入爐封嚴煅之，待炭吸養氣而焚，盫質可得。"

《化學鑒原》："鉮與別質化合者，略同於硫。……鉮養_即砒霜，又名信石。"

《化學指南》："礵，係由信石中分出者故名。"又"礵之形色性情何如？色黑亮有楞，最易騰散。"

《化學新編》："盫之一質在他書有曰鉮、或砒者，因有性與燐相若，故列於燐後，且有非金類性，因其引電傳熱發光，故亦可爲金類，總之此質可列於金類非金類之間。燒時有蒜臭，此質純者甚少，多與鈷相雜。"

61. 鈀

表65　"鈀"化學元素詞表

今用詞	化學譯著用詞	博物新編 1855	化學入門 1868	化學初階 1870	化學鑒原 1871	化學指南 1873	化學啓蒙 1879	化學啓蒙 1886	化學新編 1896
鈀 Pd	鈀			√	√				√

《化學初階》："論鈀、銯、銠、鎴、銥，此數質世間尠少，產白金鑛中，形狀與白金相仿，鈀色比白金尤麗，溶液甚難。"

《化學鑒原》："鈀恒與獨成之銀或鉑同見，形與鉑相似，色亦白，而光亮過之，與養氣化合，較易於鉑。"

《化學新編》："貴金類：金、銀、鉑、汞、鈀、銣、銥、銖。"

62. 鉭

表 66　"鉭"化學元素詞表

今用詞	化學譯著用詞	博物新編 1855	化學入門 1868	化學初階 1870	化學鑒原 1871	化學指南 1873	化學啓蒙 1879	化學啓蒙 1886	化學新編 1896
鉭 Ta	鉭			√	√				

《化學初階》的《原質總目》中列出"鉭"對應化學元素符號 Ta（鉭）。

《化學鑒原》："鉭之形性略同於鈮，而不多見。昔時化學家，即以爲鈮，今知非是。惟瑞顛國產鉭礦，其質含鉭養$_2$。"

63. 鉺

表 67　"鉺"化學元素詞表

今用詞	化學譯著用詞	博物新編 1855	化學入門 1868	化學初階 1870	化學鑒原 1871	化學指南 1873	化學啓蒙 1879	化學啓蒙 1886	化學新編 1896
鉺 Er	鉺			√	√				

《化學初階》："論成土之金類，厥質或釩、或銑、或鈧、或釔、或鐿、或鉺、或鏒、或鈰、或鑭、或釳。"

《化學鑒原》："鉺與釱同出一礦，鉺養與釱養，性亦相同，而色則黃。"

64. 鎢

表 68　"鎢"化學元素詞表

今用詞	化學譯著用詞	博物新編 1855	化學入門 1868	化學初階 1870	化學鑒原 1871	化學指南 1873	化學啓蒙 1879	化學啓蒙 1886	化學新編 1896
鎢 W	鎢			√	√				

《化學初階》："論鉥、鐥、鎢、釱、鋗、鉚，此數質世間尠少，化學家亦

多未睹，鈦鎂二質時或合磁油作色，鋗養合輕淡，以之試驗各水含燐養否。"

《化學鑒原》："鎢之根源，鎢礦與錫礦同見，重於錫礦，顆粒大而長方，色棳而光亮。"

3.2.2 化學元素類屬詞及其在近代化學譯著中的出現情況和文獻用例

爲便於下文化學元素語義場的描寫和分析，我們現將與化學元素詞密切相關的化學元素類屬詞列舉如下：

1. 原質 質 元質 行 原行 原行之質 原行質

表 69 "原質" 等詞表

今用詞	譯著用詞	首見化學譯著	化學譯著用例
元素	質	《博物新編》	泰西博物者，遇物必求其理，遇理必窮其極，見物之內有數質會合而成者，有十餘質會合而成者，間有一質自成其爲物者，雖品物繁形，然皆不出於五十六種之外，如人身之質，得五十六種之三十四，水質得五十六種之二，鑽石爲五十六種之一，均能用法分之。
	元質		天下之物，元質五十有六，萬類皆由之以生，造之不竭，化之不滅，是造物主之冥冥中材料也。
	行	《格物入門·化學入門》	原質各種之爲多寡何如？有常見者，有罕見者，不能以一物兼也，故二行合成者有之，三行合成者有之，既一二十種合成者亦有之。
	原行		若者質本精一，其不復分化者，皆以爲原質，至今合計六十二種爲原行。
	原質		
	原行之質	《化學指南》	萬物共分幾類？曰有二，一系原行之質，一系合成之質。如金銀硫礦等質，皆系純一無雜之物，以分法分之，不能分爲二質。其合成之質，凡系幾質合成之物，以分法分之，仍可分爲幾質，如水、木、油、粉等質是也。
	原行質	《西學啓蒙·化學啓蒙》	金類、非金類原行質六十七種。

2. 金類 金屬 金之類/非金類 非金屬 非金之類

表 70　"金類"與"非金類"等詞表

今用詞	譯著用詞	首見化學譯著	化學譯著用例
金屬	金類	《格物入門 · 化學入門》	金類何謂也？金銀銅錫以外，物之相類，其質純一無雜者，四十二種，其攙和而成者，不計其數。原行多半爲金，宜乎中國論五行，以金冠其首。金類所同者何也？皆能返光，故消之發采，皆能引熱，故易熱而易冷，皆能引電，故電報通信遠方，胥賴乎此。金類所異者何也？其色分淺深，質分輕重，以熱化者分難易。
	金屬		金類與他物交感何如？金屬與養氣好合者居多，能生熱發光，亦即能然，惟其最可寶者，如金銀等，則與養氣無大交感，所以不能然也。
非金屬	金之類	《化學初階》	原質統分二等：一金之類，一非金之類（或有在金與非金之間者）。非金之類十四種：一養氣、二輕氣、三淡氣、四炭、五綠氣、六碘、七磺、八燐、九弗、十溴、十一玻、十二硼、十三硒、十四碲。金類與非金之類所分別者，金類能返光，非金之類不能且難傳熱與電。金類屬於銅所發之電綫，非金之類皆能合輕氣，金類鮮能合輕氣成物。……金之類四十四種，世間恒用者不多品也。……太古僅知金類七種，即華之金、銀、銅、鐵、錫、鉛、汞是也。
	非金之類		
	非金類	《化學鑒原》	原質分爲兩類，·爲金類，·爲非金類。……非金類絕無金類之形色，熱與電氣皆不易傳引。
	非金屬	《化學指南》	凡原質彼此交感有生酸者，有生反酸者，有生味淡而薄者，此三者爲化學中之最要。其非金屬與養氣相合，多寡之不同者，即以強酸極次等名別之。

3. 重金 重體金類 真金/輕金

表 71　"重金"與"輕金"等詞表

今用詞	譯著用詞	首見化學譯著	化學譯著用例
重金屬	重體金類	《化學初階》	重體金類，此類即金銀銅鐵鉛等是也。
	重金	《化學鑒原》	重金又名真金，真金又分兩種，一與養氣無愛力，如金銀等，一與養氣有大愛力，如鐵、銅、鉛等。……與水相較，重率皆不甚大，故謂之輕金，以別於重金也。
	真金		
輕金屬	輕金		

4. 貴金之類 貴金類 寶金類/賤金之類

表 72 "貴金之類"與"賤金之類"等詞表

今用詞	譯著用詞	首見化學譯著	化學譯著用例
貴金屬	寶金類	《化學初階》	論寶金類，此類共九，汞、銀、金、鉑、鈀、銤、銠、鐟、銥，已上九種不易發銹，不與養氣牽合，縱合亦分之甚易，故為世寶。
	貴金之類	《化學鑒原》	貴金之類有九，汞、銀、金、鉑、鈀、銤、釕、銤、銥是也，與養氣之愛力皆甚小。
	貴金類	《化學指南》	貴金類：金、銀、鉑、汞、鈀、銣、銥、銤。
賤金屬	賤金之類	《化學鑒原》	賤金之類，二十有二，鐵、錳、鉻、鈷、鎳、鋅、鎘、鋼、鉛、鉿、錫、銅、鉍、鈾、釩、鎢、鉭、鐟、鉬、鈮、銻、鉀，與養氣之愛力皆甚大。

5. 鹼金 鹼質金類 能合為蛤利類/鹼土金 鹼土金類 能合為似蛤利之土類／土金 土金類 能合成土類

表 73 "鹼金"、"鹼土金"、"土金"等詞表

今用詞	譯著用詞	首見化學譯著	化學譯著用例
鹼金屬	能合為蛤利類	《化學初階》	金之類統分四等，第一等能合為蛤利類，第二等能合為似蛤利之土類，第三等能合成土類，第四等重體金類。……可成蛤利之金類，鋏、鋰，或云，另有一種，輕淡，即阿麼尼菴是也。
	鹼金	《化學鑒原》	鹼金有六：曰鉀、曰鈉、曰鋰、曰銫、曰銣、曰淡輕四，俱能與養氣化合而成鹼類。
	鹼質金類	《化學新編》	論鹼質金類：鉀、鈉、鋰、釕、銫。
鹼土金屬	能合為似蛤利之土類	《化學初階》	金之類統分四等，第一等能合為蛤利類，第二等能合為似蛤利之土類，第三等能合成土類，第四等重體金類。……論能製成似蛤利之金類，鋇、鎂、鍶、鋇，此四質合養氣皆成似蛤利之土，蓋形似土而力略似蛤利，故名，此四質與養氣牽合之力極大。
	鹼土金	《化學鑒原》	鹼土金有四，曰鋇、曰鍶、曰鈣、曰鎂。謂之鹼土者，因與養氣化合之質，其狀如土，而性如鹼。
	鹼土金類	《化學新編》	鹼土金類：即鋇、鋇、鍶。

今用詞	譯著用詞	首見化學譯著	化學譯著用例
土金屬	能合成土類	《化學初階》	金之類統分四等，第一等能合爲蛤利類，第二等能合爲似蛤利之土類，第三等能合成土類，第四等重體金類。……論成土之金類，厥質或鈏、或銑、或鉇、或釼、或鐙、或鉺、或硒、或鑭、或鈰。
	土金	《化學鑒原》	土金有十，即鋁、鉿、鋯、釷、鈦、鉺、鈇、鐯、銀、鏑。……土屬皆不能消化於水，亦不能與炭氣化合，此爲本與配化合，其力甚小。
	土金類	《化學新編》	鋁之名與礬同，因自礬中出者多半，亦名爲土金類石。

3.3 化學元素語義場描寫

"在語言狀態中，一切都是以關係爲基礎的"，[①] 索緒爾把語言的關係歸納爲兩大類，即組合關係與聚合關係。就語言中的詞彙成分而言，在語法構造中所實現的是以語言單位的綫性特徵爲基礎的組合關係，在詞彙系統內部所形成的則是以語言單位的共同特徵爲基礎的聚合關係。"種種意義合成的整體，自然地形成一個以區別和對立關係爲基礎的系統，因爲這些意義相互之間是有聯繫的；而且還形成一個共時性的系統，因爲這些意義之間存在着相互依存的關係。"[②] 詞語的意義不是孤立地存在於該系統中的，而是在各種關係中得以體現的。近代化學譯著中的化學元素詞不是孤立地存在的，而是以 {元素} 這一語義爲核心構成元素語義場，該語義場是由多個系統組成的多平面與多層級的獨立的體系，該系統中的化學元素詞以各種方式相互關聯，同一語義場範圍內的化學元素詞互相依存、互相制約。

3.3.1 化學元素語義場

化學元素語義場是根據化學元素詞意義的共同特點或相互關係形成的化學元素詞的類聚，可稱之爲具有系統性和聯繫性的化學元素詞的聚合體。各

---

① ［瑞士］索緒爾著，高名凱譯：《普通語言學教程》，商務印書館，1980 年。170 頁
② ［瑞士］皮亞杰：《發生認知論原理》，商務印書館，1981 年。53 頁

級化學元素語義場及其内部組成成分——義位之間，存在着既相互獨立又相互依存，既相互隸屬又相互制約的關係。其中的每個義位的價值正是在這種複雜的關係中得以體現的，如索緒爾以下棋爲喻："下棋的狀態與語言的狀態相當。棋子的各自價值是由它們在棋盤上的位置決定的，同樣，在語言裏，每項要素都由於它同其它各項要素對立才能有它的價值。"①

一個詞之所以存在於一種語言的語義系統中，是由它的價值決定的，這種價值是在它與其他詞的各種關係中體現出來的。因此，通過義素分析，比較詞語之間的聯繫與區別，形成特定的語義場，我們才能夠確定一個詞存在的價值，例如單看 {金}、{銀}、{鉑}、{銥}、{鐌}、{鐺}、{釘}、{鈀}、{汞}，難以進行區分，只有將其放入貴金屬元素語義場中，在聯繫與區別中才能確定它們各自的意義和體現其存在的價值。

在描寫化學元素語義場之前，需要說明的一點是：由於本文所選材料——近代化學譯著本身的特殊性，使得化學元素語義場中的同一個意義大多存在着不同的表達詞。如表 {原質} 的詞形就有 7 個——質、元質、行、原行、原質、原行之質、原行質，表 {金} 的詞形有 5 個——金、黄金、阿日阿末、哦合、俄而。在進行化學元素語義場的描寫時，我們儘量選擇使用頻率較高的表示化學元素及其類屬的詞，以其所表之義作爲化學元素語義場中的一個義位。爲了行文的方便，同時也是爲了明確詞所表示的意義與該意義的表達詞之間的區別，以括號 "{ }" 標明意義。例如 "金" 與 "{金}"，前者爲化學元素詞 "金"，後者爲化學元素詞 "金" 所表示的 "金元素" 之義。

3.3.1.1 元素語義場

表74　元素語義場表

上位詞	下位詞	表義素		類義素
		有金屬性	無金屬性	
{原質}	{金類}	+		元素
	{非金類}		+	

---

① 〔瑞士〕索緒爾著，高名凱譯：《普通語言學教程》，商務印書館，1980 年。128 頁

　　元素語義場內包含有上位詞｛原質｝及其下位詞｛金類｝和｛非金類｝，2 個下位詞之間既相互依存又相互對立。其依存關係表現在：它們擁有共同的類義素"元素"，同處於元素語義場中；其對立關係表現在：共處同一語義場內，表義素的對立關係使 2 個下位詞形成對立，並且以此相互區別。

3.3.1.2 非金屬元素語義場

表 75　非金屬元素語義場表

上位詞	下位詞	表義素																				類義素	
		符號	顏色													氣味		特性		形態			
			銀白	黃綠	淺黃綠	棕紅	紅	淺黃	黃	紅棕	棕色	紫	灰	灰黑	黑	無臭	無味	最輕	腐蝕性	結晶	非結晶		
｛非金類｝	｛養氣｝	O														+	+					氣體	非金屬元素
	｛輕氣｝	H														+		+					
	｛淡氣｝	N														+	+						
	｛綠氣｝	Cl		+															+				
	｛弗氣｝	F			+														+				
	｛溴｝	Br				+													+			液體	
	｛炭｝	C													+					+	+	固體	
	｛硫｝	S						+												+			
	｛燐｝	P					+	+												+	+		
	｛硼｝	B									+			+						+			
	｛矽｝	Si											+							+	+		
	｛碘｝	I										+								+			
	｛碲｝	Te	+								+									+	+		
	｛硒｝	Se				+														+			
	｛鉮｝①	As							+				+	+						+			

---

① 鉮(砷)在化學譯著中的歸屬不同，其一，歸入金類，《化學初階》未將鉮列入非金類："原質統分二等，一金之類，一非金之類(或有在金與非金之間者)，非金之類十四種，一養氣、二輕氣、三淡氣、四炭、五綠氣、六碘、七磺、八燐、九弗、十溴、十一玻、十二硼、十三硒、十四碲。"《化學鑒原》："賤金之類，二十有二，鐵、錳、鉻、鈷、鎳、鋅、鎘、錮、鉛、鉿、錫、銅、鉍、鈾、釩、鎢、鉭、鐯、鉬、鈮、銻、鉮，與養氣之愛力皆甚大。"其二，歸入非金類，《化學指南》將碯(砷)列入非金屬元素表中。其三，列於金類與非金類之間，《化學新編》："鉮(砷)一質在他書有曰鉮、或砒者，因有性與燐相若，故列於燐後，且有非金類性，因其引電傳熱發光，故亦可爲金類，總之此質可列於金類非金類之間。"據學部審定的《化學語彙》(1908)，其中元素 Arsenic 對應"砷"，《化學名詞命名原則》(1933)："元素之名各以一字表之。氣態者從氣，液態者從水，金屬元素之爲固態者從金，非金屬元素之爲固態者從石。"據此我們將砷歸入非金屬元素。

非金屬語義場內包含有上位詞 ｛非金類｝ 及其下位詞 ｛養氣｝、｛輕氣｝、｛淡氣₁｝、｛綠氣｝、｛弗氣｝、｛溴｝、｛炭｝、｛硫｝、｛燐｝、｛硼｝、｛矽｝、｛碘｝、｛碲｝、｛硒｝、｛鉮｝，15 個下位詞之間既相互依存又相互獨立。其依存關係表現在：它們擁有共同的類義素"非金屬元素"，同處於非金屬元素語義場中；其獨立關係表現在：共處同一語義場內，所含類義素——氣體、液體、固體的不同使 ｛溴｝ 區別於其他 14 個詞，同含有類義素"氣體"的 5 個詞和同含有類義素"固體"的 9 個詞，通過表義素的不同得以相互區別。

3.3.1.3 金屬元素語義場

表 76　金屬元素語義場表

上位詞	下位詞	表義素		類義素
		比重大	比重小	
｛金類｝	｛重金｝	+		金屬元素
	｛輕金｝		+	

金屬元素語義場內包含有上位詞 ｛金類｝ 及其下位詞 ｛重金｝ 和 ｛輕金｝，2 個下位詞之間既相互依存又相互對立。其依存關係表現在：它們擁有共同的類義素"金屬元素"，同處於金屬元素語義場；其對立關係表現在：共處同一語義場內，表義素之間的對立關係使 2 個下位詞形成對立，並且以此相互區別。

3.3.1.4 重金屬元素語義場

表 77　重金屬元素語義場表

上位詞	下位詞	表義素		類義素
		化學反應難	化學反應易	
｛重金｝	｛貴金之類｝	+		重金屬元素
	｛賤金之類｝		+	

重金屬元素語義場內包含有上位詞 ｛重金｝ 及其下位詞 ｛貴金之類｝ 和 ｛賤金之類｝，2 個下位詞之間既相互依存又相互對立。其依存關係表現

在：它們擁有共同的類義素"重金屬元素"，共處於重金屬元素語義場中；其對立關係表現在：共處同一語義場內，表義素的對立關係使 2 個下位詞形成對立，並且以此相互區別。

3.3.1.5 輕金屬元素語義場

表 78　輕金屬元素語義場表

上位詞	下位詞	表義素		類義素
		鹼性	土性	
{輕金}	{鹼金}	+		輕金屬元素
	{鹼土金}	+	+	
	{土金}		+	

輕金屬元素語義場內包含有上位詞 {輕金} 及其下位詞 {鹼金}、{鹼土金}、{土金}，3 個下位詞之間既相互依存又相互獨立。其依存關係表現在：它們擁有共同的類義素"輕金屬元素"，同處於輕金屬元素語義場中；其獨立關係表現在：共處同一語義場內，表義素的不同使 3 個下位詞得以區別。

3.3.1.6 貴金屬元素語義場

表 79　貴金屬元素語義場表

上位詞	下位詞	表義素										類義素	
		符號	顏色					質地					
			赤黃	白	銀白	灰藍	銀灰	軟	較軟	硬而脆	極硬		
{貴金之類}	{金}	Au	+					+				固體	貴金屬元素
	{銀}	Ag		+				+					
	{鉑}	Pt			+			+					
	{銠}	Rh			+						+		
	{銥}	Ir			+					+			
	{鋨}	Os				+				+			
	{釕}	Ru					+			+			
	{鈀}	Pd			+				+				
	{汞}	Hg										液體	

99

　　貴金屬元素語義場內包含有上位詞 {貴金之類} 及其下位詞 {金}、{銀}、{鉑}、{銠}、{銥}、{鐖}、{釕}、{鈀}、{汞}，9 個下位詞之間既相互依存又相互獨立。其依存關係表現在：它們擁有共同的類義素 "貴金屬元素"，同處於貴金屬元素語義場中。其獨立關係表現在：共處同一語義場內，表義素的不同使之相互區別；類義素 "固體" 和 "液體" 使 {汞} 與其他 8 個詞得以區分，而同含有類義素 "固體" 的 8 個詞，又通過表義素的不同得以區分。

3.3.1.7 賤金屬元素語義場

表80　賤金屬元素語義場表

上位詞	下位詞	符號	顏色							質地							特性					類義素
			白	銀白	灰白	藍白	銀灰	紫紅	紅白	很軟	軟	脆	較硬	硬而脆	堅硬	堅韌	磁性	延展性	耐腐蝕	放射性	冷脹性	
{賤金之類}	{錳}	Mn	+											+								賤金屬元素
	{鐵}	Fe	+													+	+	+				
	{銅}	Cu						+				+			+			+				
	{鈷}	Co	+											+			+					
	{鎳}	Ni	+										+				+					
	{錫}	Sn	+								+							+	+			
	{鉛}	Pb				+					+							+				
	{鋅}	Zn					+					+										
	{鉍}	Bi							+					+								
	{銻}	Sb	+									+									+	
	{鉻}	Cr	+											+					+			
	{鎘₁}	Cd	+														+	+				
	{鈾}	U	+															+		+		
	{鈦}	Ti	+														+		+			
	{鎢}	Mo			+									+								
	{鉬}	Mo	+												+		+					

续表

上位詞	下位詞	符號	顏色							質地							特性					類義素
			白	銀白	灰白	藍白	銀灰	紫紅	紅白	很軟	軟	脆	較硬	硬而脆	堅硬	堅韌	磁性	延展性	耐腐蝕	放射性	冷脹性	
	｛鈮｝	Nb			+													+				
	｛釩₁｝	V				+									+			+	+			
	｛銦｝	In		+									+					+				
	｛鉈｝	Tl	+							+												
	｛鉭｝	Ta		+														+	+			

　　賤金屬元素語義場內包含有上位詞 ｛賤金之類｝ 及其下位詞 ｛錳｝、｛鐵｝、｛銅｝、｛鈷｝、｛鎳｝、｛錫｝、｛鉛｝、｛鋅｝、｛鉍｝、｛銻｝、｛鉻｝、｛鎘₁｝、｛鈾｝、｛錯｝、｛鎢｝、｛鉬｝、｛鈮｝、｛釩₁｝、｛銦｝、｛鉈｝、｛鉭｝，21 個下位詞之間既相互依存又相互獨立。其依存關係表現在：它們擁有共同的類義素 “賤金屬元素”，同處於賤金屬元素語義場內；其獨立關係表現在：共處同一語義場內，表義素的不同使 21 個下位詞得以區別。

3.3.1.8 鹼金屬元素語義場

表 81　鹼金屬元素語義場表

上位詞	下位詞	符號	質地			比重輕	延展性	類義素
			很軟	軟	硬			
	｛鉀｝	K	+				+	
	｛鈉｝	Na		+			+	
｛鹼金｝	｛鋰｝	Li			+	+		鹼金屬元素
	｛鍶｝	Sr		+			+	
	｛銣｝	Rb		+		+		

　　鹼金屬元素語義場內包含有上位詞 ｛鹼金｝ 及其下位詞 ｛鉀｝、｛鈉｝、｛鋰｝、｛鍶｝、｛銣｝，5 個下位詞之間既相互依存又相互獨立。其依存關係

表現在：它們擁有共同的類義素"鹼金屬元素"，從而構成了鹼金屬元素語義場。其獨立關係表現在：共處同一語義場內，表義素的不同使 5 個下位詞相互區別。

3.3.1.9 鹼土金屬元素語義場

表 82　鹼土金屬元素語義場表

上位詞	下位詞	表義素						類義素
		符號	質軟	比重輕	特性			
					光澤	延展性	熱消散性	
{鹼土金}	{鈣}	Ca	+					鹼土金屬元素
	{鋇}	Ba			+	+		
	{鎂}	Mg				+	+	
	{銅}	Cs	+	+				

　　鹼土金屬元素語義場內包含有上位詞 {鹼土金} 及其下位詞 {鈣}、{鋇}、{鎂}、{銅}，4 個下位詞之間既相互依存又相互獨立。其依存關係表現在：它們擁有共同的類義素"鹼土金屬元素"，同處於鹼土金屬元素語義場；其獨立關係表現在：共處同一語義場內，表義素的不同使 4 個下位詞相互區別。

3.3.1.10 土金屬元素語義場

表 83　土金屬元素語義場表

上位詞	下位詞	表義素														類義素
		符號	顏色					質地				特性					
			銀白	銀灰	淺灰	灰色	灰黑	軟	硬	韌	脆	光澤	毒性	延展性	放射性	耐腐蝕	
{土金}	{鋁}	Al	+					+		+				+			土金屬元素
	{鈹}	Be			+				+								
	{釷}	Th	+					+							+		
	{釔}	Y					+					+					
	{鋯}	Zr		+					+		+	+		+		+	

续表

上位詞	下位詞	表義素															類義素
		符號	顏色					質地				特性					
			銀白	銀灰	淺灰	灰色	灰黑	軟	硬	韌	脆	光澤	毒性	延展性	放射性	耐腐蝕	
	{鏑}	Dy	+					+				+	+				
	{鑭}	La	+					+									
	{鈰}	Ce			+			+					+				
	{鋱}	Tb		+				+					+	+			
	{鉺}	Er		+				+				+	+	+			

　　土金屬元素語義場內包含有上位詞 {土金} 及其下位詞 {鋁}、{鈧}、{釔}、{鐿}、{鋯}、{鏑}、{鑭}、{鈰}、{鋱}、{鉺}，10 個下位詞之間既相互依存又相互獨立。其依存關係表現在：它們擁有共同的類義素 "土屬金屬元素"，同處於土金屬元素語義場內；其獨立關係表現在：共處同一語義場內，表義素的不同使 10 個下位詞相互區別。

3.3.2 化學元素語義場之間的關係

3.3.2.1 層級關係

　　在化學元素語義場內，層級關係占有重要的地位。根據系統論的觀點，層級是系統的重要特徵之一，它能够體現出系統的兩個特點[①]：其一，系統中的元素在構成上是有層次的，是按照嚴格的等級組織起來的，[②] 沒有層次就沒有系統；其二，整體大於部分，整體與部分是相對的，一個低層次的整體進入一個高層次的結構中，便成爲其組成部分。[③] 這兩個特點有助於我們對化學元素詞彙系統的理解，化學元素語義場是由上位詞和下位詞逐層組合起來的一個系統，層級關係是語義場關係的重要體現。詞彙系統中的每一個語義場對其下的語義場而言是 "母語義場"，對其上的語義場而言則是 "子

---

① 李潤生：《〈齊民要術〉農業專科詞彙系統研究》，北京師範大學文學院，2005 年。
② ［瑞士］索緒爾著，高名凱譯：《普通語言學教程》，商務印書館，1980 年。124 頁
③ 姚小平：《洪堡特——人文研究和語言研究》，外語教學與研究出版社，1995 年。106 頁

語義場"，當然，這種層級關係是相對的。化學元素語義場之間的重要關係之一就是層級關係，例如"重金屬元素語義場"相對"金屬元素語義場"而言是子語義場，相對"貴金屬元素語義場"而言就是母語義場。同時，層級越向上語義場就越大，層級越向下語義場就越小。

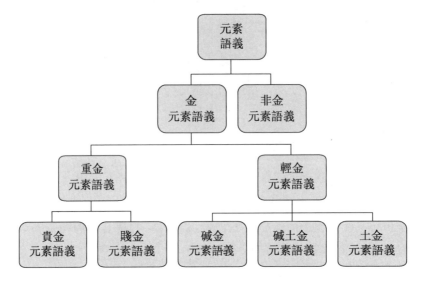

圖2　化學元素語義場之間的層級關係圖示

表84　化學元素母語義場與子語義場對應表

母語義場	子語義場
元素語義場	金屬元素語義場　非金屬元素語義場
金屬元素語義場	重金屬元素語義場　輕金屬元素語義場
重金屬元素語義場	貴金屬元素語義場　賤金屬元素語義場
輕金屬元素語義場	鹼金屬元素語義場　鹼土金屬元素語義場　土金屬元素語義場

3.3.2.2　對立關係

"對立是系統內部諸多差別關係中最尖銳或最發展的形式，在事物內部的關係中處於某種支配地位，構成了事物本質的最重要的方面。"[1] 語義場是通過不同義位之間的對比，根據它們共同的類義素劃分出來的聚合體，義

---

① 《中國大百科全書·哲學卷》，中國大百科全書出版社，1988年。"中介"條

位的對立形成了化學元素語義場的對立關係，具有對立關係的語義場有：

金屬元素語義場←──→非金屬元素語義場

重金屬元素語義場←──→輕金屬元素語義場

貴金屬元素語義場←──→賤金屬元素語義場

3.3.3 化學元素語義場內義位之間的關係

3.3.3.1 層級關係

化學元素語義場是由一個個義位逐層組合起來的，層級關係是義位之間關係的重要體現。層級在上的義位我們稱之爲"上位詞"，層級在下的義位我們稱之爲"下位詞"。上位詞的意義能夠涵蓋下位詞，並且具有下位詞所不具備的某些意義。例如，上位詞 {輕金} 包含下位詞 {鹼金}、{鹼土金}、{土金}，下位詞 {鹼金}、{鹼土金}、{土金} 則不具備上位詞 {輕金} 所有的意義。層級越向上，義位所概括的範圍也就越大；反之，層級越向下，義位所概括的範圍也就越小，使之顯得更爲具體。義位的層級關係是相對的，同一義位處於不同的語義場中，其層級關係也會發生變化。例如 {金類} 在元素語義場中是下位詞，在金屬元素語義場內則是上位詞，{重金} 在金屬元素語義場中是下位詞，而在重金屬元素語義場內則是上位詞。

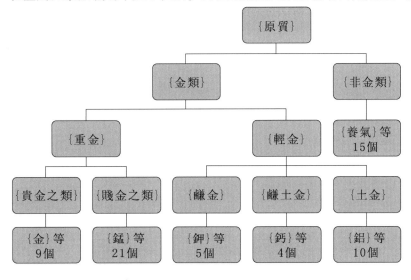

圖3　化學元素語義場中義位的層級關係圖示

表85　化學元素語義場中的上位詞與下位詞的對應表

上位詞	下位詞
{原質}	{金類}　{非金類}
{非金類}	{養氣}　{輕氣}　{淡氣₁}　{綠氣}　{弗氣}　{溴}　{炭}　{硫}　{燐}　{硼}　{矽}　{碘}　{碲}　{硒}　{鉮}
{金類}	{重金}　{輕金}
{重金}	{貴金之類}　{賤金之類}
{輕金}	{鹻金}　{鹻土金}　{土金}
{貴金之類}	{金}　{銀}　{鉑}　{銾}　{銥}　{鐚}　{釕}　{鈀}　{汞}
{賤金之類}	{錳}　{鐵}　{銅}　{鈷}　{鎳}　{錫}　{鉛}　{鋅}　{鉍}　{銻}　{鉻}　{鎘₁}　{鈾}　{鐟}　{鎢}　{鉬}　{鉅}　{釩₁}　{銦}　{鉿}　{鉭}
{鹻金}	{鉀}　{鈉}　{鋰}　{鎴}　{銣}
{鹻土金}	{鈣}　{鋇}　{鎂}　{鍢}
{土金}	{鋁}　{鉻}　{釷}　{鐿}　{鋯}　{鏑}　{鑭}　{錯}　{�}　{鉺}

3.3.3.2 對立關係

處於同一語義場中的義位，由於表義素的相反或相對，形成義位的對立關係。例如：

　{金類}　⟷　{非金類}

　{重金}　⟷　{輕金}

　{貴金之類}　⟷　{賤金之類}

3.3.3.3 類義關係

處於同一語義場中的義位，由於具有相同的類義素，形成了義位之間的類義關係。

表 86　義位之間的類義關係表

類義素	類義關係義位
非金屬元素	｜養氣｜　｜輕氣｜　｜淡氣｜　｜綠氣｜　｜弗氣｜　｜溴｜　｜炭｜　｜硫｜　｜燐｜　｜硼｜ ｜矽｜　｜碘｜　｜磾｜　｜硒｜　｜鉮｜
貴金屬元素	｜金｜　｜銀｜　｜鉑｜　｜銼｜　｜銥｜　｜鐿｜　｜釕｜　｜鈀｜　｜汞｜
賤金屬元素	｜錳｜　｜鐵｜　｜銅｜　｜鈷｜　｜鎳｜　｜錫｜　｜鉛｜　｜鋅｜　｜鉍｜　｜銻｜　｜鉻｜　｜鎘｜ ｜鈾｜　｜鐠｜　｜鎢｜　｜鉬｜　｜鈮｜　｜釩｜　｜銦｜　｜鉿｜　｜鉭｜
鹼金屬元素	｜鉀｜　｜鈉｜　｜鋰｜　｜鎴｜　｜銣｜
鹼土金屬元素	｜鈣｜　｜鋇｜　｜鎂｜　｜鋼｜
土金屬元素	｜鋁｜　｜鉻｜　｜釷｜　｜鐿｜　｜鋯｜　｜鏑｜　｜鑭｜　｜錯｜　｜鈮｜　｜鉺｜

107

4 章　化學元素詞的類型

"必將有循於舊名，有作於新名"是戰國時期的著名思想家荀子爲我們揭示的漢語詞彙發展的基本規律，化學譯著中的化學元素詞對這一規律作出了較好的闡釋。

4.1 化學元素本族詞

化學元素本族詞是指漢語中原有的，完全用漢語的構詞材料並按漢語構詞的規則構成的，音和義都是漢語固有的詞。

中國是歷史悠久的文明古國，曾擁有高度發達的經驗化學，"在我國古代人們的生活和生產實踐中就已發現的元素有：金、銀、銅、鐵、錫、鉛、汞等。"[1] 它們多以單質或遊離狀態存在於自然界裏，是較早被人們發現和利用的元素。化學上把由同種元素組成的純淨物稱作單質，而元素在單質中存在時稱爲元素的遊離態。因此，漢語詞"金"、"銀"、"銅"、"鐵"、"錫"、"鉛"、"汞"等既可以指稱相應的元素又可以指稱由相應的元素構成的單質。翻譯這些化學元素外語詞時，使用相應的漢語固有詞對譯，以便人們更好地理解，如《化學鑒原》所言："原質之名，中華古昔已有者，仍之。"[2] 這一類詞在化學元素詞中所占比例較小，具體如下：

1. 黃金 金

---

① 王寶瑄：《元素名稱考源》，載《中國科技術語》2007 年第 4 期。

② ［英］韋而司著，［英］傅蘭雅、徐壽譯：《化學鑒原》，江南製造局，1871 年。卷一：二十九節

　　化學元素源語①詞 Aurum（Gold）以漢語固有詞“黃金”和“金”對譯。

　　“金色正黃”②，金是一種黃色金屬，古代通稱“黃金”。《易・噬嗑》：“噬乾肉，得黃金。”“黃金在金類內爲極貴重之品”③，早在《漢書・食貨志》中就有記載：“黃金爲上；白金爲中；赤金爲下。”

　　化學譯著中，“黃金”首見於《博物新編》，用例如：“水質之重，與他物各自不同，譬如以一寸方平而論，黃金重於水十九倍。”又《格物入門・化學入門》：“黃金原於何物？……多由砂石揀汰而出，往往粒大如豆。至由水晶等石碾淘得者，須經煉化，不論見水見風，皆不變色。”

　　漢語詞“金”既是金屬的總名，又是“黃金”的專稱，如《正字通・金部》：“金，五色金也。白金銀，青金鉛，赤金銅，黑金鐵，黃金爲之長。經傳稱金者皆黃金也。”專稱黃金的“金”如《老子・九章》：“金玉滿堂，莫之能守。”由於金的化學性質的穩定，使其在自然界中能以遊離狀態存在，“自然金，多由砂石揀汰而出”④，人們常常利用金與砂比重的懸殊，以水沖洗含金之砂的方法獲取金。早在《韓非子・内儲說上》中就有相關記載：“荊南之地，麗水之中生金，人多竊采金。”唐・劉禹錫《浪淘沙九首》之六：“日照澄洲江霧開，淘金女伴滿江隈。”貴金屬金可以用來製造貨幣、裝飾品等，如《战国策・秦策》：“以季子之位尊而多金。”唐・李紳《答章孝標》詩：“假金方用真金鍍，若是真金不鍍金。”南朝・宋・谢惠連《捣衣》：“簪玉出北房，鳴金步南階。”

　　化學譯著中，“金”首見於《化學初階》，該書卷三的《CHEMICAL TERMS 書名 俗名》對照表中以“金”和“黃金”對應化學元素源語詞 Aurum（Gold），將“金”歸入化學術語書名，“黃金”歸入化學術語俗名。又《化學鑒原》：“金爲地產而無礦，常見獨成之薄片，或顆粒，間有大塊。……金色正黃，而面光質性最韌，純者更軟。”《化學指南》：“論金，

---

　　① 源語，一種語言轉換成另一種語言時，輸出的語言即爲源語。（《語言學百科詞典》，上海辭書出版社，1994 年。620 頁）

　　② ［英］韋而司著，［英］傅蘭雅、徐壽譯：《化學鑒原》，江南製造局，1871 年。

　　③ ［英］羅斯古著，［美］林樂知、鄭昌棪譯：《格致啓蒙・化學啓蒙》，江南製造局，1879 年。

　　④ ［美］丁韙良：《格物入門・化學入門》，京師同文館，1868 年。

此質有天然生產者，查悉金屬，此質爲最先，不易生銹，不易鎔化。"

2. 銀 白銀

化學元素源語詞 Argentum（Silver）以漢語固有詞"銀"和"白銀"對譯。

"銀有自然獨成者"①，銀常以純銀的單質形態存在於自然界裏，銀與黃金一樣屬於應用歷史悠久的貴金屬，"銀之爲用最多，品物極貴"②，在我國古代常用作貢品，早在《书·禹贡》中就有相關記載："厥貢惟金三品，瑤、琨筱、簜、齒、革、羽、毛惟木。""金三品"指的是金、銀、銅。《书·禹贡》："厥貢璆、鐵、銀、鏤、砮、磬，熊、羆、狐、貍、織皮。"《漢書·食貨志》："朱提銀重八兩爲一流，值一千五百八十。"

化學譯著中，"銀"首見於《博物新編》，用例如："水質之重，與他物各自不同，譬如以一寸方平而論，……銀重十倍。"又《化學鑒原》："銀有自然獨成者。……銀之色於金類中最白。"

"銀之色於金類中最白"③，《說文解字·金部》："銀，白金也。"《爾雅·釋器》："白金謂之銀。"銀是一種白色金屬，故而稱之爲白銀。"銀爲貴重之質"④，與黃金同爲貴金屬的白銀，古代也曾用作貨幣，《南史·徐陵傳》："府庫空虛，賞賜懸乏，白銀難得，黃劄易營。"

化學譯著中，"白銀"首見於《格物入門·化學入門》，用例如："銀本何用？有自然銀質頗純者，有與硫磺相合者，有與黑鉛相合者。……白銀何法徵驗？其顯者不難明辨。"

3. 水銀 汞 汞精

化學元素源語詞 Hydrargyrum（Mercury）以漢語固有詞"水銀"和"汞"對譯。

我國製汞的歷史悠久，在漢代就已知利用丹砂（一硫化汞）製汞了。西漢·劉安的《淮南萬畢術》中有"丹砂爲澒"。東漢·魏伯陽的《周易參同

① ［英］韋而司著，［英］傅蘭雅、徐壽譯：《化學鑒原》，江南製造局，1871 年。
② ［英］羅斯古著，［英］艾約瑟譯：《西學啓蒙·化學啓蒙》，廣學會，1886 年。
③ ［英］韋而司著，［英］傅蘭雅、徐壽譯：《化學鑒原》，江南製造局，1871 年。
④ ［英］羅斯古著，［美］林樂知、鄭昌棪譯：《格致啓蒙·化學啓蒙》，江南製造局，1879 年。

契》生動地描寫了汞易揮發、易與硫黃化合的特性："河上姹女（汞），靈而最神，得火則飛，不見埃塵。……將欲製之，黃芽（硫黃）爲根。"《史記·秦始皇本紀》記載秦始皇墓中"以水銀爲百川、江河、大海，機相灌注"。製汞過程解釋得最早又最明確的是東晉·葛洪的《抱樸子·金丹篇》："丹砂燒之成水銀，水銀積變又成丹砂。"南北朝，陶弘景將天然出產的汞稱作"生汞"，人工製造的稱作"熟汞"。唐·陳少微的《九還金丹妙訣》載有以汞與硫製硫化汞的方法："汞一斤，硫黃三兩，先搗碎研爲粉，致於瓷瓶中，下着微火，繼續下汞，急手研之，令爲青砂（即硫化汞）。"明代的道教典籍《正統道藏》中載有："玉鼎烹鉛液，金鑪養汞精。"又"收得作汁通神妙，汞精一點變乾砂。"又"七月采得爲藥寶，汞精一點變白銀。"清代的《佩文韻府》中有"當知'汞精'、'汞髓'皆譬喻也"。

　　《說文解字·水部》："澒，丹沙所化爲水銀也。"《玉篇·水部》："汞，水銀滓。"《集韻·董韻》："澒，水銀也。或作汞。"《廣雅·釋器》："水銀謂之澒。""澒"與"汞"是同詞異形的關係，《正字通·水部》："汞，俗澒字道家改作汞。舊註音訓同澒。重出。""汞"何以稱爲"水銀"？化學譯著中解釋爲："色則銀也，而流動若水，故名。"[1] 其實，早在明·李時珍的《本草綱目》中就有分析："其狀如水似銀，故名水銀；澒者，流動貌；方術家以水銀和牛羊豕三脂，杵成膏，以通草爲炷照於有金寶處，即知金、銀、銅、鐵、鉛、玉、龜、蛇、妖怪，故謂之靈液。頌曰：《廣雅》水銀謂之澒。丹竈家名汞，其字亦通用爾。"王筠《說文句讀·卷十一上》："俗作'汞'者，蓋省'頁'則同'江'，因逐'工'於'水'上也。"由此推斷，"水銀"是"汞"的本名，因其"流動貌"所以又稱爲"澒"，而"汞"爲煉丹家所造，"汞"與"澒"是同詞異形關係，之後多用"汞"而鮮用"澒"了，因此文獻中較爲通行的是"水銀"與"汞"。

　　化學譯著中，"水銀"首見於《博物新編》，用例如："水質之重，與他物各自不同，譬如以一寸方平而論，……水銀重於水十三倍。"化學譯著中，"汞"、"汞精"首見於《格物入門·化學入門》，用例如："水銀何物？……色則銀也，而流動若水，故名。又名汞精。"

---

① ［美］丁韙良：《格物入門·化學入門》，京師同文館，1868 年。

4. 硫 硫黃 磺 硫磺

化學元素源語詞 Sulphur 以漢語固有詞"硫"、"硫黃"、"磺"、"硫磺"對譯。

化學譯著中指出硫磺"以其色黃而得名"①，在我國古代文獻中有更爲詳細的說明，《正字通·石部》："硫，石硫黃，藥類。《淮南子》夏至流黃澤。……本作流黃，《唐韻》作硫，因其似石，故从石。"明·李時珍《本草綱目》："硫黃秉純陽火石之精氣而結成，性質通流，色賦中黃，故名硫黃。""硫磺一物自古已得，産於火山者爲多"②，前蜀·貫休的《送僧歸日本》就有相關描寫："流黃山火著，碇石索雷鳴。"硫是古代煉丹的常用藥物，《玉篇·石部》："硫，硫黃，藥名。"秦漢時期的《神農本草經》中記載："石硫黃能化金、銀、銅、鐵，奇物。"東漢·魏伯陽的《周易參同契》指出硫可使汞化爲定質："河上姹女，靈而最神，得火則飛，不見埃塵。……將欲製之，黃芽（硫）爲根。"東晉·葛洪《抱樸子·金丹》："其次有《五靈丹經》一卷，有五妙法也。用丹砂、雄黃、雌黃、石硫黃、曾青、礬石、慈石、戎鹽、太乙餘糧，亦用六一泥，及神室祭醮合之。三十六日成。又用五帝符，以五色書之，亦令人不死，但不及太清及九鼎丹藥耳。"又"《玉柱丹法》，以華池和丹，以曾青、硫黃末覆之、薦之，內筒中沙中，蒸之五十日，服之，百日，玉女、六甲、六丁、神女來侍之，可役使，知天下之事也。"唐·李肇《唐國史補·卷中》："韋山甫以石流黃濟人嗜欲，故其術大行，多有暴風死者。"明·李時珍《本草綱目》："今人用硫黃熏銀，再宿瀉之，則色黑。工人用爲器。養生家以器煮藥，可辟惡。"明·宋應星《天工開物》："爐上用燒硫舊渣罨蓋，中頂隆起，透一圓孔其中。火力到時，孔內透出黃焰金光。"又"凡硫黃，乃燒石承液而結就。"清·黃叔璥《台海使槎錄》："澹水在磺山之下，日出磺氣上騰，東風一發，感觸易病，雨則磺水入河，食之往往得病以死。"清·趙翼《古詩》："硝磺製火藥，世乃無利兵。"清《古今圖書集成·方輿彙編》："在城西北十里，土有硫磺氣，俗傳攣疾者臥其上輒愈。"綜上可以看出，硫在古代文獻中有多個名稱

---

① ［英］羅斯古著，［英］艾約瑟譯：《西學啓蒙·化學啓蒙》，廣學會，1886 年。
② ［英］韋而司著，［美］嘉約翰、何了然譯：《化學初階》，廣州博濟醫局，1870 年。

如"流黃"、"硫黃"、"硫磺"、"石硫黃"、"石流黃"、"黃芽"、"硫"、"磺"。化學譯著中對譯化學元素源語詞時選用了"硫"、"磺"、"硫黃"、"硫磺"。

化學譯著中，"硫"、"硫黃"首見於《化學鑒原》，用例如："萬物皆含硫黃，而地質爲最多。……西國所用之硫，俱須須里海島所出。……硫爲淡黃色之脆定質，或微熱，或摩擦，則生臭氣，不能消化於水。"化學譯著中，"硫磺"首見於《博物新編》，用例如："硝強水，又名火硝油，製法用火硝一斤，硫磺一斤，同放於玻璃瓢內，以炭火炕其瓢底，即有硝磺汽由瓢蒂而出，接之以罐，使汽冷凝爲水，是名火硝油，其性烈甚，滴物即焦灼黃色，力能溶化水硍。"化學譯著中，"磺"首見於《格物入門·化學入門》："原質相合，其義有二，何也？其一乃同類相合，積小成大，而所成之物純一不雜，無所爲變化，如磺氣凝結爲磺，乃質之純者也。"

5. 鐵 銕

化學元素源語詞 Ferrum（Iron）以漢語固有詞"鐵"、"銕"對譯。

"鐵"與"銕"是同詞異形的關係，《說文解字·金部》："鐵，黑金也。"又"銕，古文鐵從夷。"《集韻·齊韻》："銕，鐵謂之銕，古以爲鐵字。"鐵是古代已知的金屬之一，如化學譯著所言："鐵之化成本末，不能詳悉，蓋自古已有之矣。"[1] 關於它的記載較早，《書·禹貢》："厥貢璆、鐵、銀、鏤、砮、磬。"春秋後期和戰國時代，由於冶金的發展，鐵逐漸成爲重要金屬，如《左傳·昭公二十九年》："遂賦晉國一鼓鐵，以鑄刑鼎。"《孟子·滕文公上》："許子以斧斤以鐵耕乎？"《史記·货殖列传》："邯鄲郭縱以冶鐵成業。"唐·李白《武昌宰韓君去思頌碑》："其初銅銕曾青，未擇地而出。"

化學譯著中，"鐵"首見於《博物新編》，用例如："水質之重，與他物各自不同，譬如以一寸方平而論，……鐵重八倍。"化學譯著中，"銕"首見於《化學初階》，該書卷三的《CHEMICAL TERMS 書名 俗名》對照表中以"銕"對應化學元素源語詞 Ferrum（Iron），將"銕"歸入化學術語書名。

---

① ［英］韋而司著，［英］傅蘭雅、徐壽譯：《化學鑒原》，江南製造局，1871 年。

6. 銅 紅銅

化學元素源語詞 Cuprum（Copper）以漢語固有詞"銅"、"紅銅"對譯。

銅爲"紅色之金"①，故名赤金。《說文解字·金部》："銅，赤金也。"《廣韻·東韻》："銅，金之一品。"《正字通·金部》："金，五色金也。白金銀，青金鉛，赤金銅，黑金鐵，黃金爲之長。"銅因其色赤又名"赤銅"或"紅銅"，如明·宋應星的《天工開物》有相關記載："凡銅供世用，出山與出爐，止有赤銅。以爐甘石或倭鉛參和，轉色爲黃銅；以砒霜等藥製煉爲白銅；礜、硝等藥製煉爲青銅；廣錫參和爲響銅；倭鉛和瀉爲鑄銅。初質則一味紅銅而已。"

化學譯著中，"銅"首見於《博物新編》，用例如："水質之重，與他物各自不同，譬如以一寸方平而論，……銅重八倍。"化學譯著中，"紅銅"首見於《格致啓蒙·化學啓蒙》，用例如："銅質略帶紅色，其用處甚多，有時得天生淨銅。"又"汞養爲雜質可化分得水銀與養氣。……銅養硫養亦雜質，可化分得硫磺與紅銅，惟硫磺、炭、燐、紅銅、鐵、金、銀等爲專一。"

7. 錫

化學元素源語詞 Stannum（Tin）以漢語固有詞"錫"對譯。

錫"色白如銀，而較軟"②，《說文解字·金部》："錫，銀鉛之間。"徐鍇《說文解字系傳》稱其"銀色而鉛質"。早在《周禮·考工記》裏，就載有世界最早關於青銅合金中銅與錫的六種配比情況："金有六齊：六分其金而錫居一，謂之鐘鼎之齊；五分其金而錫居一，謂之斧斤之齊；四分其金而錫居一，謂之戈戟之齊；叄分其金而錫居一，謂之大刃之齊；五分其金而錫居二，謂之削殺矢之齊；金錫半，謂之鑒燧之齊。"《荀子·強國》："刑范正、金錫美、工冶巧、火齊得，剖刑而莫邪已。"明·宋應星《天工開物》："凡錫，中國偏出西南郡邑，東北寡生。古書名錫爲'賀'者，以臨賀郡産錫最盛而得名也。"

---

① ［英］羅斯古著，［英］艾約瑟譯：《西學啓蒙·化學啓蒙》，廣學會，1886 年。
② ［英］韋而司著，［英］傅蘭雅、徐壽譯：《化學鑒原》，江南製造局，1871 年。

化學譯著中，"錫"首見於《博物新編》，用例如："水質之重，與他物各自不同，譬如以一寸方平而論，……錫重七倍。"又《化學初階》："論錫，鑛皆錫養、錫礦出產之地不多。……質不甚硬。……色白如銀，返光，與養氣不甚牽合，常熱非濕不易發繡。"

8. 鉛　黑鉛

化學元素源語詞 Plumbum（Lead）以漢語固有詞"鉛"、"黑鉛"對譯。

鉛"色白而發藍"[①]，古名"青金"。《說文解字·金部》："鉛，青金也。"《正字通·金部》："鈆，俗鉛字。"《康熙字典》："鈆，同鉛。"故"鉛"與"鈆"爲同詞異形。《漢書·地理志》載有："岱畎絲、枲、鈆、松、怪石。"顏師古注曰："鈆，青金也。"南唐·譚峭的《化書·鉛丹》中有關於以鉛煉丹的記載："術有火鍊鈆丹以代穀食者，其必然也。"之後的《本草綱目》與《天工開物》均記載了煉製鉛丹的原料，明·李時珍《本草綱目·金石》："鉛稟北方癸水之氣，陰極之精。"又"炒鈆丹法，用鈆一斤，土硫黃十兩，消石一兩。"明·宋應星《天工開物》："凡炒鉛丹用鉛一斤，土硫黃十兩，硝石一兩。"鉛又名"黑鉛"，早在春秋·范蠡的《范子計然》中就載有以鉛製黃丹即一氧化鉛的方法："黑鈆之錯化成黃丹，丹再化之成水粉。"宋·范成大《桂海虞衡志·志金石·鉛粉》："桂州所作最有名，謂之桂粉。其粉以黑鉛着糟甕罨化之。"

化學譯著中，"鉛"首見於《博物新編》，用例如："水質之重，與他物各自不同，譬如以一寸方平而論，……鉛重十一倍。"化學譯著中，"黑鉛"首見於《格物入門·化學入門》，用例如："黑鉛何物？即常鉛也。與硫磺相合成石者最多。"

9. 倭鉛

化學元素源語詞 Plumbum（Lead）以漢語固有詞"倭鉛"對譯。

我國不僅是世界上最早發現而且是最早利用鋅的國家，如明·李時珍《本草綱目》中引東晉·僧肇《寶藏論》中有關倭鉛的記載："倭鉛可勾金。"明·宋應星的《天工開物》中詳細記載了利用爐甘石（其主要成分是碳酸鋅）提煉鋅的過程，同時描寫了鋅的性質："凡倭鉛，古書本無之，乃

---

① ［法］馬拉古蒂著，［法］畢利幹譯：《化學指南》，京師同文館，1873 年。

近世所立名色。其質用爐甘石熬煉而成。繁產山西太行山一帶，而荊、衡爲次之。每爐甘石十斤，裝載入一泥罐內，封裹泥固，以漸研乾，勿使見火拆裂。然後逐層用煤炭餅墊盛，其底鋪薪，發火煆紅，罐中爐甘石熔化成團。冷定，毀罐取出。每十耗去其二，即倭鉛也。此物無銅收伏，入火即成煙飛去。以其似鉛而性猛，故名之曰‘倭’云。”《天工開物》中還載有以銅與鋅煉製黃銅（即銅鋅合金）的方法：“每紅銅六斤，入倭鉛四斤，先後入罐熔化，冷定取出，即成黃銅。”

化學譯著中，“倭鉛”首見於《化學鑒原》，用例如：“惟‘白鉛’一物，亦名‘倭鉛’。……名從雙字不宜用於雜質，故譯西音作‘鋅’。”又《化學指南》：“鋅，即倭鉛。”

4.2 化學元素外來詞

化學元素外來詞是在翻譯外語詞的基礎上形成的，根據翻譯方式我們將化學元素詞分爲音譯的化學元素詞和意譯的化學元素詞兩類進行研究。

4.2.1 音譯的化學元素詞

詞是事物的名稱，也是意義的表達形式。一般來講，當新的事物、新的知識抑或新的概念等從國外傳入時，由於語言的不同，人們不易接受，如何將其儘快轉化爲漢語從而爲國人所瞭解，音譯恰恰是一種具有快速引入優勢的吸收方式。

4.2.1.1 純音譯而形成的化學元素詞

所謂純音譯而形成的化學元素詞，是指單純摹寫化學元素源語詞的讀音而形成的詞。按照對化學元素源語詞音譯的情況又分爲全音譯化學元素詞和單音音譯化學元素詞兩類。

1. 全音譯化學元素詞

所謂全音譯化學元素詞，是指按照化學元素源語詞的語音進行完全摹寫而形成的化學元素漢語詞。

1）全音譯化學元素詞概況

　　全音譯化學元素詞共 127 個。根據語源來看，來自拉丁語的有 7 個，來自英語的有 25 個，來自法語的有 95 個。根據音節的數量劃分爲六種：雙音節詞 15 個，占 11.8%；三音節詞 30 個，占 23.6%；四音節詞 40 個，占 31.5%；五音節詞 32 個，占 25.2%；六音節詞 8 個，占 6.3%；七音節詞 2 個，占 1.6%。具體見下表：

表 87　近代化學譯著中的全音譯化學元素詞表①

今用詞	化學元素源語詞		全音譯化學元素詞					
			雙音節詞	三音節詞	四音節詞	五音節詞	六音節詞	七音節詞
氧	法語	Oxygène/ɔksiʒɛn/			阿各西仁	我克西仁訥 哦可西仁訥		
氫	法語	Hydrogène/idrɔʒɛn/				依特喝仁訥 伊得喝仁訥 依他喝仁訥 依得樂仁訥		
氮	法語	Azote/azɔt/		阿蘇的 阿索得 阿色得	阿索哦得			
		Nitrogène/nitrɔʒɛn/				尼特合壬哪		
氯	英語	Chlorine/klɔːriːn/		咭咾連②	克羅而因③			
	法語	Chlore/klɔr/		可樂合 可樂而	可樂喝而			
氟	英語	Fluorine/fluəriːn/		傅咾連④	弗婓利拿⑤			
	法語	Fluor/flyɔr/			佛律約而 夫驢約合			

---

　　① 表中化學元素源語詞是法語的且未作腳註標示的全音譯化學元素詞，首見於《化學指南》卷一的《非金之表》、卷二的《金類之表》、卷九的《非金分家之表》、卷九和卷十的《金類之表》中（少數也出現於正文），如畢利幹所言："用華字叶出西音，以備中西兩用。"

　　② 首見於《化學初階》："綠氣，因其色黃綠，故名曰咭咾連，譯即綠也。"

　　③ 首見於《化學鑒原》："克羅而因，即綠氣，其意此氣綠色也。"

　　④ 首見於《化學初階》："論弗，此質與別質牽合之力極大，分之甚難，而且酷毒。"又"弗，即傅咾連。"

　　⑤ 首見於《西學啓蒙·化學啓蒙》："大抵各國化學家，語言固分有各國，惟用爲號誌者。……即因 F 一字已有他用，作爲弗婓利拿原質之號誌。"

续表

今用詞		化學元素源語詞	全音譯化學元素詞					
			雙音節詞	三音節詞	四音節詞	五音節詞	六音節詞	七音節詞
汞	拉丁	Hydrargyrum /haidrɑːdʒirəm/						海得嗧治日阿末①
	法語	Mercure/mɛrkyr/			芊合居合 芊喝居喝			
溴	英語	Bromine/brəumiːn/		孛羅明				
	法語	Brome/brom/	不母	不合母				
碳	英語	Carbon/kɑːbən/		嘎爾本②				
	法語	Carbone/karbɔn/		戛薄訥	戛各撥那 戛爾撥那			
硫	法語	Soufre/sufr/		蘇夫合				
磷	英語	Phosphorus/fɔsfərəs/					勿司勿 而阿司	
	法語	Phosphore/fɔsfɔr/			佛斯佛合			
硼	英語	Boron/bɔːrən/	布倫③					
	法語	Bore/bɔr/	薄何 撥喝 撥合					
硅	英語	Silicon/silikən/		西利根④				
	法語	Silicium/silisjɔm/				西里西約母 西里西亞母 西里寫阿母		

---

① 首見於《化學鑒原》："昔時已知之原質多仍俗名，間有羅馬方言。如羅馬名鐵曰勿日阿末，金曰阿日阿末，銅曰古部日阿末，汞曰海得嗧治日阿末，銀曰阿而件得阿末，鉛曰部勒末布阿末，錫曰司歐奴阿末。若近時考得之原質，則命名之意，即表其性。如勿司勿而阿司即燐，其意發光也。克羅而因即綠氣，其意此氣綠色也。孛羅明即溴水，其意此物有臭氣也。考得金類之原質，則於其名之末，添阿末以別之，使與羅馬舊有金類名之末字相同，如布拉典阿末、以日地阿末、卜對斯阿末、素地阿末，皆是。"

② 首見於《西學啓蒙·化學啓蒙》："炭氣精，化學家謂之嘎爾本。"

③ 首見於《化學鑒原》："硼之根源，西名布倫，硼無自然獨成者，必與養氣三分劑化合，地球上所產硼養三之處甚少，常與鈉養化合成一質，俗名硼砂。古人已知之，但不知其所含之質。"

④ 首見於《西學啓蒙·化學啓蒙》："砂精爲原行一質物。……砂精原行質，西語曰西利根。……凡在地球內屬於石類之各物，非爲西利根與養氣合成者，即金類與養氣合成者。"

续表

今用詞	化學元素源語詞		全音譯化學元素詞					
			雙音節詞	三音節詞	四音節詞	五音節詞	六音節詞	七音節詞
碘	英語	Iodine/aiədiːn/		挨阿顛① 埃阿顛②				
	法語	Iodé/jɔde/	約得					
砷	法語	Arsenic/arsənik/			阿何色尼	阿各色呢各 阿合色尼閣		
碲	法語	Tellure/tɛlyr/		得律合 得矑喝 得矑合				
硒	法語	Sélénium/selenjɔm/				色勒尼約母 塞林尼約母 塞類尼約母		
鉀	英語	Potassium/pətæsiəm/		波大先③	怕台西恩④ 波大寫母⑤	卜對斯阿末		
	法語	Potassium/potasjɔm/			柏大約母		不阿大寫阿母	
鈉	英語	Sodium/səudiəm/		蘇地菴⑥	素地阿末			
	法語	Sodium/sɔdjɔm/			索居約母 索居阿母			
鈣	英語	Calcium/kælsiəm/		嘎里先⑦				
	法語	Calcium/kalsjɔm/				戛勒寫阿母 嘎里寫阿母		

---

① 首見於《化學初階》："論碘，即挨阿顛。嘉慶十六年，泰西始查得是物，由法國藥師，以鹹水草灰制。……旋出藍氣，續細推考，始悉固原質之一焉。萬類中函此質者最少，鹹洋水、洋草、海棉乃函之，然或多或寡不等。"

② 首見於《化學鑒原》："碘之根源，舊譯埃阿顛。前五十九年法國京都人名古爾朵，燒一種海草名開勒布，……則化爲淡紫色之霧，用各法細試之，而知此物爲新原質。碘之爲物，徧藏萬物之中而不多。海水內有之，泉水內間有之，數種不常見之金類亦有之，海中所生之草皆有之。"

③ 首見於《西學啟蒙·化學啟蒙》："木灰精西名曰波大先。"

④ 首見於《格致啟蒙·化學啟蒙》："鉀名怕台西恩。"

⑤ 首見於《西學啟蒙·化學啟蒙》："鉂，即木灰精…西語名波大寫母，意即木灰中分出之金也。"

⑥ 首見於《化學初階》："論鎦，即蘇地菴。……此質合別質或雜質者，在地面及鹹洋皆有。"

⑦ 首見於《西學啟蒙·化學啟蒙》："石灰精，西語曰嘎里先。……其與他物合成者甚多，石灰即石灰精與養氣相合之物，凡漢白玉石、石灰石……俱石灰精與養氣相合之物。"

续表

今用詞	化學元素源語詞		全音譯化學元素詞					
			雙音節詞	三音節詞	四音節詞	五音節詞	六音節詞	七音節詞
鋁	英語	Aluminium /ælju:minjəm/			阿祿迷年①			
	法語	Aluminium /alyminjɔm/					阿驢迷尼約母 阿閭迷尼約母	
錳	法語	Manganèse/mãganɛz/			蒙夏乃斯 蒙嘎乃斯			
鐵	拉丁	Ferrum/ferəm/			勿日阿末			
	法語	Fer/fɛr/	非呵 非而					
銅	拉丁	Cuprum/kju:prəm/				古部日阿末		
	法語	Cuivre/kųivr/			居衣夫合 居依吳呵			
鈷	法語	Cobalt/kɔbalt/			可八里得 戈八而得			
鎳	法語	Nickel/nikɛl/		尼該樂				
錫	拉丁	Stannum/stænəm/				司歇奴阿末		
	法語	Étain/etɛ̃/	哀單 歌單					
鉛	拉丁	Plumbum/plʌmbəm/					部勒末 布阿末	
	法語	Plomb/plɔ̃/	不龍					
鋅	法語	Zinc/zɛ̃g/	日三	日三恪 日三可				
鉍	法語	Bismuth/bismyt/			必斯迷他 必司美得			
金	拉丁	Aurum/ɔ:rəm/			阿日阿末			
	法語	Or/ɔr/	哦合 俄而					
銀	拉丁	Argentum/ɑ:dʒentəm/					阿而件 得阿末	
	法語	Argent/arʒã/		阿合商 阿而商				

____

① 首見於《西學啓蒙·化學啓蒙》: "膠泥精,或謂礬精,即白礬分出之精,西名曰阿祿迷年,許多石中有此類金,膠泥處有之。"

続表

今用詞	化學元素源語詞		全音譯化學元素詞					
			雙音節詞	三音節詞	四音節詞	五音節詞	六音節詞	七音節詞
鉑	英語	Platinum/plætinəm/				布拉典阿末		
	法語	Platine/platin/			不拉的訥 不拉底乃			
銻	英語	Antimony/æntiməni/			安底摩尼①			
	法語	Antimoine/ɑ̃timwan/			昂底摩訥	杭底母阿那		
鋇	英語	Barium/bɛəriəm/		巴哩菴②	鋇呂阿末③			
	法語	Barium/barjɔm/				巴阿里約母 八阿里嘎母		
鋰	法語	Lithium/litjɔm/			里及約母 理及阿母			
鍶	法語	Strontium/strɔ̃sjɔm/					斯特龍 寫阿母	
銠	法語	Rhodium/rɔdjɔm/			何抵約母 喝底約母			
鎂	英語	Magnesium /mægniːzjəm/			馬革尼先④			
	法語	Magnésium /maɲezjɔm/						馬可尼 及寫阿母
銥	英語	Iridium/iridiəm/				以日地阿末		
	法語	Iridium/iridjɔm/				底里地約母 依合底約母		
鉻	法語	Chrome/krom/	犒曼	可嫛母				
鈹	法語	Glucinium/glysinjɔm/					各閭須 尼阿母	
鎘	法語	Cadmium/kadmjɔm/				戞底迷約母 嘎大迷約母		
鈾	法語	Uranium/yranjɔm/				迂呵呢約母 於呵尼約母		
鈦	法語	Titane/titan/		幾單那 的大訥				
鋨	法語	Osmium/ɔsmjɔm/				歐司米約母		

① 首見於《西學啓蒙·化學啓蒙》："安底摩尼，因人食此金所生之鹽即吐，《化學指南》書曾爲之定名曰鉎。"

② 首見於《化學初階》："論鋇，色白，能構成薄片，不須煆至紅色即鎔，西國名此質曰巴哩菴，譯即重意，蓋此質所合成各物皆重者也。"

③ 首見於《化學鑒原》："鋇爲白色之金類，可打爲箔，煆至紅色即鎔。亦爲兑飛所攻得，名鋇呂阿末，其義爲重。"

④ 首見於《西學啓蒙·化學啓蒙》："鹽滷精，化學家謂爲滷，即滷水中分出屬金之一類，西名馬革尼先。在海灘與他物連合時，可尋覓之。"

　　全音譯化學元素詞主要是利用漢字摹寫化學元素源語詞的語音而形成的，然而這些詞並非當時的化學元素詞中較爲通行的譯名。這些詞不僅出現的語境受限，存在着其他的通行譯名，而且出現時的表達方式也是有限的。主要有以下幾種方式：

　　（1）全音譯詞+即+通行譯名+源語詞命名理據

　　【勿司勿而阿司】

　　《化學鑒原》："勿司勿而阿司即燐，其意發光也。"

　　【克羅而因】

　　《化學鑒原》："克羅而因，即綠氣，其意此氣綠色也。"

　　【孛羅明】

　　《化學鑒原》："孛羅明即溴水，其意此物有臭氣也。"

　　（2）通行譯名+名+全音譯詞+源語詞命名理據

　　【銀呂阿末】

　　《化學鑒原》："銀爲白色之金類，可打爲箔，煅至紅色即鎔。亦爲兌飛所攷得，名銀呂阿末，其義爲重。"

　　（3）通行譯名+名曰+全音譯詞+源語詞命名理據

　　【咭咾連】

　　《化學初階》："綠氣，因其色黃綠，故名曰咭咾連，譯即綠也。"

　　（4）通行譯名+西語名+全音譯詞+源語詞命名理據

　　【波大寫母】

　　《西學啓蒙·化學啓蒙》："鉌……西語名波大寫母，意即木灰中分出之金也。"

　　（5）通行譯名+西國名此質曰+全音譯詞+源語詞命名理據

　　【巴哩菴】

　　《化學初階》："論銀，色白，能構成薄片，不須煅至紅色即鎔，西國名此質曰巴哩菴，譯即重意，蓋此質所合成各物皆重者也。"

　　以上幾組表達方式中，明確了化學元素源語詞的命名理據。例如，"其意發光"、"其意此物有臭氣"指出該源語詞的命名與元素的性質有關，"其意此氣綠色"指出該源語詞的命名與元素的顏色有關，"意即木灰中分出之

122

金"指出該源語詞的命名與元素的來源有關，等等。

（6）通行譯名＋即＋全音譯詞

【可樂而】

《化學指南》："緑氣，即可樂而。"

【傅咾連】

《化學初階》："弗，即傅咾連。"

【挨阿顛】

《化學初階》："論碘，即挨阿顛。"

【蘇地菴】

《化學初階》："論鎺，即蘇地菴。"

（7）通行譯名＋曰＋全音譯詞

【勿日阿末】

《化學鑒原》："鐵曰勿日阿末。"

【阿日阿末】

《化學鑒原》："金曰阿日阿末。"

【古部日阿末】

《化學鑒原》："銅曰古部日阿末。"

【海得喏治日阿末】

《化學鑒原》："汞曰海得喏治日阿末。"

【阿而件得阿末】

《化學鑒原》："銀曰阿而件得阿末。"

【部勒末布阿末】

《化學鑒原》："鉛曰部勒末布阿末。"

【司歟奴阿末】

《化學鑒原》："錫曰司歟奴阿末。"

（8）通行譯名＋化學家謂之＋全音譯詞

【嘎爾本】

《西學啓蒙・化學啓蒙》："炭氣精，化學家謂之嘎爾本。"

（9）通行譯名＋名＋全音譯詞

【怕台西恩】

《格致啓蒙·化學啓蒙》："鉀名怕台西恩。"

（10）通行譯名＋西名＋全音譯詞

【布倫】

《化學鑒原》："硼之根源，西名布倫。"

【馬革尼先】

《西學啓蒙·化學啓蒙》："鹽滷精，化學家謂爲滷，即滷水中分出屬金之一類，西名馬革尼先。"

（11）通行譯名＋西名曰＋全音譯詞

【波大先】

《西學啓蒙·化學啓蒙》："木灰精西名曰波大先。"

【阿祿迷年】

《西學啓蒙·化學啓蒙》："膠泥精，或謂礬精，即白礬分出之精，西名曰阿祿迷年。"

（12）通行譯名＋西語曰＋全音譯詞

【西利根】

《西學啓蒙·化學啓蒙》："砂精原行質，西語曰西利根。"

【嘎里先】

《西學啓蒙·化學啓蒙》："石灰精，西語曰嘎里先。"

2）全音譯化學元素詞的用字情況

全音譯化學元素詞共使用 142 個漢字進行音譯，其用字字頻統計如下：

表88　全音譯化學元素詞的用字字頻統計表

44次	阿	35次	母		22次	約	14次	合尼
13次	末得	10次	而西訥里		9次	喝		
8次	可日	7次	底仁		6次	嘎迷居寫不戛斯		
5次	大樂各依司色				4次	索呵地撥那		
3次	勿勒蘇八布夫佛特單及的乃鑪拉先何哦三							
2次	巴摩馬呢律他咾羅利龍婁菴薄必部波芊非顛間塞爾連商克蒙							
1次	挨埃杭昂安我俄歐恩哀歌伊衣以字本銀怕卜柏米曼美明傅抵台對歟幾典林類理哪拿奴年祿革恪啎因閣該戈根古犢海須素啫呂哩倫亞迁於壬治件吳弗							

124

（1）漢字與源語詞語音單位的對應情況

全音譯化學元素詞的源語詞來自英語、法語和拉丁語，而漢語與英語、法語、拉丁語之間在語音形式上存在着極大的差異，用於音譯的漢字的語音形式是以音節爲基本單位的，而英語、法語、拉丁語在語音形式上與漢字的音節沒有對應關係，其語音形式既可以是一個音素也可以是一個音節或大於音節的語音形式。因此用漢字音譯時，對源語詞的語音切分不能完全按照音節進行切分，切分單位並不統一，有的是音素，有的是音節，例如：

一個漢字對應一個元音音素：依/i/　哦/ɔ/　歌/e/　哀/e/

一個漢字對應一個輔音音素：字/b/　克/k/　傅/f/　母/m/

一個漢字對應一個音節：波/pə/　明/miːn/　必/bi/　安/æn/

由於目前對音譯時所切分出的源語詞的語音形式並無統一的稱謂，爲了表述的方便，本文采用李國英師的說法，將其統言之"源語詞語音單位"。

a. 一個漢字對應一類源語詞語音單位（89 字）

杭/ã/　昂/ã/　我/ɔ/　哦/ɔ/　俄/ɔ/　歐/ɔ/　哀/e/　歌/e/　伊/i/　衣/i/　以/i/　依/i/　李/b/　部/p/　母/m/　末/m/　米/m/　曼/m/　傅/f/　弗/f/　抵/d/　訥/n/　那/n/　哪/n/　拿/n/　奴/n/　因/n/　革/g/　恪/g/　克/k/　閣/k/　咭/k/　喝/r/　司/s/　爾/r/　吳/v/　三/ɛ̃/　挨/ai/　埃/ai/　安/æn/　菴/əm/　恩/əm/　本/bə/　撥/bɔ/　薄/bɔ/　必/bi/　波/pə/　怕/pə/　卜/pə/　柏/po/　蒙/m ã/　芊/mɛ/　美/my/　非/fɛ/　幾/ti/　林/le/　類/le/　理/li/　閭/ly/　該/kɛ/　戈/kɔ/　亞/jɔ/　須/si/　塞/se/　喏/rɑː/　呂/ri/　哩/ri/　迂/yr/　於/yr/　壬/ʒɛ/　商/ʒ ã/　鋇/bɛɔ/　台/tæ/　對/tæ/　歎/tæ/　典/tin/　根/kən/　古/kjuː/　犒/kro/　海/hai/　祿/ljuː/　素/səu/　顚/diːn/　年/njəm/　連/riːn/　倫/rəu/　治/dʒi/　件/dʒen/　明/miːn/

b. 一個漢字對應兩類源語詞語音單位（31 字）

呵/a/　/r/　不/b/　/p/　巴/b/　/bɛɔ/　八/b/　/ba/　布/bɔː/　/p/　摩/m/　/mə/　馬/ma/　/mæ/　佛/f/　/fɔ/　地/d/　/di/　特/d/　/t/　單/ta/　/tɛ̃/　及/t/　/z/　的/t/　/ti/　呢/n/　/ni/　乃/n/　/nɛ/　律/ly/　/r/　驢/l/　/ly/　夫/f/　/v/　他/d/　/t/　拉/la/　/læ/　咾/lɔː/

/luə/ 羅/lɔː/ /rəu/ 利/li/ /riː/ 龍/lɔ̃/ /rɔ̃/ 婁/luə/ /ro/

夏/ga/ /ka/ 西/s/ /si/ 先/siəm/ /zjəm/ 何/r/ /rɔ/ 約/yɔ/

/jɔ/ 仁/ʒɛ/ /ʒən/

c. 一個漢字對應三類源語詞語音單位（16字）

底/i/ /d/ /ti/ 迷/m/ /mi/ /my/ 勿/fə/ /fɔ/ /fe/ 居/d/ /ky/

/kɥ/ 大/d/ /tæ/ /ta/ 勒/l/ /le/ /lʌ/ 樂/l/ /lɔ/ /rɔ/ 而/l/

/r/ /riː/ 各/g/ /r/ /k/ 寫/j/ /s/ /siə/ 斯/s/ /si/ /z/ 索/sɔ/

/z/ /zɔ/ 色/se/ /sə/ /zɔ/ 蘇/su/ /səu/ /zɔ/ 合/r/ /rɔ/ /ro/

日/r/ /ri/ /z/

d. 一個漢字對應四類源語詞語音單位（4字）

尼/e/ /n/ /ni/ /niː/ 得/d/ /de/ /t/ /tɛ/ 可/g/ /k/ /km/ /ɲ/

里/l/ /li/ /r/ /ri/

e. 一個漢字對應五類源語詞語音單位（1字）

嘎/ga/ /ka/ /kæ/ /kɑː/ /jɔ/

f. 一個漢字對應八類源語詞語音單位（1字）

阿/ə/ /a/ /jɔ/ /ɔ/ /ɔː/ /ɑː/ /æ/ /o/

（2）源語詞語音單位與音譯用字統計

表89　化學元素源語詞語音單位與音譯用字統計表

源語詞 語音單位	音譯用字	源語詞 語音單位	音譯用字
/a/	阿 呵	/ai/	挨 埃
/ɑː/	阿	/ã/	杭 昂
/æ/	阿	/æn/	安
/o/	阿	/ɔ/	哦 俄 阿 我 歐
/ə/	阿	/ɔː/	阿
/əm/	菴 恩	/e/	哀 歌 尼
/ɛ̃/	三	/i/	依 伊 衣 以 底
/ɲ/	可	/b/	不 孛 巴 八
/ba/	八	/bə/	本
/bɔ/	撥 薄	/bɔː/	布
/bi/	必	/bɛə/	鋇 巴

续表

源語詞 語音單位	音譯用字	源語詞 語音單位	音譯用字
/p/	不 布 部	/pə/	波 怕 卜
/po/	柏	/m/	母 末 迷 米 摩 曼
/ma/	馬	/mæ/	馬
/mə/	摩	/mɛ/	芊
/mi/	迷	/my/	迷 美
/mã/	蒙	/miːn/	明
/v/	夫 吳	/f/	弗 夫 佛 傅
/fə/	勿	/fɔ/	佛 勿
/fe/	勿	/fɛ/	非
/d/	得 底 居 抵 地 大 特 他	/de/	得
/di/	地	/diːn/	顛
/t/	得 及 特 的 他	/ta/	大 單
/tæ/	大 台 對 歡	/tɛ/	得
/ti/	底 的 幾	/tɛ̃/	單
/tin/	典	/n/	訥 尼 那 哪 拿 呢 乃 奴 因
/ni/	尼 呢	/niː/	尼
/nɛ/	乃	/njəm/	年
/l/	里 律 勒 而 樂	/la/	拉
/læ/	拉	/lʌ/	勒
/lɔ/	樂	/lɔː/	咾 羅
/le/	勒 林 類	/li/	里 理 利
/ly/	閭 驢 律	/lɔ̃/	龍
/luə/	咾 婁	/ljuː/	祿
/g/	各 革 恪 可	/ga/	戛 嘎
/k/	可 各 克 咭 閣	/ka/	戛 嘎
/kɑː/	嘎	/kæ/	嘎
/kɛ/	該	/kɔ/	可 戈
/ky/	居	/kɥ/	居
/kən/	根	/kjuː/	古

127

源語詞語音單位	音譯用字	源語詞語音單位	音譯用字
/kro/	犒	/hai/	海
/j/	寫	/s/	司 斯 西 寫
/sɔ/	索	/si/	西 斯 須
/se/	塞 色	/sə/	色
/su/	蘇	/siə/	寫
/siəm/	先	/səu/	蘇 素
/r/	合 而 喝 日 各 呵 何 驢 里 爾 律	/rɑː/	喏
/rɔ/	樂 何 合	/ri/	呂 日 里 哩
/riː/	而 利	/riːn/	連
/ro/	合 婁	/rɔ̃/	龍
/rəu/	羅 倫	/jɔ/	約 阿 亞 嘎
/yɔ/	約	/yr/	迁 於
/ʒɛ/	仁 壬	/ʒɛn/	仁
/ʒã/	商	/dʒi/	治
/dʒen/	件	/z/	日 斯 索 及
/cz/	蘇 索 色	/zjəm/	先

3）指稱同一化學元素的化學元素詞的不同音譯現象分析①

全音譯化學元素詞主要有三個來源——拉丁語、英語和法語，以上均屬印歐語系。印歐語詞一般是多音節的，並且有輕音和重音之分。而音譯化學元素源語詞所用漢字的語音形式爲單音節，有四聲之別而無輕重之分，因此，使用漢字對化學元素源語詞進行音譯時，情況比較複雜。

（1）指稱同一元素的源語詞不同，音譯不同

a. 源語詞語源不同，音譯不同

由於這一類化學元素源語詞的語源不同——分別源自英語、法語、拉丁

---

① 爲了便於理解，舉例時列有以"【】"標示的今用漢語化學元素詞。

語，它們具有不同的語音，因此形成了不同的音譯化學元素詞。例如：

【氯】Chlorine（英）咭咾連　Chlore（法）可樂合

【氟】Fluorine（英）傅咾連　Fluor（法）佛律約而

【汞】Hydrargyrum（拉丁）海得嗒治日阿末　Mercure（法）芊合居合

【溴】Bromine（英）字羅明　Brome（法）不合母

【碳】Carbon（英）嘎爾本　Carbone（法）戛薄訥

【磷】Phosphorus（英）勿司勿而阿司　Phosphore（法）佛斯佛合

【硼】Boron（英）布倫　Bore（法）薄何

【硅】Silicon（英）西利根　Silicium（法）西里西約母

【碘】Iodine（英）挨阿顛　Iodé（法）約得

【鐵】Ferrum（拉丁）勿日阿末　Fer（法）非呵

【銅】Cuprum（拉丁）古部日阿末　Cuivre（法）居衣夫合

【錫】Stannum（拉丁）司歟奴阿末　Étain（法）哀單

【鉛】Plumbum（拉丁）部勒末布阿末　Plomb（法）不龍

【金】Aurum（拉丁）阿日阿末　Or（法）俄而

【銀】Argentum（拉丁）阿而件得阿末　Argent（法）阿而商

【鉑】Platinum（英）布拉典阿末　Platine（法）不拉的訥

【銻】Antimony（英）安底摩尼　Antimoinc（法）昂底摩訥

此外，還有一類較爲特殊的化學元素源語詞，儘管它們的書寫形式相同，但語源不同——分屬於英語、法語，因此它們的語音是有差別的，從而形成了不同的音譯化學元素詞。例如：

【鉀】Potassium（英）波大先　Potassium（法）不阿大寫阿母

【鈉】Sodium（英）蘇地菴　Sodium（法）索居阿母

【鈣】Calcium（英）嘎里先　Calcium（法）戛勒寫阿母

【鋁】Aluminium（英）阿祿迷年　Aluminium（法）阿鑪迷尼約母

【鋇】Barium（英）巴哩菴　Barium（法）巴阿里約母

【銥】Iridium（英）以日地阿末　Iridium（法）底里地約母

【鎂】Magnesium（英）馬革尼先　Magnésium（法）馬可尼及寫阿母

b. 源語詞語源相同，音譯不同

另有一組特殊的化學元素源語詞，它們語源相同——都是法語詞，但因

129

詞形不同，音譯也隨之不同。

【氮】Azote（法）阿蘇的　Nitrogène（法）尼特合壬哪

（2）同一源語詞的語音單位切分不同，音譯不同

不同語言的音節結構是不同的，漢語的音節結構十分緊密，聲、韻、調是一個整體，不可分割，而印歐語詞的音節是可劃分、可變動的。所以，用漢字音譯時，自然需要對源語詞的語音單位進行重新切分。當對同一源語詞的語音單位切分不同時，就會形成音譯化學元素詞的語音形式的多樣化，即音節數量多少不一的現象。

【氧】Oxygène　阿各西仁　我克西仁訥　哦可西仁訥

/ɔ/k/si/ʒɛn/阿各西仁　/ɔ/k/si/ʒɛ/n/我克西仁訥　哦可西仁訥

【氮】Azote　阿蘇的　阿索得　阿色得　阿索哦得

/a/zɔ/t/阿蘇的　阿索得　阿色得　/a/z/ɔ/t/阿索哦得

【氯】Chlorine　咭咾連　克羅而因

/k/lɔ:/riːn/咭咾連　/k/lɔ:/riː/n/克羅而因

【氟】Fluorine　傅咾連　弗婁利拿

/f/luə/riːn/傅咾連　/f/luə/riː/n/弗婁利拿

【碳】Carbone　戞薄訥　戞各撥那　戞爾撥那

/ka（r）/bɔ/n/戞薄訥　/ka/r/bɔ/n/戞各撥那　戞爾撥那

【砷】Arsenic　阿何色尼　阿各色呢各　阿合色尼閣

/a/r/sə/ni（k）/阿何色尼

/a/r/sə/ni/k/阿各色呢各　阿合色尼閣

【鉀】Potassium（英）波大先　怕台西恩　波大寫母　卜對斯阿末

/pə/tæ/siəm/波大先　/pə/tæ/si/əm/怕台西恩

/pə/tæ/siə/m/波大寫母　/pə/tæ/si/ə/m/卜對斯阿末

Potassium（法）柏大約母　不阿大寫阿母

/po/ta（s）/jɔ/m/柏大約母　/p/o/ta/s/jɔ/m/不阿大寫阿母

【鈉】Sodium　蘇地菴　素地阿末

/səu/di/əm/蘇地菴　/səu/di/ə/m/素地阿末

【鋅】Zinc　日三　日三恪　日三可

/z/ɛ̃（g）/日三　/z/ɛ̃/g/日三恪　日三可

【銻】Antimoine　昂底摩訥　杭底母阿那

/ã/ti/m/（wa）n/昂底摩訥　/ã/ti/m/（w）a/n/杭底母阿那

【鋇】Barium　巴哩菴　鋇呂阿末

/bɛə/ri/əm/巴哩菴　/bɛə/ri/ə/m/鋇呂阿末

【鉻】Chrome　犒曼　可嘍母

/kro/m/犒曼　/k/ro/m/可嘍母

（3）音譯選字不同而形成的化學元素詞的同詞異形現象

所謂同詞異形即指同一個詞具有不同的書寫形式。雖說漢字是形、音、義的結合體，但當其音譯化學元素源語詞時，僅僅是借用漢字的音充當一個記音符號對應源語詞的音。漢語與拉丁語、英語、法語的語音形式的不同，決定了利用漢字音譯時只能儘量地接近源語詞的讀音，不可能做到與源語詞的讀音完全吻合。印歐語詞無聲調，所以音譯時采用音節結構相同的漢字時，不受聲調的限制。由此，客觀上，漢語中存在着大量的同音字，爲音譯提供了更多的選擇；主觀上，不同譯者對音譯用字的不同選擇使音譯難以統一。例如：

【氧】Oxygène/ɔksiʒɛn/我克西仁訥　哦可西仁訥

異：/ɔ/我　哦　/k/克　可

同：/si/西　/ʒɛ/仁　/n/訥

【氫】Hydrogène/idrɔʒɛn/依特喝仁訥　伊得喝仁訥　依他喝仁訥　依得樂仁訥

異：/i/依　伊　/d/特　得　他　/rɔ/喝　樂

同：/ʒɛ/仁　/n/訥

【氮】Azote/azɔt/阿蘇的　阿索得　阿色得

異：/zɔ/蘇　索　色　/t/的　得

同：/a/阿

【氯】Chlore/klɔr/可樂合　可樂而

異：/r/合　而

同：/k/可　/lɔ/樂

【氟】Fluor/flyɔr/佛律約而　夫驢約合

異：/f/佛　夫　/l/律　驢　/r/而　合

131

同：/yↄ/約

【汞】Mercure/mɛrkyr/芋合居合　芋喝居喝

異：/r/合　喝

同：/mɛ/芋　/ky/居

【碳】Carbone/karbↄn/戛各撥那　戛爾撥那

異：/r/爾　各

同：/ka/戛　/bↄ/撥　/n/那

【硼】Bore/bↄr/薄何　撥喝　撥合

異：/bↄ/薄　撥　/r/何　喝　合

【硅】Silicium/silisjↄm/西里西約母　西里西亞母　西里寫阿母

異：/s/西　寫　/jↄ/約　亞　阿

同：/si/西　/li/里　/m/母

【碘】Iodine/aiədiːn/挨阿顛　埃阿顛

異：/ai/挨　埃

同：/ə/阿　/diːn/顛

【砷】Arsenic/arsənik/阿各色呢各　阿合色尼閣

異：/r/各　合　/ni/呢　尼　/k/各　閣

同：/a/阿　/sə/色

【碲】Tellure/tɛlyr/得律合　得驢喝　得驢合

異：/ly/律　驢　/r/合　喝

同：/tɛ/得

【硒】Sélénium/selenjↄm/色勒尼約母　塞林尼約母　塞類尼約母

異：/se/色　塞　/len/勒　林　類

同：/n/尼　/jↄ/約　/m/母

【鈉】Sodium/sↄdjↄm/索居約母　索居阿母

異：/jↄ/約　阿

同：/sↄ/索　/d/居　/m/母

【鈣】Calcium/kalsjↄm/戛勒寫阿母　嘎里寫阿母

異：/ka/戛　嘎　/l/勒　里

同：/s/寫　/jↄ/阿　/m/母

132

【鋁】Aluminium/alyminjɔm/阿驢迷尼約母　阿閭迷尼約母

異：/ly/驢　　閭

同：/a/阿　/mi/迷　/n/尼　/jɔ/約　/m/母

【錳】Manganèse/mɑ̃ganɛz/蒙戞乃斯　蒙嘎乃斯

異：/ga/戞　　嘎

同：/mɑ̃/蒙　/nɛ/乃　/z/斯

【鐵】Fer/fɛr/非呵　非而

異：/r/呵　　而

同：/fɛ/非

【銅】Cuivre/kɥivr/居衣夫合　居依吳呵

異：/v/夫　吳　/i/衣　依　/r/合　呵

同：/kɥ/居

【鈷】Cobalt/kɔbalt/可八里得　戈八而得

異：/kɔ/可　戈　/l/里　而

同：/ba/八　/t/得

【錫】Étain/etɛ̃/哀單　歌單

異：/e/哀　歌

同：/tɛ̃/單

【鋅】Zinc/zɛ̃g/日三恪　日三可

異：/g/恪　可

同：/z/日　/ɛ̃/三

【鉍】Bismuth/bismyt/必斯迷他　必司美得

異：/s/斯　司　/my/迷　美　/t/他　得

同：/bi/必

【金】Or/ɔr/哦合　俄而

異：/ɔ/哦　俄　/r/合　而

【銀】Argent/arʒɑ̃/阿合商　阿而商

異：/r/合　而

同：/a/阿　/ʒɑ̃/商

【鉑】Platine/platin/不拉的訥　不拉底乃

異：/ti/的　底　/n/訥　乃

同：/p/不　/la/拉

【鋇】Barium/barjɔm/巴阿里約母　八阿里嘎母

異：/jɔ/約　嘎　/b/巴　八

同：/a/阿　/r/里　/m/母

【鋰】Lithium/litjɔm/里及約母　理及阿母

異：/li/里　理　/jɔ/約　阿

同：/t/及　/m/母

【銠】Rhodium/rɔdjɔm/何抵約母　喝底約母

異：/rɔ/何　喝　/d/抵　底

同：/jɔ/約　/m/母

【銥】Iridium/iridjɔm/底里地約母　依合底約母

異：/i/依　底　/ri/里　合　/d/地　底

同：/jɔ/約　/m/母

【鎘】Cadmium/kadmjɔm/戞底迷約母　嘎大迷約母

異：/ka/戞　嘎　/d/底　大

同：/m/迷　/jɔ/約　/m/母

【鈾】Uranium/yranjɔm/迂呵呢約母　於呵尼約母

異：/yr/迂　於　/n/呢　尼

同：/a/呵　/jɔ/約　/m/母

【鈦】Titane/titan/幾單那　的大訥

異：/ti/幾　的　/ta/單　大　/n/那　訥

2. 單音音譯化學元素詞

所謂單音音譯化學元素詞，是指音譯化學元素源語詞的首音或次音而形成的化學元素漢語詞。其中的"首音"與"次音"既可以是一個音節也可以是一個音素。根據單音音譯的用字情況分爲不造字的單音音譯化學元素詞和造字的單音音譯化學元素詞兩類。

1）不造字的單音音譯化學元素詞

所謂不造字的單音音譯化學元素詞，是指沒有造新字，而是利用已有的漢字對化學元素源語詞進行單音音譯而形成的化學元素詞。

134

（1）弗

化學元素詞"弗"是利用漢語原有字"弗"對化學元素源語詞 Fluo-rine/fluəriːn/之首音/f/音譯而成。"弗"首見於《化學初階》，用例如："論弗，此質與別質牽合之力極大，分之甚難，而且酷毒。"

（2）蒙

化學元素詞"蒙"是利用漢語原有字"蒙"對化學元素源語詞 Manga-nese/mæŋgəniːz/之首音/mæŋ/音譯而成。"蒙"首見於《格物入門‧化學入門》，用例如："以黑蒙（西音也）石 MnO^2，盛玻釜灌以鹽強水 HCl，炙火令其微熱，則氣上騰，養淡二氣相合成水，餘賸蒙精與鹽氣。"

2）造字的單音音譯化學元素詞

所謂造字的單音音譯化學元素詞，是指新造漢字對化學元素源語詞進行單音音譯而形成的化學元素。爲單音音譯所造之字均爲形聲字，具體分爲兩種情況：一是新造的形聲字，一是重新分析形義關係的漢語固有形聲字。後者大量出現於化學譯著中，這類音譯用字僅在字形上與漢語原有之字相同，形義關係已發生變化，需要進行重新分析，相對於舊有字的形義關係而言，是一種新的理解，或者說是新字，所以我們把這類經過重新分析的形聲字歸入造字的單音音譯類型中。

（1）利用新造形聲字進行單音音譯的化學元素詞

造形聲字音譯外語詞的方法，漢語古已有之，如上古之"葡萄"、"駱駝"，中古之"琉璃"，近現代之"檳榔"、"檸檬"等。[1] 早期佛典翻譯中就產生了一些新造字，人們在創造這些新字時，根據漢字的造字規律，應用傳統的"飛禽安鳥，水族著魚"的方法，既考慮到與梵文的對音，又注意到漢字的表意特點。[2] 這種方法不僅利用了形聲字義符表義、聲符表音的功能，而且符合人們的認知方式，使外來詞能夠儘快地融入漢語。

《化學鑒原‧第二十九節‧華字命名》中對於此類單音音譯的方式作了相關的說明："西國質名，字多音繁，翻譯華文，不能盡叶。……此外尚有數十品，皆爲從古所未知，或雖有其物，而名仍闕如，而西書賅備無遺，譯

---

①　史有爲：《漢語外來詞》，商務印書館，2000 年。128 頁
②　陳秀蘭：《也考"嵐風"》，載《中國語文》1999 年第 4 期。

其意義，殊難簡括，全譯其音，苦於繁冗，今取羅馬文之首音，譯一華字，首音不合，則用次音，並加偏旁，以別其類，而讀仍本音。"[①] 由於化學元素源語詞所含字母甚多，完全音譯過於繁冗，因此利用新造形聲字音譯化學元素源語詞的首音或次音，從而形成單音音譯的化學元素詞。

形聲造字是"六書"之一，漢字的造字方法前人總結爲"六書"，即所謂象形、指事、會意、形聲、轉注、假借。東漢·許慎《說文解字·敘》中將"形聲"解作："形聲者，以事爲名，取譬相成，江河是也。"所謂形聲，就是用表示意義類屬的義符和表示讀音的聲符構字的造字方法。形聲造字由於能够記錄字的讀音，有了標音成分，同時含有表義成分，因而具有很大的優越性。利用形聲造字法所造之字稱作形聲字，形聲字的產生途徑主要有三種——加注聲符、加注意符、義音合成，爲單音音譯化學元素詞造形聲字運用的是義音合成的方式。所謂義音合成，就是隨着語言的發展，需要爲其造字時，一方面據其意義特點從已有漢字中選取一個字充當義符，另一方面據其語音特點從已有漢字中選取一個字充當聲符，之後將義符與聲符組合起來便構成一個新的形聲字。上文所言"取羅馬文之首音，譯一華字，首音不合，則用次音"即取用聲符，"加偏旁，以別其類"即取用義符，這種方式能够較好地反映出化學元素源語詞的讀音及其所指化學元素的類屬特徵。

李國英師在《小篆形聲字研究》中曾指出："形聲字是以增強標詞別詞的功能爲目的而產生的。"[②] 在爲單音音譯化學元素詞造形聲字時，首先選用與化學元素源語詞首音或次音接近的漢字作爲聲符，同時選用能够體現源語詞所指的化學元素類屬的漢字作爲義符，音義合成"矽"、"碘"、"鈣"、"錳"、"鎂"、"鉬"等形聲字以便增強化學元素詞的標詞與別詞的功能。爲明確化學元素的類屬，增加了意義信息以強化形聲字標詞的功能，例如，非金屬元素以"石"爲義符，金屬元素以"金"爲義符。具體分析如下：

硼

化學元素詞"硼"是利用形聲字"硼"對化學元素源語詞 Boron

---

① ［英］韋而司著，［英］傅蘭雅、徐壽譯：《化學鑒原》，江南製造局，1871 年。卷一：二十九節

② 李國英：《小篆形聲字研究》，北京師範大學出版社，1996 年。8 頁

/bɔːrən/之首音/bɔː/音譯而成。形聲字"硼"的構形理據：以義符"石"表義即該元素的類屬——固體非金屬，以聲符"布"示音即源語詞之首音/bɔː/。"硼"首見於《化學鑑原》，用例如："硼之根源，西名布倫。硼無自然獨成者，必與養氣三分劑化合，地球上所產硼養₂之處甚少，常與鈉養化合成一質，俗名硼砂。古人已知之，但不知其所含之質。"

矽

化學元素詞"矽"是利用形聲字"矽"對化學元素源語詞 Silicon /silikən/之首音/si/音譯而成。形聲字"矽"的構形理據：以義符"石"表義即該元素的類屬——固體非金屬，以聲符"夕"示音即源語詞之首音/si/。"矽"首見於《化學鑑原》，用例如："矽之根源，遍地球最多而甚繁者。矽與養化合之質，凡石類非鈣養爲其要質，即矽養₂爲要質。水晶之質，幾全爲矽養₂，白砂與火石之質，大半爲矽養₂，昔人誤以矽養₂爲原質，至六十七年前，兌飛始考知其原質爲矽。"

碘

化學元素詞"碘"是利用形聲字"碘"對化學元素源語詞 Iodine /aiədiːn/之次音/diːn/音譯而成。形聲字"碘"的構形理據：以義符"石"表義即該元素的類屬——固體非金屬，以聲符"典"示音即源語詞之次音/diːn/。"碘"首見於《化學初階》，用例如："論碘，即挨阿顛。嘉慶十六年，泰西始查得是物，由法國藥師，以鹹水草灰製。……旋出藍氣，續細推考，始悉固原質之一焉。萬類中函此質者最少，鹹洋水、洋草、海棉乃函之，然或多或寡不等。"

碲

化學元素詞"碲"是利用形聲字"碲"對化學元素源語詞 Tellurium /teljuəriəm/之首音/te/音譯而成。形聲字"碲"的構形理據：以義符"石"表義即該元素的類屬——固體非金屬，以聲符"帝"示音即源語詞之首音/te/。"碲"首見於《化學初階》，用例如："論碲，此質地球亦頗少，非金類也。"

硒

化學元素詞"硒"是利用形聲字"硒"對化學元素源語詞 Selenium /siliːniəm/之首音/si/音譯而成。形聲字"硒"的構形理據：以義符"石"

表義即該元素的類屬——固體非金屬，以聲符"西"示音即源語詞之首音
/si/。"硒"首見於《化學初階》，用例如："論硒，此亦非金類也。"

鈣

化學元素詞"鈣"是利用形聲字"鈣"對化學元素源語詞 Calcium
/kælsiəm/之首音/kæ/音譯而成。形聲字"鈣"的構形理據：以義符"金"
表義即該元素的類屬——金屬，以聲符"丐"示音即源語詞之首音/kæ/。
"鈣"首見於《化學鑒原》，用例如："鈣爲淡黃色之金類。"

錳

化學元素詞"錳"是利用形聲字"錳"對化學元素源語詞 Manganese
/mæŋgəniːz/之首音/mæŋ/音譯而成。形聲字"錳"的構形理據：以義符
"金"表義即該元素的類屬——金屬，以聲符"孟"示音即源語詞之首音
/mæŋ/。"錳"首見於《化學初階》，用例如："論錳，色白如生鐵，脆而
硬，鋼銼所不能入。"

鍶

化學元素詞"鍶"是利用形聲字"鍶"對化學元素源語詞 Strontium
/strɔnʃiəm/之首音/s/音譯而成。形聲字"鍶"的構形理據：以義符"金"
表義即該元素的類屬——金屬，以聲符"息"示音即源語詞之首音/s/。
"鍶"首見於《化學初階》，用例如："論鍶，色白，形似鋇。……凡鍶之雜
質投火中能令火成猩紅色。"

銠

化學元素詞"銠"是利用形聲字"銠"對化學元素源語詞 Rhodium
/rəudiəm/之首音/rəu/音譯而成。形聲字"銠"的構形理據：以義符"金"
表義即該元素的類屬——金屬，以聲符"荖"示音即源語詞之首音/rəu/。
"銠"首見於《化學初階》，用例如："論鈀、銠、銤、鐿、銥，此數質世間
尠少，產白金鑛中，形狀與白金相仿。"

鎂

化學元素詞"鎂"是利用形聲字"鎂"對化學元素源語詞 Magnesium
/mægniːzjəm/之首音/mæ/音譯而成。形聲字"鎂"的構形理據：以義符
"金"表義即該元素的類屬——金屬，以聲符"美"示音即源語詞之首音
/mæ/。"鎂"首見於《化學初階》，用例如："論鎂，此質能構成薄片，色

白如銀，地體內此質本多，有多種石俱函之。"

鉽

化學元素詞"鉽"是利用形聲字"鉽"對化學元素源語詞 Iridium /iridiəm/之首音/i/音譯而成。形聲字"鉽"的構形理據：以義符"金"表義即該元素的類屬——金屬，以聲符"衣"示音即源語詞之首音/i/。"鉽"首見於《化學初階》，用例如："論鈀、鋌、銠、鏗、鉽，此數質世間尠少，產白金鑛中，形狀與白金相仿。……各雜金類中，推鏗及鉽質爲最硬，鉽質色白而脆勁，化液比白金尤難，質比白金尤重。"

鉭

化學元素詞"鉭"是利用形聲字"鉭"對化學元素源語詞 Tantalum /tæntələm/之首音/tæn/音譯而成。形聲字"鉭"的構形理據：以義符"金"表義即該元素的類屬——金屬，以聲符"旦"示音即源語詞之首音/tæn/。"鉭"首見於《化學初階》，《化學初階·原質總目》中列出"鉭"對應化學元素符號 Ta（鉭）。

砷①

化學元素詞"砷"是利用形聲字"砷"對化學元素源語詞 Arsenic /ɑːsənik/之次音/sən/音譯而成。形聲字"砷"的構形理據：以義符"金"表義即該元素的類屬——金屬，以聲符"信"示音即源語詞之次音/sən/。"砷"首見於《化學初階》，用例如："論砷，或產於地或合金類成物，製砷精，以砷二養三即信石和炭入爐封嚴煨之，待炭吸養氣而焚，砷質可得。"

鎳

化學元素詞"鎳"是利用形聲字"鎳"對化學元素源語詞 Nickel /nikl/之首音/ni/音譯而成。形聲字"鎳"的構形理據：以義符"金"表義即該元素的類屬——金屬，以聲符"臬"示音即源語詞之首音/ni/。"鎳"首見於《化學鑒原》，用例如："鎳爲光亮之金，色白如銀。……與各配化合之質，色多淺綠，消化於水，色亦無異。"

---

① 《化學初階》中，"砷"與"鐵"、"銅"、"錫"等金屬元素在同一部分進行介紹，而未列入非金類："原質統分二等，一金之類，一非金之類（或有在金與非金之間者），非金之類十四種，一養氣、二輕氣、三淡氣、四炭、五綠氣、六碘、七磺、八燐、九弗、十溴、十一玻、十二硼、十三硒、十四碲。"故"砷"由"信"與"金"形聲而成。

鉬

化學元素詞"鉬"是利用形聲字"鉬"對化學元素源語詞 Molybde-num/məlibdinəm/之首音/mə/音譯而成。形聲字"鉬"的構形理據：以義符"金"表義即該元素的類屬——金屬，以聲符"目"示音即源語詞之首音/mə/。"鉬"首見於《化學鑒原》，用例如："取鉬之法，將鉬養＝與炭屑合勻，煅至白熱，所得白色之質，即鉬也。"

鋸

化學元素詞"鋸"是利用形聲字"鋸"對化學元素源語詞 Molybdenum/məlibdinəm/之首音/mə/音譯而成。形聲字"鋸"的構形理據：以義符"金"表義即該元素的類屬——金屬，以聲符"冒"示音即源語詞之首音/mə/。"鋸"首見於《化學初階》，用例如："論鎄、鐇、鎢、鈦、鋸、鉫，此數質世間尠少，化學家亦多未睹，鈦鎄二質時或合磁油作色，養合輕淡，以之試驗各水含燐養否。"

鋯

化學元素詞"鋯"是利用形聲字"鋯"對化學元素源語詞 Zirconium/zəːkəuniəm/之次音/kəu/音譯而成。形聲字"鋯"的構形理據：以義符"金"表義即該元素的類屬——金屬，以聲符"告"示音即源語詞之次音/kəu/。"鋯"首見於《化學鑒原》，用例如："鋯似異形之矽，大熱不能鎔。"

鍶

化學元素詞"鍶"是利用形聲字"鍶"對化學元素源語詞 Zirconium/zəːkəuniəm/之首音/zəː/音譯而成。形聲字"鍶"的構形理據：以義符"金"表義即該元素的類屬——金屬，以聲符"些"示音即源語詞之首音/zəː/。"鍶"首見於《化學初階》，用例如："論成土之金類，厥質或釩、或銑、或鍶、或釛、或鐿、或鉺、或鉰、或鑭、或鈊。"

銦

化學元素詞"銦"是利用形聲字"銦"對化學元素源語詞 Indium/indiəm/之首音/in/音譯而成。形聲字"銦"的構形理據：以義符"金"表義即該元素的類屬——金屬，以聲符"因"示音即源語詞之首音/in/。"銦"首見於《化學鑒原》，用例如："銦，銦礦產日耳曼國。近時用光色分原之法考得其原質，色白而可大薄，入鹽強水能消化，熱至紅色即燒，見茄花色之光，而成鈉養，色黃。"

鎄

化學元素詞"鎄"是利用形聲字"鎄"對化學元素源語詞 Indium /indiəm/之首音/in/音譯而成。形聲字"鎄"的構形理據：以義符"金"表義即該元素的類屬——金屬，以聲符"晏"示音即源語詞之首音/in/。"鎄"首見於《化學初階》，《化學初階·原質總目》中列出"鎄"對應化學元素符號 In（銦）。

銫

化學元素詞"銫"是利用形聲字"銫"對化學元素源語詞 Caesium /siːziəm/之首音/siː/音譯而成。形聲字"銫"的構形理據：以義符"金"表義即該元素的類屬——金屬，以聲符"悉"示音即源語詞之首音/siː/。"銫"首見於《化學鑒原》，用例如："銫，化學家名本生，於十年前用光色分原之法考驗某處泉水之定質而得。"

銅

化學元素詞"銅"是利用形聲字"銅"對化學元素源語詞 Caesium /siːziəm/之首音/siː/音譯而成。形聲字"銅"的構形理據：以義符"金"表義即該元素的類屬——金屬，以聲符"司"示音即源語詞之首音/siː/。"銅"首見於《化學初階》，《化學初階·原質總目》中列出"銅"對應化學元素符號 Cs（銫）。

鋱

化學元素詞"鋱"是利用形聲字"鋱"對化學元素源語詞 Terbium /təːbiəm/之首音/təː/音譯而成。形聲字"鋱"的構形理據：以義符"金"表義即該元素的類屬——金屬，以聲符"弎"示音即源語詞之首音/təː/。"鋱"首見於《化學鑒原》，用例如："鋱亦出於鈦礦，鋱養與鈦養性亦相同，而其雜質皆玫瑰色。"

鎍

化學元素詞"鎍"是利用形聲字"鎍"對化學元素源語詞 Terbium /təːbiəm/之首音/təː/音譯而成。形聲字"鎍"的構形理據：以義符"金"表義即該元素的類屬——金屬，以聲符"爹"示音即源語詞之首音/təː/。

"鏒"首見於《化學初階》，用例如："論成土之金類，厥質或釩、或銑、或鉲、或釰、或鐿、或鉺、或鏒、或鉨、或鑭、或鈲。"

鋨

化學元素詞"鋨"是利用形聲字"鋨"對化學元素源語詞 Osmium /ɔzmiəm/之次音/mi/音譯而成。形聲字"鋨"的構形理據：以義符"金"表義即該元素的類屬——金屬，以聲符"米"示音即源語詞之次音/mi/。"鋨"首見於《化學鑒原》，用例如："鋨恒與鉑粒相間，亦爲片粒。……能與養氣化合，或鋨養而化散，其氣甚毒，人若嗅之，咳逆，與嗅緑氣同。"

鉈

化學元素詞"鉈"是利用形聲字"鉈"對化學元素源語詞 Thallium /θæliəm/之首音/θæ/音譯而成。形聲字"鉈"的構形理據：以義符"金"表義即該元素的類屬——金屬，以聲符"他"示音即源語詞之首音/θæ/。"鉈"首見於《化學初階》，《化學初階·原質總目》中列出"鉈"對應化學元素符號 Tl（鉈）。

鐿

化學元素詞"鐿"是利用形聲字"鐿"對化學元素源語詞 Yttrium /itriəm/之首音/i/音譯而成。形聲字"鐿"的構形理據：以義符"金"表義即該元素的類屬——金屬，以聲符"意"示音即源語詞之首音/i/。"鐿"首見於《化學初階》，用例如："論成土之金類，厥質或釩、或銑、或鉲、或釰、或鐿、或鉺、或鏒、或鉨、或鑭、或鈲。"

鉨

化學元素詞"鉨"是利用形聲字"鉨"對化學元素源語詞 Cerium /siəriəm/之首音/si/音譯而成。形聲字"鉨"的構形理據：以義符"金"表義即該元素的類屬——金屬，以聲符"西"示音即源語詞之首音/si/。"鉨"首見於《化學初階》，用例如："論成土之金類，厥質或釩、或銑、或鉲、或釰、或鐿、或鉺、或鏒、或鉨、或鑭、或鈲。"

鑈

化學元素詞"鑈"是利用形聲字"鑈"對化學元素源語詞 Cerium /siəriəm/之次音/ri/音譯而成。形聲字"鑈"的構形理據：以義符"金"表義即該元素的類屬——金屬，以聲符"篱"示音即源語詞之次音/ri/。"鑈"

首見於《化學初階》,《化學初階·原質總目》中列出"鑭"對應化學元素符號 Ce（鈰）。

鏑

化學元素詞"鏑"是利用形聲字"鏑"對化學元素源語詞 Dysprosium /disprəusiəm/之首音/di/音譯而成。形聲字"鏑"的構形理據:以義符"金"表義即該元素的類屬——金屬,以聲符"氏"示音即源語詞之首音/di/。"鏑"首見於《化學初階》,用例如:"論成土之金類,厥質或釓、或銑、或鍎、或釟、或鐿、或鉺、或鏒、或鉺、或鑭、或鏑。"

釷

化學元素詞"釷"是利用形聲字"釷"對化學元素源語詞 Thorium /θɔːrei/mei/之首音/θɔː/音譯而成。形聲字"釷"的構形理據:以義符"金"表義即該元素的類屬——金屬,以聲符"土"示音即源語詞之首音/θɔː/。"釷"首見於《化學鑒原》,用例如:"釷形,似鋁,其產奴耳威國。"

（2）利用重新分析形義關係的漢語固有形聲字進行單音音譯的化學元素詞

"語言是一種規則系統。這種規則可以因語言的發展而發生變化,人們對此的認識也會隨着研究的深入而不斷地深化,因而往往會產生一些對相同的語言事實進行新的不同規則的解釋。這種現象一般稱之爲重新分析（re-analysis）。"[1]"重新分析"是歷史語言學裏的一個重要概念,來自於對語言現象變化的觀察,Langacker 將其定義爲"沒有改變表層表達形式的結構變化"[2]。在漢字的發展變化中同樣存在着重新分析的情況。李國英師在《小篆形聲字研究》中指出:"形義統一是表意文字據義構形的制符原則在漢字結構中的體現,這一原理的基本內涵應闡述爲:漢字的形體與據以構形的詞義之間的關係具有可解釋性,亦即漢字的構形理據存在於形與義的統一關係之中。這樣闡述表明,形義統一是在漢字原初構形階段實現的。漢字在完成構形之後就要進入使用過程。這時,個體字元的結構與功能往往會發生變化。因此,漢字的形義統一也是有發展的,在形變、義引、字用三者發生變

① 徐通鏘:《字的重新分析和漢語語義語法的研究》,載《語文研究》2005 年 3 期。
② 齊元濤:《重新分析與漢字的發展》,載《中國語文》2008 年 1 期。

化後，漢字要在發展中求得形義關係在新的基礎上的再度統一。"① 在單音音譯化學元素源語詞的用字中，存在着大量的漢語舊有的形聲字，如傅蘭雅所言："以字典內不常用之字釋以新義而爲新名，如鉑、鉀、鈷、鋅等是也。"② 翻譯用字中的"字典內不常用之字"是指從字典中選取的漢語固有的字形。當然，對固有字形的選擇也是有條件的，即"不常用之字"，常用的字形不予選擇。選擇不常用的字形，顯然是爲了防止原有用法與新用法之間產生混淆的現象，同時也爲了增強化學術語表意的明確性。"釋以新義"是指給舊有字形賦予新的構形理據和意義，也就是說，只選取舊有字形，而不取其舊的理據和意義，恰如"舊瓶裝新酒"。"爲新名"是指造新詞，也就是通過上述方式爲原有的字形賦予新的理據和功能並用以記錄新詞。傅蘭雅所舉的"鉑"、"鉀"、"鈷"、"鋅"均爲字典中收錄的不常用的形聲字，用以音譯化學元素源語詞的首音或次音時，被賦予了新的構形理據以記錄新的化學元素詞。具體分析如下：

鉀

《廣韻·狎韻》："鉀，鎧屬，今單作甲。"

化學元素詞"鉀"是利用形聲字"鉀"對化學元素源語詞 Kalium /keiliəm/ 之首音 /kei/ 音譯而成。形聲字"鉀"的構形理據：以義符"金"表義即該元素的類屬——金屬，以聲符"甲"示音即源語詞之首音 /kei/。"鉀"首見於《化學鑒原》，用例如："鉀，英國博物學家兌飛於前此六十三年，攷知此金用大力五金電氣，化分鉀養、輕養而得。"

鉍

《玉篇·金部》："鉍，矛柄也。"

化學元素詞"鉍"是利用形聲字"鉍"對化學元素源語詞 Bismuth /bisməθ/ 之首音 /bi/ 音譯而成。形聲字"鉍"的構形理據：以義符"金"表義即該元素的類屬——金屬，以聲符"必"示音即源語詞之首音 /bi/。"鉍"首見於《化學初階》，用例如："論鉍，色紅白質脆而硬。"

---

① 李國英：《小篆形聲字研究》，北京師範大學出版社，1996 年。8 頁
② ［英］傅蘭雅：《江南製造總局翻譯西書事略》，載《格致彙編》1878 年第 6 期。

鉑

《集韻·鐸韻》："鉑，金薄也。"

化學元素詞"鉑"是利用形聲字"鉑"對化學元素源語詞 Platinum /plætinəm/之首音/p/音譯而成。形聲字"鉑"的構形理據：以義符"金"表義即該元素的類屬——金屬，以聲符"白"示音即源語詞之首音/p/。"鉑"首見於《化學初階》，用例如："論鉑，此原質世間尠少，在礦得者俱純白金，不與別質溷合。……此質色白而帶灰，硬逾銅而軟於鐵。"

鋰

《龍龕手鑒·金部》："鋰，良宜反。"

化學元素詞"鋰"是利用形聲字"鋰"對化學元素源語詞 Lithium /liθiəm/之首音/li/音譯而成。形聲字"鋰"的構形理據：以義符"金"表義即該元素的類屬——金屬，以聲符"里"示音即源語詞之首音/li/。"鋰"首見於《化學初階》，用例如："論鋰，此質世間尠少，與養氣相合成蛤利，形狀同鑪。"

鎢

《廣雅·釋器》："鎢錥謂之銼鑗。"《玉篇·金部》："鎢錥，小釜也。"

化學元素詞"鎢"是利用形聲字"鎢"對化學元素源語詞 Wolframium /wʊlfreimiəm/之首音/wʊ/音譯而成。形聲字"鎢"的構形理據：以義符"金"表義即該元素的類屬——金屬，以聲符"烏"示音即源語詞之首音/wʊ/。"鎢"首見於《化學初階》，用例如："論鍗、鐇、鎢、鈦、鋗、鈳，此數質世間尠少，化學家亦多未睹，鈦鍗二質時或合磁油作色，鋗養合輕淡，以之試驗各水含燐養否。"

鈉

《玉篇·金部》："鈉，打鐵。"

化學元素詞"鈉"是利用形聲字"鈉"對化學元素源語詞 Natrium /neitriəm/之首音/nei/音譯而成。形聲字"鈉"的構形理據：以義符"金"表義即該元素的類屬——金屬，以聲符"內"示音即源語詞之首音/nei/。"鈉"首見於《化學鑒原》，用例如："鈉亦兌飛所攷知，乃先得鉀而後得此也。……色白如銀，與鉀略同。但與養氣化合，不若鉀之易且速。"

鋇

《廣雅·釋器》："鋇，鋌也。"《玉篇·金部》："鋇，鋒也。"《廣韻·泰韻》："鋇，鋌柔也"

化學元素詞"鋇"是利用形聲字"鋇"對化學元素源語詞 Barium /bɛəriəm/之首音/bɛə/音譯而成。形聲字"鋇"的構形理據：以義符"金"表義即該元素的類屬——金屬，以聲符"貝"示音即源語詞之首音/bɛə/。"鋇"首見於《化學初階》，用例如："論鋇，色白，能構成薄片，不須煆至紅色即鎔。"

鉺

《玉篇·金部》："鉺，鉤也。"

化學元素詞"鉺"是利用形聲字"鉺"對化學元素源語詞 Erbium /əːbiəm/之首音/əː/音譯而成。形聲字"鉺"的構形理據：以義符"金"表義即該元素的類屬——金屬，以聲符"耳"示音即源語詞之首音/əː/。"鉺"首見於《化學初階》，用例如："論成土之金類，厥質或釩、或銑、或鎝、或釓、或鐿、或鉺、或鍶、或鑭、或鈺。"

銻

《說文解字·金部》："銻，鏸銻，火齊也。"

化學元素詞"銻"是利用形聲字"銻"對化學元素源語詞 Antimony /æntiməni/之次音/ti/音譯而成。形聲字"銻"的構形理據：以義符"金"表義即該元素的類屬——金屬，以聲符"弟"示音即源語詞之次音/ti/。"銻"首見於《化學初階》，用例如："論銻，色藍白內函珠形，極脆可研爲粉，經天氣與水常熱不能變。"

鈀

《說文解字·金部》："鈀，兵車也。一曰鐵也。"《廣雅·釋器》："鈀，鏑也。"《正字通·金部》："鈀，鉏屬，五齒，平土除穢用之。俗呼爲鈀。"

化學元素詞"鈀"是利用形聲字"鈀"對化學元素源語詞 Palladium /pəleidiəm/之首音/pə/音譯而成。形聲字"鈀"的構形理據：以義符"金"表義即該元素的類屬——金屬，以聲符"巴"示音即源語詞之首音/pə/。"鈀"首見於《化學初階》，用例如："論鈀、銼、銠、鐿、銥，此數質世間尠少，產白金鑛中，形狀與白金相仿，鈀色比白金尤麗，溶液甚難。"

146

鈮

《玉篇·金部》："鈮，古文柅。"

化學元素詞"鈮"是利用形聲字"鈮"對化學元素源語詞 Niobium /naiəubiəm/之首音/nai/音譯而成。形聲字"鈮"的構形理據：以義符"金"表義即該元素的類屬——金屬，以聲符"尼"示音即源語詞之首音/nai/。"鈮"首見於《化學鑒原》，用例如："鈮礦爲極堅之顆粒。……鈮爲黑粉，取法皆甚繁，而用處則甚少。"

鉰

《玉篇·金部》："鉰，鉰錯，小釜也。"

化學元素詞"鉰"是利用形聲字"鉰"對化學元素源語詞 Columbium /kəlʌmbiəm/之首音/kə/音譯而成。形聲字"鉰"的構形理據：以義符"金"表義即該元素的類屬——金屬，以聲符"可"示音即源語詞之首音/kə/。"鉰"首見於《化學初階》，用例如："論鏷、鐒、鎢、鈦、鋗、鉰，此數質世間尠少，化學家亦多未睹，鈦鏷二質時或合磁油作色，鋗養合輕淡，以之試驗各水含燐養否。"

鋅

《玉篇·金部》："鋅，金皃。"

化學元素詞"鋅"是利用形聲字"鋅"對化學元素源語詞 Zinc /ziŋk/之首音/ziŋ/音譯而成。形聲字"鋅"的構形理據：以義符"金"表義即該元素的類屬——金屬，以聲符"辛"示音即源語詞之首音/ziŋ/。"鋅"首見於《化學鑒原》，用例如："鋅無自然獨成者，與別質化合之礦，產出甚多。……鋅爲藍白色之金，性稍堅。"

鉎

《類篇·金部》："鉎，桑經切。鐵衣。"

化學元素詞"鉎"是利用形聲字"鉎"對化學元素源語詞 Zinc /ziŋk/之首音/ziŋ/音譯而成。形聲字"鉎"的構形理據：以義符"金"表義即該元素的類屬——金屬，以聲符"星"示音即源語詞之首音/ziŋ/。"鉎"首見於《化學初階》，用例如："論鉎，此質天然而純者未見，然此鑛殊多。鉎質硬而色月白。"

鈷

《玉篇·金部》："鈷，鈷鏟。"《集韻·姥韻》："鈷，鈷鏟，溫器。"

化學元素詞"鈷"是利用形聲字"鈷"對化學元素源語詞 Cobalt /kəubɔːlt/之首音/kəu/音譯而成。形聲字"鈷"的構形理據：以義符"金"表義即該元素的類屬——金屬，以聲符"古"示音即源語詞之首音/kəu/。"鈷"首見於《化學鑒原》，用例如："鈷爲紅灰色之金。地產無獨成者，惟空中墜下之鐵中有之。"

鎬

《說文解字·金部》："鎬，溫器也。"

化學元素詞"鎬"是利用形聲字"鎬"對化學元素源語詞 Cobalt /kəubɔːlt/之首音/kəu/音譯而成。形聲字"鎬"的構形理據：以義符"金"表義即該元素的類屬——金屬，以聲符"高"示音即源語詞之首音/kəu/。"鎬"首見於《化學初階》，用例如："論鎬，厥質色紅白，世間無現成者。天隕星石函有是質。"

鉻

《玉篇·金部》："鉻，鉤也。"

化學元素詞"鉻"是利用形聲字"鉻"對化學元素源語詞 Chromium /krəumjəm/之首音/krəu/音譯而成。形聲字"鉻"的構形理據：以義符"金"表義即該元素的類屬——金屬，以聲符"各"示音即源語詞之首音/krəu/。"鉻"首見於《化學鑒原》，用例如："鉻無自然獨成者，惟與養氣化合之質，有數處產之。……鉻與各質化合，色皆悅目，故可作繪圖之顏料，或染布之顏料，或玻璃、磁器之顏料，有數種寶石之色即鉻養也。"

鐒

《篇海類編·珍寶類·金部》："鐒，金路，蓋周輅。"

化學元素詞"鐒"是利用形聲字"鐒"對化學元素源語詞 Chromium /krəumjəm/之首音/krəu/音譯而成。形聲字"鐒"的構形理據：以義符"金"表義即該元素的類屬——金屬，以聲符"路"示音即源語詞之首音/krəu/。"鐒"首見於《化學初階》，用例如："論鐒，此原質非出於天然，鑛產者皆鐒養也。……此原質提出極難，體硬而脆，色白，最濃之強酸亦不能化，此質之雜質，色艷而麗者多，故恒以之充顏色染料。"

砷

《改併四聲篇海‧金部》："砷，音還。"

化學元素詞"砷"是利用形聲字"砷"對化學元素源語詞 Arsenic /ɑːsənik/之次音/sən/音譯而成。形聲字"砷"的構形理據：以義符"金"表義即該元素的類屬——金屬，以聲符"申"示音即源語詞之次音/sən/。"砷"首見於《化學鑒原》，用例如："砷與別質化合者，略同於硫。……砷養三即砒霜，又名信石。"

釩₁

《集韻‧範韻》："釩，器也。"

化學元素詞"釩"是利用形聲字"釩"對化學元素源語詞 Vanadium /vəneidiəm/之首音/vən/音譯而成。形聲字"釩"的構形理據：以義符"金"表義即該元素的類屬——金屬，以聲符"凡"示音即源語詞之首音/vən/。"釩"首見於《化學鑒原》，用例如："取釩之法，昔用釩與鐵相合之礦，今用鉛養釩養三之礦。"

鐇

《廣雅‧釋詁》："鐇，椎也。"《玉篇‧金部》："鐇，廣刃斧也。"《集韻‧元韻》："鐇，鏟也。"

化學元素詞"鐇"是利用形聲字"鐇"對化學元素源語詞 Vanadium /vəneidiəm/之首音/vən/音譯而成。形聲字"鐇"的構形理據：以義符"金"表義即該元素的類屬——金屬，以聲符"番"示音即源語詞之首音/vən/。"鐇"首見於《化學初階》，用例如："論鏀、鐇、鎢、釱、鋗、鉰，此數質世間尠少，化學家亦多未睹，釱鏀二質時或合磁油作色，鋗養合輕淡，以之試驗各水含燐養否。"

鑭

《玉篇‧金部》："鑭，金光兒。"《集韻‧換韻》："鑭，金采也。"

化學元素詞"鑭"是利用形聲字"鑭"對化學元素源語詞 Lanthanum /lænθənəm/之首音/læn/音譯而成。形聲字"鑭"的構形理據：以義符"金"表義即該元素的類屬——金屬，以聲符"蘭"示音即源語詞之首音/læn/。"鑭"首見於《化學初階》，用例如："論成土之金類，厥質或釩、或銑、或鐽、或釕、或鐿、或鉺、或硒、或鑭、或鈲。"

149

銀

《說文·金部》："銀，銀鐛，鎖也。"

化學元素詞"銀"是利用形聲字"銀"對化學元素源語詞 Lanthanum /lænθənəm/ 之首音 /læn/ 音譯而成。形聲字"銀"的構形理據：以義符"金"表義即該元素的類屬——金屬，以聲符"良"示音即源語詞之首音 /læn/。"銀"首見於《化學鑒原》，用例如："銀出於錯礦而與錯有別，與養氣化合，只有錯養一質。"

釕

《廣韻·篠韻》："釕，釕鈌，帶頭飾。出《聲譜》。"《集韻·筱韻》："釕軪鈌謂之釕。"

化學元素詞"釕"是利用形聲字"釕"對化學元素源語詞 Ruthenium /ruːθiːniəm/ 之首音 /ruː/ 音譯而成。形聲字"釕"的構形理據：以義符"金"表義即該元素的類屬——金屬，以聲符"了"示音即源語詞之首音 /ruː/。"釕"首見於《化學鑒原》，用例如："釕亦與鉑同，性硬而脆，鎔亦極難，合強水微能消化。"

銠

宋·洪遵《泉志·偽品下》："陶岳《泉貨録》曰：'王審知鑄大鐵錢，闊寸餘，甚麤重，亦以'開元通寶'爲文，仍以五百文爲貴，俗謂之銠劮與銅錢並行。'"

化學元素詞"銠"是利用形聲字"銠"對化學元素源語詞 Ruthenium /ruːθiːniəm/ 之首音 /ruː/ 音譯而成。形聲字"銠"的構形理據：以義符"金"表義即該元素的類屬——金屬，以聲符"老"示音即源語詞之首音 /ruː/。"銠"首見於《化學初階》，用例如："論鈀、錴、銠、鐚、銥，此數質世間尠少，產金礦中，形狀與白金相仿。"

銣

《龍龕手鑒·金部》："銣，尼主反。"《篇海類編·珍寶類·金部》："銣，冗主切。"

化學元素詞"銣"是利用形聲字"銣"對化學元素源語詞 Rubidium /ruːbidiəm/ 之首音 /ruː/ 音譯而成。形聲字"銣"的構形理據：以義符"金"表義即該元素的類屬——金屬，以聲符"如"示音即源語詞之首音 /ruː/。

"銣"首見於《化學鑒原》，用例如："銣……性略同於鉀，而與養氣之愛力，更大於鉀。"

鑪

《說文解字‧金部》："鑪，方鑪也。"

化學元素詞"鑪"是利用形聲字"鑪"對化學元素源語詞 Rubidium /ruːbidiəm/之首音/ruː/音譯而成。形聲字"鑪"的構形理據：以義符"金"表義即該元素的類屬——金屬，以聲符"盧"示音即源語詞之首音/ruː/。"鑪"首見於《化學鑒原》，《化學初階‧原質總目》中列出"鑪"對應化學元素符號 Rb（銣）。

鎘₂

《集韻‧錫韻》："鬲，《說文》：'鼎屬。'或作鎘。"

化學元素詞"鎘"是利用形聲字"鎘"對化學元素源語詞 Nickel /nikl/之首音/ni/音譯而成。形聲字"鎘"的構形理據：以義符"金"表義即該元素的類屬——金屬，以聲符"鬲"示音即源語詞之首音/ni/。"鎘"首見於《化學初階》，用例如："論鎘，色麗白如銀。……天韻星石時函此質百分之十，此質結鹽青色，水鎔此鹽，亦成青色。"

鈾

《字彙‧金部》："鈾，古文宙字。"

化學元素詞"鈾"是利用形聲字"鈾"對化學元素源語詞 Uranium /juəreiniəm/之首音/ju/音譯而成。形聲字"鈾"的構形理據：以義符"金"表義即該元素的類屬——金屬，以聲符"由"示音即源語詞之首音/ju/。"鈾"首見於《化學鑒原》，用例如："鈾爲罕見之金，性與錳鐵略同。"

鋊

《改併四聲篇海‧金部》："鋊，烏故切。"

化學元素詞"鋊"是利用形聲字"鋊"對化學元素源語詞 Uranium /juəreiniəm/之首音/ju/音譯而成。形聲字"鋊"的構形理據：以義符"金"表義即該元素的類屬——金屬，以聲符"於"示音即源語詞之首音/ju/。"鋊"首見於《化學初階》，用例如："論鋊、�、鎢、鈦、錭、鈳，此數質世間尠少，化學家亦多未睹，鈦鋊二質時或合磁油作色，錭養合輕淡，以之試驗各水含燐養否。"

151

銑

《爾雅·釋器》："絶澤謂之銑。"《說文解字·金部》："銑，金之澤者。一曰小鑿。一曰鐘兩角謂之銑。"

化學元素詞"銑"是利用形聲字"銑"對化學元素源語詞 Glucinium /glysinjɔm/之次音/sin/音譯而成。形聲字"銑"的構形理據：以義符"金"表義即該元素的類屬——金屬，以聲符"先"示音即源語詞之次音/sin/。"銑"首見於《化學初階》，用例如："論成土之金類，厥質或鈉、或銑、或鑑、或釖、或鐿、或鉺、或鐒、或鉨、或鑭、或鈊。"

鉻

《說文解字·金部》："鉻，所以鉤鼎耳及爐炭。"《說文解字·金部》："鉻，銅屑。"

化學元素詞"鉻"是利用形聲字"鉻"對化學元素源語詞 Glucinium /glysinjɔm/之首音/g/音譯而成。形聲字"鉻"的構形理據：以義符"金"表義即該元素的類屬——金屬，以聲符"谷"示音即源語詞之首音/g/。"鉻"首見於《化學鑒原》，用例如："鉻與鋁相同而罕見者，昔人分寶石而得之。……其雜質之味甚甜。"

鎘₁

《集韻·錫韻》："鬲，《說文》：'鼎屬。'或作鎘。"

化學元素詞"鎘"是利用形聲字"鎘"對化學元素源語詞 Cadmium /kædmiəm/之首音/kæ/音譯而成。形聲字"鎘"的構形理據：以義符"金"表義即該元素的類屬——金屬，以聲符"鬲"示音即源語詞之首音/kæ/。"鎘"首見於《化學初階》，用例如："論鎘，色麗白如銀。……天韻星石時函此質百分之十，此質結鹽青色，水鎔此鹽，亦成青色。"

鍥

《集韻·屑韻》："鍥，《博雅》：'鎌也。'或從挈。"

化學元素詞"鍥"是利用形聲字"鍥"對化學元素源語詞 Cadmium /kædmiəm/之首音/kæ/音譯而成。形聲字"鍥"的構形理據：以義符"金"表義即該元素的類屬——金屬，以聲符"挈"示音即源語詞之首音/kæ/。"鍥"首見於《化學初階》，用例如："論鍥，色白形狀如錫，性如鋰，產自鋰鑛，此質世間殊少。"

152

鐟

《龍龕手鑒·金部》：“鐟，子含反。無蓋釘也。”

化學元素詞“鐟”是利用形聲字“鐟”對化學元素源語詞 Titanium /taiteinjəm/之首音/tai/音譯而成。形聲字“鐟”的構形理據：以義符“金”表義即該元素的類屬——金屬，以聲符“替”示音即源語詞之首音/tai/。“鐟”首見於《化學鑒原》，用例如：“鐟與錫相似，昔人以爲罕物。”

鈦₁

《說文解字》：“鈦，鐵鉗也。”

化學元素詞“鈦”是利用形聲字“鈦”對化學元素源語詞 Titanium /taiteinjəm/之首音/tai/音譯而成。形聲字“鈦”的構形理據：以義符“金”表義即該元素的類屬——金屬，以聲符“大”示音即源語詞之首音/tai/。“鈦”首見於《化學初階》，用例如：“論鏼、鐇、鎢、鈦、鋗、鉫，此數質世間尠少，化學家亦多未睹，鈦鏼二質時或合磁油作色，鋗養合輕淡，以之試驗各水含燐養否。”

鋨

《集韻·麻韻》：“錏，《說文》：‘錏鍜，頸鎧也。’或作鋨。”

化學元素詞“鋨”是利用形聲字“鋨”對化學元素源語詞 Osmium /ɔzmiəm/之首音/ɔ/音譯而成。形聲字“鋨”的構形理據：以義符“金”表義即該元素的類屬——金屬，以聲符“惡”示音即源語詞之首音/ɔ/。“鋨”首見於《化學初階》，用例如：“論鈀、銍、銠、鋨、銥，此數質世間尠少，產白金鑛中，形狀與白金相仿。……各雜金類中，推鋨及銥質爲最硬。”

鉿

《說文解字·木部》：“枱，耒耑也。鉿，或從金。”《龍龕手鑒·金部》：“鉿，鋌也。”《集韻·止韻》：“鉿，矛屬。”

化學元素詞“鉿”是利用形聲字“鉿”對化學元素源語詞 Thallium /θæliəm/之首音/θæ/音譯而成。形聲字“鉿”的構形理據：以義符“金”表義即該元素的類屬——金屬，以聲符“台”示音即源語詞之首音/θæ/。“鉿”首見於《化學鑒原》，用例如：“鉿之根源……以鐵硫礦燒取硫強水，將引氣管內所結之質，用光色分原法試分而得之，其光帶現綠色綫，比鉬之綫更亮。”

153

釴₂

《說文解字》："釴，鐵鉗也。"

化學元素詞"釴"是利用形聲字"釴"對化學元素源語詞 Yttrium /itriəm/之次音/triə/音譯而成。形聲字"釴"的構形理據：以義符"金"表義即該元素的類屬——金屬，以聲符"大"示音即源語詞之次音/triə/。"釴"首見於《化學鑒原》，用例如："釴，釴礦產瑞顛國，以大皮地，釴養色白，性與釷養相同，其雜質之色皆白。"

鋁

《廣雅·釋器》："鋁謂之錯。"《玉篇·金部》："'鋁'，同'鑢'。"

化學元素詞"鋁"是利用形聲字"鋁"對化學元素源語詞 Aluminum /əljuːminəm/之次音/ljuː/音譯而成。形聲字"鋁"的構形理據：以義符"金"表義即該元素的類屬——金屬，以聲符"呂"示音即源語詞之次音/ljuː/。"鋁"首見於《化學鑒原》，用例如："鋁之根源，日耳曼國化學家名胡訛賴於四十三年前，攷得此質。"

錯

《說文解字·金部》："錯，金涂也。從金，昔聲。"

化學元素詞"錯"是利用形聲字"錯"對化學元素源語詞 Cerium /siəriəm/之首音/si/音譯而成。形聲字"錯"的構形理據：以義符"金"表義即該元素的類屬——金屬，以聲符"昔"示音即源語詞之首音/si/。"錯"首見於《化學鑒原》，用例如："錯，錯礦爲錯養炭養₂，而錯養色白，錯₂養₂色黃，錯養草酸可以治病。"

鏑

《說文解字·金部》："鏑，矢鏠也。"

化學元素詞"鏑"是利用形聲字"鏑"對化學元素源語詞 Dysprosium /disprəusiəm/之首音/di/音譯而成。形聲字"鏑"的構形理據：以義符"金"表義即該元素的類屬——金屬，以聲符"商"示音即源語詞之首音/di/。"鏑"首見於《化學鑒原》，用例如："鏑亦出於錯礦，性與銀相同，鏑養含水者茄花色，不含水者，櫻色。"

鈺

《玉篇·金部》："鈺，同鉥。"

　　化學元素詞"鏑"是利用形聲字"鏑"對化學元素源語詞 Dysprosium
/disprəusiəm/之首音/di/音譯而成。形聲字"鏑"的構形理據：以義符
"金"表義即該元素的類屬——金屬，以聲符"氐"示音即源語詞之首音
/di/。"鏑"首見於《化學初階》，《化學初階·原質總目》中列出"鏑"對
應化學元素符號 D（鏑）。

　　釖

　　《集韻·豪韻》："釖，《說文》：'兵也。'或從金。"

　　化學元素詞"釖"是利用形聲字"釖"對化學元素源語詞 Thorium
/θɔːriəm/之首音/θɔ/音譯而成。形聲字"釖"的構形理據：以義符"金"
表義即該元素的類屬——金屬，以聲符"刀"示音即源語詞之首音/θɔ/。
"釖"首見於《化學初階》，《化學初階·原質總目》中列出"釖"對應化
學元素符號 Th（釷）。

　　釰

　　《集韻·質韻》："釰，鈍也。"

　　化學元素詞"釰"是利用形聲字"釰"對化學元素源語詞 Thorium
/θɔːriəm/之次音/riəm/音譯而成。形聲字"釰"的構形理據：以義符"金"
表義即該元素的類屬——金屬，以聲符"刃"示音即源語詞之次音/riəm/。
"釰"首見於《化學初階》，用例如："論成土之金類，厥質或鈉、或銑、或
鈢、或釰、或鐿、或鉺、或鏒、或鉲、或鑭、或鏑。"

　　上述形聲字均爲漢語字典內收錄的不常用之字，這些形聲字用於記錄化
學元素詞時，其表層表達形式——字形沒有發生變化，然而其形義關係已經
脫節，因此就要進行形義關係的重新分析，以便使其在發展變化中尋求形義
關係在新的基礎上的再度統一。換句話說就是，給原有字形賦予新的構形理
據——義符"金"表示元素類屬爲金屬，聲符標示化學元素源語詞的首音
或次音，從而使該形聲字記錄新的化學元素詞。這樣一來，該形聲字便形成
了新的形義關係的統一，同時也滿足了我們追求漢字構形理據的心理。

　　4.2.1.2 音譯加表意語素而形成的化學元素詞

　　這類化學元素詞是在音譯的基礎上添加表意語素而形成的，音譯部分源
於外語原詞，表意語素是漢語在創造吸收外來詞時爲了表意的清晰化而綴
加的。

1. 弗氣

在以"弗"音譯化學元素源語詞 Fluorine/fluəriːn/之首音/f/的基礎上，添加表意語素"氣"表明元素類別。"弗氣"首見於《化學鑒原》，用例如："弗氣與別種原質之愛力甚大，故獨成一質者，世所希有。……爲無色氣質，其性與綠氣與溴與碘大致相同也。"

2. 蒙精

在以"蒙"音譯化學元素源語詞 Manganese/mæŋgəniːz/之首音/mæŋ/的基礎上，添加表意語素"精"。汉语的"精"可指提炼出的精华和物质中最纯粹的部分。《說文解字·米部》："精，擇也。"段玉裁《說文解字注》解作"擇米也"。"精"本義爲"優質純淨的米"，由此引申出"純粹"、"純淨"義，如《字彙·米部》："凡物之純至者曰精。"化學元素的本質屬性特徵即最純粹不能再分之質，故以"精"表明元素的本質爲純一之質。① "蒙精"首見於《格物入門·化學入門》，用例如："以黑蒙（西音也）石 MnO_2，盛玻釜灌以鹽強水 HCl，炙火令其微熱，則氣上騰，養淡二氣相合成水，餘騰蒙精與鹽氣。"

3. 錳精

在以"錳"音譯化學元素源語詞 Manganese/mæŋgəniːz/之首音/mæŋ/的基礎上，添加表意語素"精"表明其爲純一之質。"錳精"首見於《化學初階》，該書卷三的《CHEMICAL TERMS 書名 俗名》對照表中以"錳"和"錳精"對應化學元素源語詞 Manganese，將"錳"歸入化學術語書名，"錳精"歸入化學術語俗名。

4. 䃣精

在以"䃣"音譯化學元素源語詞 Arsenic/ɑːsənik/之次音/sən/的基礎上，添加表意語素"精"表明其爲純一之質。"䃣精"首見於《化學初階》，用例如："論䃣，或産於地或合金類成物，製䃣精，以䃣₋養₌即信石和炭入爐封嚴煨之，待炭吸養氣而焚，䃣質可得。"

---

① 凡化學譯著中化學元素詞所含有的"精"均用於強調元素的本質爲純一之質，下文涉及時不再贅述。

4.2.2 意譯的化學元素詞

音譯側重於吸收源語詞的音，意譯則側重於吸收源語詞的義，即利用漢語固有的構詞材料和規則構成新詞表達外來的意義。根據意譯的具體情況可分爲兩類——純意譯和仿譯，二者的區別在於：純意譯與源語詞的命名理據無關，仿譯詞與源語詞的命名理據有關。就化學元素源語詞 Hydrogen 的翻譯而言，Hydrogen 一詞源於希臘語，由 hydro（水）和 genes（產生）構成，其命名理據爲"水的生成者"。根據 Hydrogen 的命名理據，利用漢語語素"水"和"母"① 對源語詞"hydro"和"genes"進行逐一翻譯形成化學元素詞"水母"，此爲仿譯。而漢語所譯"輕氣"一詞與 Hydrogen 的命名理據無關，是根據 Hydrogen 所指化學元素的特徵——質量最輕的氣體化學元素，選擇漢語語素"輕"與"氣"組合而成化學元素詞"輕氣"，此爲純意譯。

4.2.2.1 純意譯的化學元素詞

所謂純意譯的化學元素詞，主要是根據化學元素源語詞所指化學元素的特徵確定構詞理據，利用漢語固有的構詞材料創造的新詞。

1. 輕氣　輕　淡氣$_2$　淡$_2$

化學元素詞"輕氣"、"輕"、"淡氣$_2$"、"淡$_2$"是對化學元素源語詞 Hydrogen 的純意譯。

化學元素源語詞 Hydrogen 所指的化學元素是質量最輕的氣體化學元素，在近代化學譯著中有相應的說明："其質爲最輕。"② 又"輕，各原質中以是爲最輕。"③ 又"因其較各氣皆輕，故名之曰輕氣。"④ 漢語的"輕"有重量小的意思，譯作漢語時，根據該元素的特徵以漢語語素"輕"與"氣"組合成"輕氣"一詞，其中"輕"表元素特性，"氣"表元素類別。化學元素詞"輕"爲"輕氣"一詞的縮略。

化學譯著中，"輕氣"首見於《博物新編》，用例如："輕氣生於水中，

---

① 漢語"母"有能產生它物者之義，下文分析時再作詳細說明。

② ［英］合信：《博物新編》，墨海書館，1855 年。

③ ［英］韋而司著，［美］嘉約翰、何了然譯：《化學初階》，廣州博濟醫局，1870 年。

④ ［法］馬拉古蒂著，［法］畢利幹譯：《化學指南》，京師同文館，1873 年。

色味俱無，不能生養人物，試之以火有熱而無光，其質爲最輕。""輕"首見於《化學初階》，用例如："輕，各原質中以是爲最輕。"

化學元素源語詞 Hydrogen 所指的化學元素具有無色、無味、無嗅的特徵，如譯著所言"色味俱無"①、"無色無臭"②。漢語"淡"有味不濃、顏色淺的意思，譯作漢語時，根據該元素的特徵以漢語語素"淡"與"氣"組合成"淡氣$_2$"一詞，其中"淡"表元素特性，"氣"表元素類別。化學元素詞"淡$_2$"爲"淡氣$_2$"一詞的縮略。

化學譯著中，"淡氣$_2$"首見於《格物入門·化學入門》，用例如："淡氣，亦原行也。……蓋與養氣相合成水也，草木禽獸之體，各既含水，即亦包函淡氣，西方稱之爲水母，既無色無臭且爲氣類之最輕者。""淡$_2$"首見於《格物入門·化學入門》，用例如："原質各種之爲多寡何如？有常見者，有罕見者。……其常見最多者，不過十數種，如四氣即養、淡、硝、鹽之氣也。"

2. 養氣 生氣 養

化學元素詞"養氣"、"生氣"、"養"是對化學元素源語詞 Oxygen 的純意譯。

化學元素源語詞 Oxygen 所指的化學元素是人和動植物呼吸所必需的一種氣體元素，如果無此元素，那麼一切生命都無法維持。如譯著所言："養氣者，中有養物，人畜皆賴以活其命。"③ 又"萬物中要物也，風水火均賴以生，人物均賴以呼吸，其故名養氣。"④ 漢語中"養"與"生"都有長養生物的意思，譯作漢語時，根據該元素的特徵以漢語語素"養"、"生"分別與"氣"組合成化學元素詞"養氣"和"生氣"，其中"養"、"生"表元素特性，"氣"表元素類別。化學元素詞"養"是"養氣"一詞的縮略。

化學譯著中，"養氣"、"生氣"首見於《博物新編》，用例如："養氣者，中有養物，人畜皆賴以活其命，無味無色，而性甚濃，火藉之而光，血得之而赤，乃生氣中之尤物。""養"首見於《格物入門·化學入門》，用例

---

① ［英］合信：《博物新編》，墨海書館，1855 年。
② ［美］丁韙良：《格物入門·化學入門》，京師同文館，1868 年。
③ ［英］合信：《博物新編》，墨海書館，1855 年。
④ ［美］丁韙良：《格物入門·化學入門》，京師同文館，1868 年。

如："原質各種之爲多寡何如？有常見者，有罕見者。……其常見最多者，不過十數種，如四氣即養、淡、硝、鹽之氣也。"

3. 淡氣₁　淡₁

化學元素詞"淡氣₁"、"淡₁"是對化學元素源語詞 Nitrogen 的純意譯。

化學元素源語詞 Nitrogen 所指的化學元素與化學元素源語詞 Oxygen 所指化學元素"養生"與"養火"的特性恰恰相反，該元素"功不足以養生，力不足以燒火"，如譯著所言"淡然無用"①。譯作漢語時，根據該元素的特徵以漢語語素"淡"與"氣"組合成"淡氣₁"一詞，其中"淡"表元素特性，"氣"表元素類別。化學元素詞"淡₁"爲"淡氣₁"一詞的縮略。

化學譯著中，"淡氣₁"首見於《博物新編》，用例如："淡氣者，淡然無用，所以調淡生氣之濃者也，功不足以養生，力不足以燒火。""淡₁"首見於《格物入門·化學入門》，用例如："原質各種之爲多寡何如？有常見者，有罕見者。……其常見最多者，不過十數種，如四氣即養、淡、硝、鹽之氣也。"

4. 鹽氣

化學元素詞"鹽氣"是對化學元素源語詞 Chlorine 的純意譯。

化學元素源語詞 Chlorine 所指的化學元素是一種可以生成鹽的氣體化學元素，譯作漢語時，根據該元素的特徵以漢語語素"鹽"與"氣"組合成"鹽氣"一詞，其中"鹽"表元素具有能够生成鹽的特性，"氣"表元素類別。

化學譯著中，"鹽氣"首見於《格物入門·化學入門》，用例如："鹽氣何物？與鹽精相合成鹽，與土類攪和者居多，草木生物之體質，亦胥含之，其色綠，故又名綠氣。"

5. 砂精　砂

化學元素詞"砂精"、"砂"是對化學元素源語詞 Silicon 的純意譯。

化學元素源語詞 Silicon 所指的化學元素是一種可以從砂土中提取出的化學元素，如譯著所言"砂土之精"②。漢語"砂"有砂土的意思。譯作漢

---

① ［英］合信：《博物新編》，墨海書館，1855 年。
② ［法］馬拉古蒂著，［法］畢利幹譯：《化學指南》，京師同文館，1873 年。

語時，根據該元素的特徵以漢語語素"砂"與"精"組合成化學元素詞"砂精"，其中"砂"表元素來源特徵，"精"強調元素爲純一之質。化學元素詞"砂"是"砂精"一詞的縮略。

化學譯著中，"砂精"、"砂"首見於《化學指南》，用例如："砂精，即砂土之精。"又"砂質之形性並重若何？此質於養氣中煅煉，無論受若干度熱力，不能焚着，亦不能與養氣相合成物。"

6. 海藍

化學元素詞"海藍"是對化學元素源語詞 Iodine 的純意譯。

化學元素源語詞 Iodine 所指的化學元素多存於海裏的物質，該元素升華爲氣體時呈紫藍色。譯作漢語時，根據該元素的特徵以漢語語素"海"與"藍"組合成化學元素詞"海藍"，其中"海"表元素的來源特徵，"藍"表元素的顏色特徵。

化學譯著中，"海藍"首見於《格物入門·化學入門》，用例如："海藍何物？海草海茸有之，鱗介亦有之，泉水亦間有之，色黑如鉛，氣現紫藍。"

7. 石精

化學元素詞"石精"是對化學元素源語詞 Calcium 的純意譯。

化學元素源語詞 Calcium 所指的化學元素可生成石，譯作漢語時，根據該元素的特徵以漢語語素"石"與"精"組合成化學元素詞"石精"，其中"石"表元素具有能够生成石的特性，"精"強調元素爲純一之質。

化學譯著中，"石精"首見於《格物入門·化學入門》，用例如："石精何物？與養氣相合成石灰，石灰與炭氣相合成漢白玉等石。"

8. 膠泥精

化學元素詞"膠泥精"是對化學元素源語詞 Aluminium 的純意譯。

化學元素源語詞 Aluminium 所指的化學元素可從膠泥中提取，因"膠泥處有之"①。譯作漢語時，根據該元素的特徵以"膠泥"與"精"組合成化學元素詞"膠泥精"，其中"膠泥"表元素來源特徵，"精"強調元素爲純一之質。

---

① ［美］丁韙良：《格物入門·化學入門》，京師同文館，1868 年。

160

化學譯著中，"膠泥精"首見於《西學啓蒙·化學啓蒙》，用例如："膠泥精，或謂礬精，即白礬分出之精，西名曰阿祿迷年，許多石中有此類金，膠泥處有之。"

9. 信石 砒 信石原質

化學元素詞"信石"、"信石原質"、"砒"是對化學元素源語詞 Arsenic 的純意譯。

化學元素源語詞 Arsenic 所指的化學元素"由信石中分出"①，該元素可以從信石中提取，信石又名砒霜或砒。《集韻·齊韻》："砒，藥石。"《篇海類編·地理類》："砒，石藥，砒霜也。"《本草綱目·石部》："生者名砒黃，煉者名砒霜。砒，性猛如貔，故名。惟出信州，故人呼爲信石。"根據該元素的來源特徵以"信石"和"砒"意譯化學元素源語詞 Arsenic。"信石原質"是以"信石"與"原質"組合而成，"原質"② 用以強調該詞所指稱的是化學元素。

化學譯著中，"信石"首見於《格物入門·化學入門》，用例如："信石何物？俗名砒霜，煉得其精，爲金屬，其色潔白，惟易生繡，熱之直化爲氣，不能化水如他金。"又《格物入門·化學入門》中《原行總目》中以"信石"對應 Arsenic（砷）。"信石原質"首見於《化學初階》，該書卷三的《CHEMICAL TERMS 書名 俗名》對照表中以"𨭂"和"信石原質"對應化學元素源語詞 Arsenic，將"𨭂"歸入化學術語書名，"信石原質"歸入化學術語俗名。"砒"首見於《化學新編》，用例如："𨭂之一質在他書有曰鉮、或砒者，因有性與燐相若，故列於燐後，且有非金類性，因其引電傳熱發光，故亦可爲金類，總之此質可列於金類非金類之間。燒時有蒜臭，此質純者甚少，多與鈷相雜。"

10. 硬鉛

化學元素詞"硬鉛"是對化學元素源語詞 Plumbum 的純意譯。

化學元素源語詞 Plumbum 所指的化學元素"性重"③，譯作漢語時，根

---

① ［美］丁韙良：《格物入門·化學入門》，京師同文館，1868 年。

② "原質"即今用詞"元素"。

③ ［英］羅斯古著，［美］林樂知、鄭昌棪譯：《格致啓蒙·化學啓蒙》，江南製造局，1879 年。

據該元素的特徵以漢語語素 "硬" 與 "鉛" 組合成化學元素詞 "硬鉛"，其中 "硬" 表元素的質地特徵。

化學譯著中，"硬鉛" 首見於《格物啓蒙·化學啓蒙》："鉛，西謂之硬鉛，鉛性重，有藍色，易鎔易鑽，不與空氣中之養氣相合，故不生鏽，用處甚廣。"

11. 軟鉛

化學元素詞 "軟鉛" 是對化學元素源語詞 Stannum 的純意譯。

化學元素源語詞 Stannum 所指的化學元素 "質不甚硬"①。譯作漢語時，根據該元素的特徵以漢語語素 "軟" 與 "鉛"② 組合成化學元素詞 "軟鉛"，其中 "軟" 表元素的質地特徵。

化學譯著中，"軟鉛" 首見於《格致啓蒙·化學啓蒙》："錫即軟鉛。"

12. 白鉛

化學元素詞 "白鉛" 是對化學元素源語詞 Zinc 的純意譯。

化學元素源語詞 Zinc 所指的化學元素，漢語古稱 "倭鉛"，因其色白，譯作漢語時，根據該元素的特徵以漢語語素 "白" 與 "鉛" 組合成化學元素詞 "白鉛"，其中 "白" 表元素的顏色特徵。

化學譯著中，"白鉛" 首見於《化學鑒原》："惟 '白鉛' 一物，亦名 '倭鉛'。……名從雙字不宜用於雜質，故譯西音作 '鋅'。" 又《格致啓蒙·化學啓蒙》："鋅即白鉛。"

13. 白金

化學元素詞 "白金" 是對化學元素源語詞 Platinum 的純意譯。

化學元素源語詞 Platinum 所指的化學元素 "貴與金等"③，質性 "似金其色白"④，譯作漢語時，根據該元素的特徵以漢語語素 "白" 與 "金" 組合成化學元素詞 "白金"，其中 "白" 表元素的顏色特徵， "金" 表元素 "貴與金等" 的特性。

---

① ［英］韋而司著，［美］嘉約翰、何了然譯：《化學初階》，廣州博濟醫局，1870 年。
② 對應化學元素源語詞 Stannum 的今用漢語化學元素詞是 "錫"，該詞漢語古已有之。漢語 "鉛" 古時亦指錫類，如《廣韻·仙韻》："鉛，錫之類也。"
③ ［美］丁韙良：《格物入門·化學入門》，京師同文館，1868 年。
④ ［法］馬拉古蒂著，［法］畢利幹譯：《化學指南》，京師同文館，1873 年。

化學譯著中，"白金"首見於《格物入門·化學入門》，用例如："白金何物？其白如銀，貴與金等，質堅難化。"

14. 光藥

化學元素詞"光藥"是對化學元素源語詞 Phosphorus 的純意譯。

化學元素源語詞 Phosphorus 所指的化學元素"白晝生煙，黑夜發光"[1]，易與氧化合並且"必致出火，其焰熱極而明"[2]，根據該元素的特徵以漢語語素"光"與"藥"組合成化學元素詞"光藥"，其中"光"與"藥"表元素的特性。

化學譯著中，"光藥"首見於《格物入門·化學入門》："光藥何物？與石類土類相合，地中有之，動植含之，與石灰相合者成骨，其體如蜜蠟，最愛養氣，非沈藏水底，必致出火，其焰熱極而明，故名光藥。"

4.2.2.2 仿譯的化學元素詞

所謂仿譯的化學元素詞，是根據化學元素源語詞的命名理據，利用漢語固有的構詞材料創造的新詞。按照仿譯的具體情況將其分爲兩類：一爲純仿譯的化學元素詞，是完全根據化學元素源語詞的命名理據，利用漢語固有的構詞材料對化學元素源語詞翻譯而形成的詞；二爲仿譯加表意語素形成的化學元素詞，是在仿譯化學元素源語詞的基礎上添加表意語素而形成的，表意語素是漢語在創造吸收外來詞時爲了表意的清晰化而綴加的。

1. 純仿譯的化學元素詞

1）水母

化學元素詞"水母"是對化學元素源語詞 Hydrogen 的純仿譯。

化學元素源語詞 Hydrogen 源於希臘語，由 hydro（水）和 genes（產生）構成，理據義爲"水的生成者"。漢語"母"有能產生它物者之義，如漢·焦贛《易林·履之姤》："重伯黃寶，宜以我市，嫁娶有息，利得過母。"《通志·六書二》："序曰：象形、指事，文也；會意，字也。文合而成字。文有子母，母主義，子主聲，一子一母爲諧聲。"唐蘭《中國文字學·前論》："以獨體爲文，合體爲字，立三百三十母爲形之主，八百七十子爲聲

---

① ［法］馬拉古蒂著，［法］畢利幹譯：《化學指南》，京師同文館，1873 年。
② ［美］丁韙良：《格物入門·化學入門》，京師同文館，1868 年。

之主，合千二百文，成無窮之字。"① 譯作漢語時，按照化學元素源語詞 Hy-
drogen 的構詞理據與方式，以"水"與"母"逐一翻譯"hydro"與
"genes"從而形成化學元素詞"水母"。

化學譯著中，"水母"首見於《格物入門·化學入門》，用例如："淡
氣，亦原行也。……蓋與養氣相合成水也，草木禽獸之體，各既含水，即亦
包函淡氣，西方稱之爲水母，既無色無臭且爲氣類之最輕者。"

2）酸母

化學元素詞"酸母"是對化學元素源語詞 Oxygen 的純仿譯。

化學元素源語詞 Oxygen 源於希臘語，由 oxys（酸）和 genes（產生）
構成，理據義爲"酸的生成者"。譯作漢語時，按照化學元素源語詞 Oxygen
的構詞理據與方式，以"酸"與"母"逐一翻譯"oxys"與"genes"從而
形成化學元素詞"酸母"。

化學譯著中，"酸母"首見於《化學鑒原》，用例如："前九十六年，英
國教士，名布里司德里考得養氣之質。其明年，瑞國習化學者名西里，法國
習化學者名拉夫西愛二人未知前人已知此氣，乃各自考驗，不謀而合，拉夫
西愛命名譯曰酸母（養氣），意以爲各物之酸皆由是生也。"

3）硝母

化學元素詞"硝母"是對化學元素源語詞 Nitrogen 的純仿譯。

化學元素源語詞 Nitrogen 源於希臘語，由 nitre（硝石）和 genes（產
生）構成，理據義爲"硝石的生成者"。漢語"硝"有硝石義。《正字通·
石部》："硝，藥石也。方書硝七種：樸硝力緊。芒硝、英硝、馬牙硝力緩。
硝石、風化硝、鉉明粉更緩。"譯作漢語時，按照化學元素源語詞 Nitrogen
的構詞理據與方式，以"硝"與"母"逐一翻譯"nitre"與"genes"從而
形成化學元素詞"硝母"。

化學譯著中，"硝母"首見於《化學鑒原》，用例如："淡氣根源，前九
十八年，英國人如脫福特考得此氣其命名之意，譯爲硝母。"

以上幾組化學元素詞是嚴格依照化學元素源語詞的構詞理據與方式，利
用漢語固有的構詞語素對應化學元素源語詞逐一地進行翻譯而創造的新詞。

---

① 唐蘭：《中國文字學》，上海古籍出版社，2001年。20頁

4）綠

化學元素詞"綠"是對化學元素源語詞 Chlorine 的純仿譯。

化學元素源語詞 Chlorine 源自希臘語 chloros（綠色），其命名理據是綠色。譯作漢語時選擇"綠"，取其綠色義，使之與化學元素源語詞 Chlorine 的命名理據形成關聯，在此基礎上賦予"綠"新的化學元素意義。

化學譯著中，"綠"首見於《格物入門·化學入門》，用例如："綠，即鹽氣也，以其色綠又名綠氣。"

5）硼

化學元素詞"硼"是對化學元素源語詞 Boron 的純仿譯。

化學元素源語詞 Boron 源自希臘語 borax（硼砂），其命名理據是硼砂。漢語詞"硼"有硼砂義，《康熙字典·石部》釋"硼"爲："硼砂，藥石。"化學元素源語詞 Boron 譯作漢語時選擇"硼"，取其硼砂義，使之與化學元素源語詞 Boron 的命名理據形成關聯，在此基礎上賦予"硼"新的化學元素意義。

化學譯著中，"硼"首見於《博物新編》，用例如："論硼，此質恒與養相合而爲硼_養_酸。此硼酸地面甚少，硼酸合鏀養，即硼砂也。"

6）炭

化學元素詞"炭"是對化學元素源語詞 Carbon 的純仿譯。

化學元素源語詞 Carbon 源自拉丁語 Carbo（木炭），其命名理據是木炭。漢語詞"炭"有木炭義，《說文解字·火部》："炭，燒木餘也。"《禮記·月令》："草木黃落，乃伐薪爲炭。"晉·葛洪《抱樸子·至理》："柞栩，速朽者也，而燔之爲炭，則可億載而不敗焉。"化學元素源語詞 Carbon 譯作漢語時選擇"炭"，取其木炭義，使之與化學元素源語詞 Carbon 的命名理據形成關聯，在此基礎上賦予"炭"新的化學元素意義。

化學譯著中，"炭"首見於《博物新編》，用例如："炭者何，煙煤之質，火爐之餘，氣之最毒者也，究其所自來，乃養氣經用之後，混毒氣於其中，實養氣之無精英者，其質爲最重，重於生氣三數倍。"

7）玻

化學元素詞"玻"是對化學元素源語詞 Silicon 的純仿譯。

化學元素源語詞 Silicon 源自拉丁語 Silex（石英玻璃），其命名理據是石英玻璃。漢語詞"玻"有玻璃義，如《玉篇·玉部》："玻，玻瓈，玉也。"《正字通·玉部》："玻，玻瓈，一名水玉。瑩如水，堅如玉，碾開有兩點者爲真。"明·李時珍《本草綱目》："'玻璃'本作'頗黎'。頗黎，國名也。其瑩如水，其堅如玉，故名水玉，與水精同名。"又"水精，瑩澈晶光，如水之精英，會意也。《山海經》謂之水玉，《廣雅》謂之石英。"化學元素源語詞 Silicon 譯作漢語時選擇"玻"，取其玻璃義，使之與化學元素源語詞 Silicon 的命名理據形成關聯，在此基礎上賦予"玻"新的化學元素意義。

化學譯著中，"玻"首見於《化學初階》，用例如："論玻，水晶淨者，實止玻質，地球各堅物，多此玻質合成，世間各石，若非鈻質所合，即屬玻質矣。"

8）滷

化學元素詞"滷"是對化學元素源語詞 Magnesium 的純仿譯。

化學元素源語詞 Magnesium 源自希臘語 Magnesia（苦土），其命名理據是苦土。漢語詞"滷"有苦地之義，如《爾雅·鹵部》："滷，苦地也。"《元史·河渠志二》："自孟津以東，土性疏薄，兼帶沙滷。"化學元素源語詞 Magnesium 譯作漢語時選擇"滷"，取其苦地義，使之與化學元素源語詞 Magnesium 的命名理據形成關聯，在此基礎上賦予"滷"新的化學元素意義。

化學譯著中，"滷"首見於《西學啓蒙·化學啓蒙》，用例如："化學家謂爲滷，即滷水中分出屬金之一類。"

9）燐

化學元素詞"燐"是對化學元素源語詞 Phosphorus 的純仿譯。

化學元素源語詞 Phosphorus 源自希臘語，由 phos（光）和 phero（帶來）構成，其命名理據是發光物。漢語詞"燐"有鬼火義，如《集韻·稕韻》："粦，《說文》：'兵死及牛馬之血爲粦。粦，鬼火也。'或作燐。"化學元素源語詞 Phosphorus 譯作漢語時選擇"燐"，取其鬼火義，使之與化學元素源語詞 Phosphorus 的命名理據形成關聯，在此基礎上賦予"燐"新的化學元素意義。

化學譯著中，"燐"首見於《博物新編》，用例如："夫光之爲物，最爲微薄，其源有六，一曰日光、二曰火光、三曰燐光、四曰鹹汐光、五曰蟲光、六曰電光，六光以火日爲正光。"又"燐光，凡叢葬塚累之地，與林木除濕之藪，黑夜每出燐光，華人謂爲鬼火，其實惡有鬼哉。不過腐尸霉藥，受日熱蒸漚，化腐爲氣而然耳（此乃自焚之氣日間有人自不見耳）其爲色也，青綠而慘，照人照物，皆作淡金色有一顆鱗鱗，散爲千百顆者，有長聲諼諼渾如松下風者，亦足駭人耳目。"又《化學初階》："康熙七年間日耳曼人因煉點金術於人尿中偶煉得此物，燐質獨在者惟覼，動植物沙石圻，皆函之，禾麥田中具此質。"

以上幾組化學元素詞是按照化學元素源語詞的理據義，選取具有該意義的漢語詞，使之與化學元素源語詞的命名理據建立關聯，爲漢語固有詞賦予新的化學元素意義而形成新詞。

2. 仿譯加表意語素形成的化學元素詞

1）炭精 炭質

化學元素詞"炭精"與"炭質"是在以"炭"仿譯化學元素源語詞 Carbon 的基礎上，添加表意語素"精"和"質"而形成。"精"用以強調元素是純一之質，"質"有物類的本體、事物的根本的意思，用以強調其元素的性質——構成物質的基本原料。

化學譯著中，"炭精"首見於《格物入門·化學入門》，用例如："炭精何物？五行之木也，上與養硝二氣相摻爲風，下與土類相和成石成煤，在田野成草木，此炭精也，乃萬物所不可離者。其純者何如？其形有三，金剛鑽一也，筆鉛二也，木炭三也。""炭質"首見於《化學初階》，該書卷三的《CHEMICAL TERMS 書名 俗名》對照表中以"炭"和"炭質"對應化學元素源語詞 Carbon，將"炭"歸入化學術語書名，"炭質"歸入化學術語俗名。

2）硼精

化學元素詞"硼精"是在以"硼"仿譯化學元素源語詞 Boron 的基礎上，添加表意語素"精"而形成，"精"用以強調元素是純一之質。

化學譯著中，"硼精"首見於《格物入門·化學入門》，用例如："硼精何物？與鹻相合成硼砂，與養氣相合成硼強水，冷則凝如鹽顆，因其能化鐵繡故可作銲藥。"

3）玻精

化學元素詞"玻精"是在以"玻"仿譯化學元素源語詞 Silicon 的基礎

上，添加表意語素“精”而形成，“精”用以強調元素是純一之質。

化學譯著中，“玻精”首見於《格物入門·化學入門》，用例如：“玻精何物？與土類相合成火石成堅砂，此物在土，如炭精之於木。”

4）滷精

化學元素詞“滷精”是在以“滷”仿譯化學元素源語詞 Magnesium 的基礎上，添加表意語素“精”而形成，“精”用以強調元素是純一之質。

化學譯著中，“滷精”首見於《西學啓蒙·化學啓蒙》，用例如：“金類原質：鐵、白礬精、石灰精、滷精、城精、木灰精、銅、倭鉛、錫、鉛、水銀、銀、金。”

5）水母氣

化學元素詞“水母氣”是在以“水母”仿譯化學元素源語詞 Hydrogen 的基礎上，添加表意語素“氣”而形成，“氣”用以表明元素的類別。

化學譯著中，“水母氣”首見於《博物新編》，用例如：“輕氣，又名水母氣。輕氣生於水中，色味俱無，不能生養人物，試之以火有熱而無光，其質爲最輕。”

6）硝氣 硝

化學元素詞“硝氣”是在以“硝”仿譯化學元素源語詞 Nitrogen 的基礎上，添加表意語素“氣”而形成，“氣”用以表明元素的類別。化學元素詞“硝”爲“硝氣”一詞的縮略。

化學譯著中，“硝氣”首見於《格物入門·化學入門》，用例如：“與養氣和而生風，按其分量，硝氣爲十分之八，故宇内硝氣之多，惟次於養淡二氣。……草木之體質、人物之骨肉，皆含此氣，碌炭金石等類，其中亦有之，然不如硝之多，因硝而生故名硝氣。”“硝”首見於《格物入門·化學入門》，用例如：“原質各種之爲多寡何如？有常見者，有罕見者，不能以一物兼也，故二行合成者有之，三行合成者有之，既一二十種合成者亦有之，其常見最多者，不過十數種，如四氣即養、淡、硝、鹽之氣也，五金、硫磺、光藥、炭精、石精互相配合化生水、風、草、木、沙、石等類。”

7）石灰精

化學元素源語詞 Calcium 源自拉丁語 calx，意爲石灰，“石灰精”是在以“石灰”仿譯化學元素源語詞 Calcium 的基礎上，添加表意語素“精”

而形成，"精"用以強調元素是純一之質。

化學譯著中，"石灰精"首見於《西學啓蒙·化學啓蒙》，用例如："石灰精，西語曰嘎里先。……其與他物合成者甚多，石灰即石灰精與養氣相合之物，凡漢白玉石、石灰石、瑪瑙……俱石灰精與養氣相合之物。"

8）綠氣　綠精

化學元素詞"綠氣"與"綠精"是在以"綠"仿譯化學元素源語詞Chlorine的基礎上，添加表意語素"氣"和"精"而形成，"氣"用以表明元素的類別，"精"用以強調元素是純一之質。

化學譯著中，"綠氣"首見於《格物入門·化學入門》，用例如："綠，即鹽氣也，以其色綠又名綠氣。""綠精"首見於《西學啓蒙·化學啓蒙》，用例如："非金類原質：養氣、輕氣、硝氣、炭精、綠精、硫磺、光藥、砂精。"

9）灰精　木灰精

化學元素源語詞Potassium源自potash，意爲木灰鹼，理據義是"含在木灰中的鹼"，在以"灰"、"木灰"仿譯化學元素源語詞的基礎上，添加表意語素"精"，形成化學元素詞"灰精"與"木灰精"，"精"用以強調元素是純一之質。

化學譯著中，"灰精"首見於《格物入門·化學入門》，用例如："灰精，木灰之精也。灰精何物？亦金屬也，其與養氣相合者，藏於土石，土有此則肥，無此則瘠，草木賴之以生。木灰中有之，因其出於灰，故名灰精。""木灰精"首見於《西學啓蒙·化學啓蒙》，用例如：鉥，即木灰精……西語名波大寫母，意即木灰中分出之金也。"

10）鹼精　城精

化學元素源語詞Natrium源自阿拉伯語natrum，意爲鹼，譯作漢語時，在以"鹼"、"城"仿譯化學元素源語詞的基礎上，添加表意語素"精"形成化學元素詞"鹼精"和"城精"，"精"用以強調元素是純一之質。

化學譯著中，"鹼精"首見於《格物入門·化學入門》，用例如："鹼精何物？與綠氣相合成鹽，與土石攪和者有之，草木體中有之。""城精"首見於《西學啓蒙·化學啓蒙》，用例如："夫城精之爲物也，原與人目所常見之金銀銅鐵各金類，有格外之不同。"

11）礬精　白礬精

化學元素源語詞 Aluminium 源自 alumen，意爲有收斂性的礬，譯作漢語時，在以“礬”、“白礬”仿譯化學元素源語詞的基礎上，添加表意語素“精”形成化學元素詞“礬精”和“白礬精”，“精”用以強調元素是純一之質。

化學譯著中，“礬精”與“白礬精”首見於《西學啓蒙・化學啓蒙》，用例如：“膠泥精，或謂礬精，即白礬分出之精，西名曰阿祿迷年，許多石中有此類金，膠泥處有之。”又“金類原質，鐵、白礬精、石灰精、滷精、堿精、木灰精、銅、倭鉛、錫、鉛、水銀、銀、金。”

12）小銀

化學元素源語詞 Platine 源自西班牙語 Platina（銀），其理據義是“銀”，化學元素源語詞 Platine 所指的化學元素雖像銀但畢竟不是銀，因而在以“銀”仿譯的基礎上添加表意語素“小”以區別於銀。

化學譯著中，“小銀”首見於《化學指南》，用例如：“論鉑，百年以前尚未查出此金，後在亞美利加查出，名曰小銀。尚無鎔煉之法，經化學家體其性情，始得鎔化之方，乃以之作器具，此金生產不易。”

4.3 特殊的新造化學元素詞

這一類化學元素詞較爲特殊，主要是根據化學元素源語詞所指化學元素的特徵，選取漢語固有字作爲化學元素字的構件，以造會意字或形聲字的方式達到造化學元素詞的目的。這是化學元素詞形成的一種特殊方式——字詞同造，即化學元素字與化學元素詞的創造是同步完成的。

4.3.1《化學指南》中特殊的新造化學元素詞

《化學指南・卷一・凡例》中明確指出：“其在中國有名者，仍用華名，即不必另造名目，至如硫磺、黑鉛等質，係二字合成名者，即撿其有實意之字爲名，即如硫磺以磺爲名，黑鉛以鉛爲名。至中國未見之原質，命名尤難，今或達其意，或究其源，或本其性，或辨其色，將數字湊成一字爲名，雖字畫似出於造作，然讀者誠能詳其用意之所在，庶免辛羊亥豕之誤。在西學原質總分有二，一金類、一非金類，今以金字偏旁特別金類，以石字偏旁特別非金類，有此金石二偏旁之分，不致顛倒錯訛。雖其中未盡如此，然如此者居多，再原質有按其形性不能命名者，即撿其與他質相合，於形色性之最顯著者命名。"① 由此可知，《化學指南》中的新造化學元素詞是根據化學元素源語詞所指的化學元素的來源、性質、顏色等特徵——"或達其意，或究其源，或本其性，或辨其色"，在選取漢語固有字爲構件拼合新會意字的同時創造新詞——"將數字湊成一字爲名"，即化學元素字與化學元素詞的創造是同步完成的。

4.3.1.1 "究其源" 命名的化學元素詞

所謂 "究其源" 命名的化學元素詞，是以化學元素源語詞所指的化學元素的來源爲命名理據，以選取漢語固有字爲構件拼合新會意字的方式造新詞。

1. 硴

化學元素詞 "硴" 是以化學元素源語詞 Arsenic 所指的化學元素的來源——"由信石中分出" 爲命名理據，以選取漢語固有字 "石" 與 "信" 爲構件拼合新會意字 "硴" 的方式造新詞。

"硴" 首見於《化學指南》："硴，係由信石中分出者故名。" 又 "硴之形色性情何如？色黑亮有楞，最易騰散。"

2. 鍼

化學元素詞 "鍼" 是以化學元素源語詞 Sodium 所指的化學元素的來源——"城中分出之金" 爲命名理據，以選取漢語固有字 "金" 與 "城" 爲構件拼合新會意字 "鍼" 的方式造新詞。

"鍼" 首見於《化學指南》："鍼，城中分出之金。" 又 "鍼之性情若何？體軟似鉛。"

3. 鈥

化學元素詞 "鈥" 是以化學元素源語詞 Calcium 所指的化學元素的來源——"石灰中分出之金" 爲命名理據，以選取漢語固有字 "金" 與

---

① ［法］馬拉古蒂著，［法］畢利幹譯：《化學指南》，京師同文館，1873 年。

"石"、"灰"爲構件拼合新會意字"鍬"的方式造新詞。

"鍬"首見於《化學指南》："鍬，石灰中分出之金。"又"鍬之性情何如？此質狀似金類，色黃體亮而柔軟。"

4. 鑮

化學元素詞"鑮"是以化學元素源語詞 Aluminium 所指的化學元素的來源——"白礬中分出之金"爲命名理據，以選取漢語固有字"金"與"礬"爲構件拼合新會意字"鑮"的方式造新詞。

"鑮"首見於《化學指南》："鑮，白礬中分出之金。"又"鑮之性情何如？體光華者，色白微藍，性似銀。"

5. 鑶

化學元素詞"鑶"是以化學元素源語詞 Manganèse 所指的化學元素的來源——"無名異分出之金"爲命名理據，以選取漢語固有字"金"與"無"、"名"、"異"爲構件拼合新會意字"鑶"的方式造新詞。

"鑶"首見於《化學指南》："鑶之形色及其性情何如？此金色如生鐵，體脆而堅。"又"鑶，無名異分出之金。"

6. 鍾

化學元素詞"鍾"是以化學元素源語詞 Barium 所指的化學元素的來源——"由一種沉土煉出"爲命名理據，以選取漢語固有字"金"與"土"、"重"爲構件拼合新會意字"鍾"的方式造新詞。

"鍾"首見於《化學指南》："鍾，由一種沉土煉出。"又"鍾之性情及其用處何如？此質最易拆水，因其與養氣牽合之力大也。"

7. 鑭

化學元素詞"鑭"是以化學元素源語詞 Magnésium 所指的化學元素的來源——"滷水中分出之金"爲命名理據，以選取漢語固有字"金"與"滷"爲構件拼合新會意字"鑭"的方式造新詞。

"鑭"首見於《化學指南》："鑭，滷水中分出之金。"又"鑭之形色性情何如？此質色如銀。……體軟可錘成鑭葉。受熱至五百度，即鎔化，熱至鐵發白度，即化氣騰散。"

4.3.1.2 "本其性"命名的化學元素詞

所謂"本其性"命名的化學元素詞，是以化學元素源語詞所指的化學元素的性質爲命名理據，以選取漢語固有字爲構件拼合新會意字的方式造新詞。

1. 㴊 㴊氣

化學元素詞“㴊”是以化學元素源語詞 Fluor 所指的化學元素的性質——“是質能消剋物”爲命名理據，以選取漢語固有字“消”與“剋”爲構件拼合新會意字“㴊”的方式造新詞。化學元素詞“㴊氣”是在“㴊”的基礎上添加表意語素“氣”組合而成，“氣”用以強調元素的類屬。

“㴊”、“㴊氣”首見於《化學指南》：“㴊，因是質能消剋物故名。”又“㴊氣其性若何？因此質不易得，又無大用，故其性亦未之詳查。惟知此氣無色有味，……其性最強，凡至堅硬之物，皆能被其消剋。”

2. 㴊

化學元素詞“㴊”是以化學元素源語詞 Brome 所指的化學元素的性質——“其味臭係流質物”爲命名理據，以選取漢語固有字“水”與“歹”、“臭”爲構件拼合新會意字“㴊”的方式造新詞。

“㴊”首見於《化學指南》：“㴊，其味臭係流質物故名。”又“㴊之形色性情何如？此物係流質形，色深紅，味甚臭。”

3. 硄

化學元素詞“硄”是以化學元素源語詞 Phosphore 所指的化學元素的性質——“其有光發出”爲命名理據，以選取漢語固有字“石”與“光”爲構件拼合新會意字“硄”的方式造新詞。

“硄”首見於《化學指南》：“硄，因其有光發出故名。”又“硄即光藥。……此質白晝生煙，黑夜發光，蓋因其有光，故名之曰硄、曰光藥。”

4. 鑩

化學元素詞“鑩”是以化學元素源語詞 Osmium 所指的化學元素的性質——“此金化氣味惡而毒”爲命名理據，以選取漢語固有字“金”與“惡”爲構件拼合新會意字“鑩”的方式造新詞。

“鑩”首見於《化學指南》：“鑩，此金化氣味惡而毒。”又“論鑩，此金之形色及其性情何如？此金之性似碿，狀如鉑。”

4.3.1.3 “辨其色”命名的化學元素詞

所謂“辨其色”命名的化學元素詞，是以化學元素源語詞所指的化學元素的顏色爲命名理據，以選取漢語固有字爲構件拼合新會意字的方式造新詞。

1. 燦

化學元素詞“燦”是以化學元素源語詞 Iodé 所指的化學元素的顏色——“其氣色紫”爲命名理據，以選取漢語固有字“炎”與“紫”爲構件拼合新會意字“燦”的方式造新詞。

“燦”首見於《化學指南》：“燦，因其氣色紫故名。”又“論燦，其色深紫，易於變氣騰散，凡海水以及各種海菜，多含此質。”

2. 硴（硴）

化學元素詞“硴”是以化學元素源語詞 Tellure 所指的化學元素的顏色——“其色似地”爲命名理據，以選取漢語固有字“石”與“地”爲構件拼合新會意字“硴”（“硴”爲“硴”形體的簡省）的方式造新詞。

“硴”、“硴”首見於《化學指南》：“硴，因其色似地故名。”又“論硴，此質純產者最少，與金銀鈖銅雜生亦不多。”

3. 硝

化學元素詞“硝”是以化學元素源語詞 Sélénium 所指的化學元素的顏色——“其色似月”爲命名理據，以選取漢語固有字“石”與“月”爲構件拼合新會意字“硝”的方式造新詞。

“硝”首見於《化學指南》：“硝，因始得此物時見其色似月故名。”又“論硝，因其色似月故名。此質純淨者，世間罕有。”

4. 鑭

化學元素詞“鑭”是以化學元素源語詞 Strontium 所指的化學元素的顏色——“此金生藥燃着時苗紅色”爲命名理據，以選取漢語固有字“金”與“紅”、“苗”爲構件拼合新會意字“鑭”的方式造新詞。

“鑭”首見於《化學指南》：“鑭，此金生藥燃着時苗紅色。”又“論鑭，此質與相似，其體內不含水者，與水相感生大熱。”

4.3.1.4 “其與他質相合，於形色性之最顯著者”命名的化學元素詞

所謂“其與他質相合，於形色性之最顯著者”命名的化學元素詞，是以化學元素源語詞所指的化學元素的生成物的性質、顏色等爲命名理據，以選取漢語固有字爲構件拼合新會意字的方式造新詞。

174

1. 鉍

化學元素詞"鉍"是以化學元素源語詞 Bismuth 所指的化學元素的生成物的性質——"此金所生之鹽能作面粉"爲命名理據，以選取漢語固有字"金"與"粉"爲構件拼合新會意字"鉍"的方式造新詞。

"鉍"首見於《化學指南》："鉍，此金所生之鹽能作面粉。"又"鉍之形色性情何如？此金係銀灰色，微發紅，結立方形，而楞上生銹一層，故現虹色。"

2. 銻

化學元素詞"銻"是以化學元素源語詞 Antimoine 所指的化學元素的生成物的性質——"食此金所生之鹽即吐"爲命名理據，以選取漢語固有字"金"與"吐"爲構件拼合新會意字"銻"的方式造新詞。

"銻"首見於《化學指南》："銻，食此金所生之鹽即吐。"又"銻之形色及其性情何如？此質體亮，狀如銀。"

3. 鉗

化學元素詞"鉗"是以化學元素源語詞 Glucinium 所指的化學元素的生成物的性質——"此金所生之鹽其味甘"爲命名理據，以選取漢語固有字"金"與"甘"爲構件拼合新會意字"鉗"的方式造新詞。

"鉗"首見於《化學指南》："鉗，此金所生之鹽其味甘。"又"論鉗，……其性大半與同，難鎔化。"

4. 鉻

化學元素詞"鉻"是以化學元素源語詞 Chrome 所指的化學元素的生成物的顏色——"此金所生之鹽能生各種顏色"爲命名理據，以選取漢語固有字"金"與"生"、"色"爲構件拼合新會意字"鉻"的方式造新詞。

"鉻"首見於《化學指南》："鉻，此金所生之鹽能生各種顏色。"又"論鉻，……此質無用，結楞甚堅硬，不惟強酸等水不能消剋之，即王強水亦不能消剋之也。"

5. 錆

化學元素詞"錆"是以化學元素源語詞 Cobalt 所指的化學元素的生成物的顏色——"此金所生之鹽係天藍色"爲命名理據，以選取漢語固有字"金"與"青"爲構件拼合新會意字"錆"的方式造新詞。

"錯"首見於《化學指南》："錯，此金所生之鹽係天藍色。"又"論錯，此質之純淨者反無用處，與養氣相合者，有配藍色顏料之用。"

6. 鎳

化學元素詞"鎳"是以化學元素源語詞 Nickel 所指的化學元素的生成物的顏色——"此金所生之鹽係翠色"爲命名理據，以選取漢語固有字"金"與"翠"爲構件拼合新會意字"鎳"的方式造新詞。

"鎳"首見於《化學指南》："鎳，此金所生之鹽係翠色。"又"鎳之形色及其性情何如？此金能吸鐵，銀灰色，體甚脆。……鎳與養氣相合，共有幾種？有兩種，即……鎳養與鎳₂養₃二質，鎳養之色綠，可與強酸相合成鹽，其色大半仍綠。"

7. 銠

化學元素詞"銠"是以化學元素源語詞 Rhodium 所指的化學元素的生成物的顏色——"此金所生之鹽，其色丹"爲命名理據，以選取漢語固有字"金"與"丹"爲構件拼合新會意字"銠"的方式造新詞。

"銠"首見於《化學指南》："銠，此金所生之鹽，其色丹，故名。"又"論銠，此金所生之鹽，其色丹，故名。此金之形色及其性情何如？係銀灰色，體硬不易拔成絲。"

8. 銥

化學元素詞"銥"是以化學元素源語詞 Iridium 所指的化學元素的生成物的顏色——"此金所生之鹽其色若虹"爲命名理據，以選取漢語固有字"金"與"虹"爲構件拼合新會意字"銥"的方式造新詞。

"銥"首見於《化學指南》："銥，此金所生之鹽其色若虹。"又"銥，此金所成之鹽，其色似虹，故名。"

9. 鈾

化學元素詞"鈾"是以化學元素源語詞 Uranium 所指的化學元素的生成物的顏色——"此金所生之鹽多黃色"爲命名理據，以選取漢語固有字"金"與"黃"爲構件拼合新會意字"鈾"的方式造新詞。

"鈾"首見於《化學指南》："鈾，此金所生之鹽多黃色。"又"作鈾之法何如？作法係用鈾綠與鈉二質，置鉑碗內煅煉之，得一種灰色之面，再置食鹽下煅至極熱度，得一種黃色之金，體硬。"

176

10. 鈦

化學元素詞"鈦"是以化學元素源語詞 Titane 所指的化學元素的生成物的顏色——"此金與他質合產其色赤"爲命名理據，以選取漢語固有字"金"與"赤"爲構件拼合新會意字"鈦"的方式造新詞。

"鈦"首見於《化學指南》："鈦，此金與他質合產其色赤。"

11. 鑉

化學元素詞"鑉"是以化學元素源語詞 Cadmium 所指的化學元素的生成物的顏色和形態——"此金與鋅相似焚之則成黃霜"爲命名理據，以選取漢語固有字"金"與"霜"、"黃"爲構件拼合新會意字"鑉"的方式造新詞。

"鑉"首見於《化學指南》："鑉，此金與鋅相似焚之則成黃霜。"又"鑉之形色及其性情何如？其顏色不及錫白，體軟。"

4.3.1.5 "達其意"命名的化學元素詞

所謂"達其意"命名的化學元素詞，是按照化學元素源語詞的命名理據，以選取漢語固有字爲構件拼合新會意字的方式造新詞。

鉐$_2$

化學元素源語詞 Lithium 源自希臘語 lithos（石），其命名理據是石，據此，以選取漢語固有字"金"與"石"爲構件拼合新會意字"鉐"的方式造新詞。

"鉐$_2$"首見於《化學指南》："鉐，依希臘國語意名之。"又"鉐之性情形色何如？此質色如銀。"

4.3.1.6 其他

錣

化學元素詞"錣"是以化學元素源語詞 Zinc 對應的漢語化學元素本族詞"倭鉛"，以選取漢語固有字"倭"與"金"爲構件拼合新會意字的方式造新詞。

"錣"首見於《化學指南》："錣，即倭鉛。"又"錣之形色性情并用處何如？色白而發藍，體軟而有楞，較水重七倍。"

4.3.2《化學初階》和《西學啓蒙·化學啓蒙》中特殊的新造化學元素詞

《化學初階》和《西學啓蒙·化學啓蒙》中的這一類化學元素詞是根據

化學元素源語詞所指的化學元素的特徵，在選取漢語固有字爲構件拼合新形聲字的同時創造新詞。

1. 溴

化學元素詞"溴"是以化學元素源語詞 Bromine 所指的化學元素的"流質"類屬與"臭惡"氣味特徵爲命名理據，以選取漢語固有字"水"與"臭"爲構件拼合新形聲字"溴"的方式造新詞。形聲字"溴"的構形理據：以義符"水"表義即該元素的類屬——液體，以"臭"爲聲符示音兼表義。

"溴"首見於《化學初階》："論溴，道光六年間於鹹水中查得此質。……此物尋常天氣壓之，則爲流質，色紅極而近黑。……氣味與綠氣相仿而臭惡過之。"

2. 鈣$_1$

化學元素詞"鈣$_1$"是以化學元素源語詞 Calcium 所指的化學元素的來源——"各種石"爲命名理據，以選取漢語固有字"金"與"石"爲構件拼合新形聲字"鈣"的方式造新詞。形聲字"鈣"的構形理據：以義符"金"表義即該元素的類屬——金屬，以"石"爲聲符示音兼表義。

"鈣$_1$"首見於《化學初階》："論鈣，此質體輕色黃。……此原質在地球中爲要物而又賦成極多，即函在各種石及鈣養中也。"

3. 鉀

化學元素源語詞 Kalium 源自阿拉伯語 Kali（木灰鹻），其命名理據是木灰鹻，據此，以選取漢語固有字"金"與"灰"爲構件拼合新形聲字"鉀"的方式造新詞。形聲字"鉀"的構形理據：以義符"金"表義即該元素的類屬——金屬，以"灰"爲聲符示音兼表義。

"鉀"首見於《化學初階》："論鉀，此質於嘉慶十二年始查悉。……昔人以蛤利爲雜質，自查得此質。"

4. 鈉

化學元素源語詞 Sodium 源自 Soda（鹻），其命名理據是鹻，據此，以選取漢語固有字"金"與"鹵"爲構件拼合新形聲字"鈉"的方式造新詞。形聲字"鈉"的構形理據：以義符"金"表義即該元素的類屬——金屬，以“鹵”爲聲符示音兼表義。[①]

“鎘”首見於《化學初階》：“論鎘，即蘇地菴。……此質合別質成雜質者，在地面及鹹洋皆有。”

5. 鋁[2]

化學元素源語詞 Aluminium 源自 alumen（收斂性的礬），其命名理據是礬，據此，以選取漢語固有字“金”與“凡”爲構件拼合新形聲字“鋁”的方式造新詞。形聲字“鋁”的構形理據：以義符“金”表義即該元素的類屬——金屬，以“凡”爲聲符示音兼表義。[②]

“鋁[2]”首見於《化學初階》：“論鋁，道光七年始查悉此質。……色白如銀而硬，其質外觀似等金重，實比玻璃尤輕，與養氣相處不發銹，露放天氣中亦然。……鋁質狀如錫而體輕。”

6. 鈣

化學元素源語詞 Calcium 源自拉丁語 calx（石灰），其命名理據是石灰，據此，以選取漢語固有字“石”與“灰”爲構件拼合新形聲字“鈣”的方式造新詞。形聲字“鈣”的構形理據：以義符“石”表義即該元素的類屬——固体非金屬，以“灰”爲聲符示音兼表義。

“鈣”首見於《西學啓蒙·化學啓蒙》：“鈣，即石灰精。”

---

① 鹵有鹹義，如《說文解字·鹵部》：“鹵，西方鹹地也。”
② “凡”即“矾”之省。

5章 化學元素詞的演變及規律

5.1 化學元素詞的演變

5.1.1 近代化學譯著中化學元素詞的初創與沿用

唯物辯證法認爲，内容和形式是辯證統一的，同一形式可以容納或表現不同的内容，同一内容也可以有多種表現形式。這種"一對多"和"多對一"的關係普遍存在於語言現象之中。哲學大師凱西爾曾指出："一個名字的作用永遠只限於強調一事物的一個特殊方面，而這個名字的價值恰恰就在於這種限定與限制。一個名字的功能並不在於詳盡無遺地指稱一個具體情景，而僅僅在於選擇和詳述某一方面。"① 也就是說，不同的詞語蘊涵着人們對同一事物或同一概念不同的理解和解釋。就近代化學譯著中化學元素詞而言，表現爲同一元素概念存在着多個表達形式——化學元素詞，這些形式不同的化學元素詞的出現，一方面豐富了漢語原有的詞彙系統，另一方面又存在着激烈的競爭，反映出了早期化學元素詞的面貌特點。

5.1.1.1 近代化學譯著中化學元素詞的初創

"科學技術的發展導入了很多新語彙，它們不改變社會生活所需要的基本語彙，但是它們卻豐富了人類的語彙庫。……這些新語彙幾乎一出現就成爲所有語言的共同語彙，爲全人類所共用。"② 隨着近代化學的傳入，爲我們帶來了大量的化學元素詞，然而不同的譯者有着不同的翻譯，梁啓超先生

① ［德］恩斯特·卡西爾：《人論》，上海譯文出版社，1985 年。172 – 173 頁
② 陳原：《社會語言學》，商務印書館，2000 年。213 頁

曾感慨"譯書之難讀，莫甚於名號之不一。同一物也，同一名也，此書既與彼書異，一書之中，前後又互異，則讀者目迷五色，莫知所從"①。近代化學譯著中化學元素詞的創製同樣表現出了很大的隨意性。

1. 《博物新編》中化學元素詞的創製

合信的《博物新編》爲化學元素詞的制定拉開了序幕。該書在"地氣論"部分指出"天下之物，元質五十有六，萬類皆由之以生。"雖然明確了當時已發現的化學元素的數量，但書中並未一一介紹，共涉及指稱 13 個化學元素的化學元素詞 15 個，沿用的漢語固有之詞有：黃金、銀、水銀、鐵、銅、錫、鉛、硫磺；新造的化學元素詞有：養氣/生氣、輕氣/水母氣、炭、燐、淡氣$_1$。其中，見於 1933 年《化學命名原則》的化學元素詞有 5 個：銀、鐵、銅、錫、鉛。

2. 《格物入門·化學入門》中化學元素詞的創製

丁韙良的《格物入門·化學入門》創製了指稱 25 個化學元素的 37 個化學元素詞，沿用的漢語固有之詞有：黃金、銀/白銀、水銀/汞、鐵、銅、錫、鉛/黑鉛、硫磺/磺；沿用前人所造的化學元素詞有：養氣；新造的化學元素詞有：白金、汞精、灰精、鱅精、石精、礬精、養、水母、淡氣$_2$/淡$_2$/硝氣/硝、綠氣/綠/鹽氣、炭精、光藥、硼精、玻精、海藍、信石、蒙/蒙精、白鉛。其中，見於 1933 年《化學命名原則》的化學元素詞有 6 個：銀、汞、鐵、銅、錫、鉛。

《格物入門·化學入門》制定的化學元素詞有以下幾個特點：其一，化學元素詞的制定具有一定的系統性，以語素"氣"表明元素類屬，以語素"精"表明元素本質；其二，某些化學元素詞的制定具有一定的對應性，以"白銀"指稱元素銀是爲了與指稱元素汞的"水銀"對應，以"黃金"指稱元素金是爲了與指稱元素鉑的"白金"對應，以"黑鉛"指稱元素鉛是爲了與指稱元素鋅的"白鉛"對應；其三，化學元素詞的形成方式多樣化，如"黃金"等漢語固有詞的沿用、"蒙"等音譯詞的新造、"鹽氣"等意譯詞的新造；其四，化學元素詞的語音形式具有雙音化的傾向，除"銅"、"鐵"、"錫"爲單音詞外，其他化學元素詞或爲雙音形式，或兼有單、雙音

---

① 《翻譯通訊》編輯部：《翻譯研究論文集》，外語教學與研究出版社，1984 年。15 頁

形式，其化學元素雙音詞與單音詞之比爲 3：1，化學元素詞的制定顯現出雙音化的傾向。

3.《化學初階》中化學元素詞的創製

嘉約翰與何瞭然的《化學初階》創製了指稱 64 個化學元素的 89 個化學元素詞。沿用的漢語固有之詞有：金/黃金、銀、白金、汞/水銀、鐵/銕、銅、錫、鉛/黑鉛、磺/硫磺；沿用前人所造的化學元素詞有：白鉛、養/養氣、輕氣、淡氣$_1$、綠/綠氣、炭/炭精、燐、硼精、玻精；新造的化學元素詞有：鉑、鏠、銤、鐒、鎶、錳/錳精、鎬、鎘$_2$、鍟、鉍、銻、鐒、鐟、鏉、鈦$_1$、鋗、鉰、鐇、鐕、鈾、銊、鑼/蘇地菴、鋰、鎴、鑪、鉐$_1$、銋/巴哩菴、鎂、銅、釩$_2$、銑、釖/釟、鐿、鉈、紙/鈻、鑭、鑬/鈰、鐩、輕、淡$_1$、弗/傅咾連、溴、炭質、硼、玻、碘/挨阿顚、碲、硒、㲦/㲦精/信石原質、鈀、鉏、鉺、鎢。其中，見於 1933 年《化學命名原則》中的化學元素詞有 26 個：金、銀、鉑、銤、汞、錳、鐵、銅、錫、鉛、鉍、銻、鉰、鋰、鈾、鎂、鑭、溴、硼、碘、碲、硒、鈀、鉏、鉺、鎢。

《化學初階》自創化學元素詞的方式有兩種：其一爲音譯如"蘇地菴"、"銋"等，其二爲意譯如"硼"、"玻"等。該書中絕大多數化學元素詞是利用形聲字單音音譯化學元素源語詞而形成的，由於形聲字所特有的義符表義、聲符表音的功能，在音譯的同時兼顧了化學元素類屬的表義：金屬元素以"金"爲義符，如"鉍"、"銋"、"鋰"、"鎂"等；非金屬元素以"石"爲義符，如"碘"、"碲"、"硒"。以形聲字單音音譯化學元素源語詞是《化學初階》的首創，這一方法爲我國化學元素詞的創製作出了重要的貢獻。

4.《化學鑒原》中化學元素詞的創製

傅蘭雅與徐壽的《化學鑒原》創製了指稱 64 個化學元素的 94 個化學元素詞。沿用的漢語固有之詞有：金、銀、汞、鐵、銅、錫、鉛、硫/硫黃、倭鉛；沿用前人所造的化學元素詞有：鉑/白金、鏠、銤、錳、白鉛、鉍、銻、灰精、鋰、鎴、鈾、鎂、養/養氣、輕/輕氣、淡$_1$/淡氣$_1$、綠/綠氣、弗、溴、炭、燐、碘、碲、硒、鈀、鉏、鉺、鎢；新造的化學元素詞有：阿日阿末、阿而件得阿末、布拉典阿末、以日地阿末、銤、釘、海得嗒治日阿末、勿日阿末、古部日阿末、鈷、鎳、司歟奴阿末、部勒末布阿末、鋅、鉻、鎘₁、鈾、鐯、鉬、鈮、釩₁、銦、鉿、鉀、卜對斯阿末、鈉/素地阿末、鉫、鈣、鋇呂阿末、鏢、鋁、鉻、釷、鈦₂、鋯、鏑、銀、錯、鋱、酸母、水母、硝母/阿蘇的、克羅而因、弗氣、勿司勿而阿司、硴/布倫、矽、埃阿顛、鍾。《化學鑒原》是由江南製造局翻譯館的傅蘭雅和徐壽翻譯的，江南製造局的翻譯館是十九世紀最重要的西方化學書籍的翻譯及出版機構，[①] 傅蘭雅和徐壽翻譯的化學書籍無論在質量還是數量上都遠遠超過同時期的其他化學譯著，這也是《化學鑒原》創製的大多數化學元素詞得以普及并在眾多的化學元素詞的競爭中得以勝出的重要原因。《化學鑒原》中的化學元素詞見於 1933 年《化學命名原則》中的數量就有 44 個之多：金、銀、鉑、銥、釘、汞、錳、鐵、銅、鈷、鎳、錫、鉛、鋅、鉍、銻、鉻、鎘₁、鈾、鉬、釩₁、銦、鉀、鈉、鋰、鉫、鈣、鋇、鎂、鋁、釷、鋯、鏑、鋱、溴、硫、矽、碘、碲、硒、鈀、鉭、鉺、鎢。

　　儘管《化學初階》與《化學鑒原》在化學元素詞的創製上采用了相同的方式，然而《化學初階》對此並未作出相關說明，相反，《化學鑒原》對化學元素詞創製的具體原則作出了明確的解釋：第一，"中華古昔已有者，仍之"，即漢語固有之詞繼續沿用，如"金"、"銀"、"銅"、"鐵"、"鉛"、"錫"等。第二，"昔人所譯，而合宜者亦仍之"，即前人所譯之化學元素詞合宜者繼續使用，如"養氣"、"淡氣"、"輕氣"等。第三，利用形聲字單音音譯方式自創化學元素詞。如《化學鑒原》所言："尚有數十品，皆爲從古所未知，或雖有其物，而名仍闕如，而西書賅備無遺，譯其意義，殊難簡括，全譯其音，苦於繁冗，今取羅馬文之首音，譯一華字，首音不合，則用次音，並加偏旁，以別其類，而讀仍本音。"[②] 這段話首先明確了不采用意譯方式造化學元素詞的原因——"譯其意義，殊難簡括"，意義難於概括，故不取意譯；其次，指出采用全音譯方式造化學元素詞的缺陷——"苦於

---

① 近代的化學譯著以江南製造局出版的數量爲最多，江南製造局出版的重要化學譯著有《化學鑒原》(1871)、《化學分原》(1872)、《化學鑒原續編》(1875)、《化學鑒原補編》(1879)、《格致啓蒙·化學啓蒙》(1879)、《化學考質》(1883)、《化學求數》(1883)、《化學須知》(1886) 等（可參見本文第 2 章的 "近代重要的化學譯著表"），以上化學譯著均沿用《化學鑒原》的化學元素詞，使《化學鑒原》創製的化學元素詞得以普及。

② ［英］韋而司著，［英］傅蘭雅、徐壽譯：《化學鑒原》，江南製造局，1871 年。卷一：二十九節

繁冗”，由於化學元素源語詞的音節眾多，采用全音譯的方式翻譯，使用的漢字太多；最後，分析單音音譯的具體方法——“譯一華字，首音不合，則用次音，並加偏旁，以別其類，而讀仍本音”，即利用一個形聲字音譯化學元素源語詞的首音或次音，形聲字的義符用以區分化學元素的類屬。之所以采用這種方式還有一個重要的原因就是爲了便於化合物表達式的書寫，如《化學鑒原》所言：“若書雜質，則原質名概從單字，故‘白金’亦昔人所譯，今改作‘鉑’。”①《化學鑒原》所設相關原則不僅對化學元素詞的創製具有指導意義，而且可操作性強，因此也成爲了制定我國第一部《化學命名原則》（1933）的重要依據。

5.《化学指南》中化學元素詞的創製

畢利幹的《化学指南》創製了指稱 45 個化學元素的 154 個化學元素詞。沿用的漢語固有之詞有：金、銀、汞、鐵、銅、錫、鉛/黑鉛、倭鉛、磺/硫磺；沿用前人所造的化學元素詞有：鉑、鏭、養/養氣、輕氣/輕、硝氣/硝、綠/綠氣、炭/炭精、光藥、硼/硼精；新造的化學元素詞有：哦合/俄而、阿合商/阿而商、小銀/不拉的訥/不拉底乃、鈃/何抵約母/喝底約母、釭/底里地約母/依合底約母、歐司米約母、芊合居合/芊喝居喝、鑀/蒙戛乃斯/蒙嘎乃斯、非呵/非而、居衣夫合/居依吳呵、錆/可八里得/戈八而得、鐸/尼該樂、哀單/歌單、不龍、鋖、日三恪/日三可/日三、鍴/鈖/必斯迷他/必司美得、鈝/昂底摩訥/杭底母阿那、鍷/犒曼/可婁母、钀/戛底迷約母/嘎大迷約母、鐄/迂呵呢約母/於呵尼約母、銇/幾單那/的大訥、鋏/柏大約母/不阿大寫阿母、鍼/索居約母/索居阿母、鉐$_2$/里及約母/理及阿母、鐳/斯特龍寫阿母、鏚/戛勒寫阿母/嘎里寫阿母、鍾/巴阿里約母/八阿里嘎母、鏀/馬可尼及寫阿母、鑻/阿驢迷尼約母/阿誾迷尼約母、鉗/各誾須尼阿母、阿各西仁/我克西仁訥/哦可西仁訥、依特喝仁訥/伊得喝仁訥/依他喝仁訥/依得樂仁訥、阿索得/阿色得/阿索哦得/尼特合壬哪、可樂合/可樂喝而/可樂而、瀏/瀏氣/佛律約而/夫驢約合、溴/不合母/不母、戛薄訥/戛各撥那/戛爾撥那、蘇夫合、硄、佛斯佛合、薄何/撥喝/撥合、砂精/砂/西里西約母

① ［英］韋而司著，［英］傅蘭雅、徐壽譯：《化學鑒原》，江南製造局，1871 年。卷一：二十九節

/西里西亞母/西里寫阿母、燐/約得、砒/砒得律合/得鑪喝/得鑪合、矾/色勒尼約母/塞林尼約母/塞類尼約母、碻/阿何色尼/阿各色呢各/阿合色尼閣。《化學指南》中的化學元素詞見於 1933 年《化學命名原則》的僅 9 個，且均爲沿用漢語固有之詞和前人所創之詞，即"金"、"銀"、"鉑"、"汞"、"鐵"、"銅"、"錫"、"鉛"、"硼"。

　　關於化學元素詞的創製，《化學指南》明確指出："其在中國有名者，仍用華名，即不必另造名目，至如硫磺、黑鉛等質，係二字合成名者，即撂其有實意之字爲名，即如硫磺以磺爲名，黑鉛以鉛爲名。至中國未見之原質，命名尤難，今或達其意，或究其源，或本其性，或辨其色，將數字湊成一字爲名，雖字畫似出於造作，然讀者誠能詳其用意之所在，庶免辛羊亥豕之誤。在西學原質總分有二，一金類、一非金類，今以金字偏旁，特別金類，以石字偏旁特別非金類，有此金石二偏旁之分不致顛倒錯訛。雖其中未盡如此，然如此者居多，再原質有按其形性不能命名者，即撂其與他質相合，於形色性之最顯著者命名。"《化學指南》除少數沿用漢語固有之詞和前人所創之詞外，其自創詞分爲兩類：其一，"用華字叶出西音"的音譯化學元素源語詞而成的化學元素詞，"以備中西兩用"①，這類音譯而形成的化學元素詞大多列於該書的《金類之表》與《非金類之表》中，少數出現於正文，例如："綠氣，即可樂而，與養氣相合，成爲綠強水，即阿西得可樂伊葛。"其二，根據化學元素源語詞所指的化學元素的來源、性質、顏色等特徵——"或達其意，或究其源，或本其性，或辨其色"，在選取漢語固有字爲構件拼合新會意字的同時創造新詞——"將數字湊成一字爲名"，即化學元素字與化學元素詞的創造是同步完成的。對此創製方式，《化學指南》自我評價爲："以物之形性造名，以公同好，較昔人之徒觀物外形狀，隨意命名，其爲益似多矣。"② 如"鈤"、"矾"、"砒"、"㵝"、"燐"等新造化學元素詞，儘管其詞形能夠體現出化學元素的某些特徵，但由於書寫過於繁複，不便使用與識記，因此，除了在 1882 年畢利幹口譯、承霖、王鐘祥筆述的《化學闡原》中得以沿用外，幾乎很少有人采用，最終遭淘汰。

---

① ［法］馬拉古蒂著，［法］畢利幹譯：《化學指南》，京師同文館，1873 年。卷一·凡例
② ［法］馬拉古蒂著，［法］畢利幹譯：《化學指南》，京師同文館，1873 年。卷一·凡例

185

自《博物新編》至《化學指南》創製了許多表達同一化學元素概念的
不同的化學元素詞，總的來說，這種現象的出現反映出從事譯書的人們對同
一概念的不同理解。如高鳳謙所言："泰西之於中國，亙古不相往來。即一
器一物之微，亦各自爲風氣。……至名號則絕無相通。譯者不能知其詳，以
意爲名，往往同此一物，二書名異。……更有好更新名，強附文義，以爲博
通，令人耳目炫亂，不知所以。"① 由於從事譯書的人們，對化學知識掌握
的程度有高有低，對元素概念的理解有深有淺，所以在創製化學元素詞時難
免各自爲之。

5.1.1.2 近代化學譯著中化學元素詞的沿用

根據《格致啓蒙·化學啓蒙》、《西學啓蒙·化學啓蒙》以及《化學新
編》中收錄的化學元素詞看，基本上是對之前的化學譯著中化學元素詞的
沿用，同時也有少量新制定的詞。

1. 新創製的化學元素詞

《格致啓蒙·化學啓蒙》中新創製的化學元素詞有：紅銅、軟鉛、硬
鉛、怕台西恩。

《西學啓蒙·化學啓蒙》中新創製的化學元素詞有：木灰精/波大寫母/
波大先、城精、砆/石灰精/嘎里先、滷/滷精/鹽滷精/馬革尼先、白礬精/膠
泥精/礬精/阿祿迷年、水母氣、綠精、弗婁利拿、炭精/炭氣精/嘎爾本、西
利根。

儘管《格致啓蒙·化學啓蒙》與《西學啓蒙·化學啓蒙》中新創製了
一些化學元素詞，然而在隨後的化學元素詞的演變及規範中均被淘汰，因此
在化學元素詞的演變史上沒有產生太大的影響。

2. 沿用的化學元素詞

銀 鉑 鎝 銥 銇 釘 鐵 銅 鈷 鎳 錫 鉛 鉍 鉻 鎘₁ 鈉 鋰 鎴 鉫 鋃 鎂 鏰
鋁 弗 溴 炭 硼 鈀 碘 銻 鉀/銕 鈣/鉐₁ 金/黃金 汞/水銀 綠/綠氣 燐/光
藥 養/養氣 輕/輕氣 錳/蒙嘎乃斯 鈡/鑪 砒 矽/砂精/砂 鋅/鋥/白鉛/
倭鉛

淡₁/淡氣₁/硝氣/硝 硫/磺/硫黃/硫磺

① 鄭振鐸:《晚清文選》，生活書店，1937 年。578 頁

186

上述化學元素詞的沿用體現了 1855—1896 年間化學元素詞競爭的結果，同時也反映出了化學元素詞的演變趨勢：從詞的形成方式看，以音譯爲主；從詞的語音形式看，單音詞占絕對優勢，已呈現出了化學元素詞單音化的傾向；從詞的書寫形式看，形聲字所占比例最高，呈現出了形聲化的趨勢。

5.1.2 近代化學譯著中化學元素詞的演變與規範

5.1.2.1 化學元素詞演變與規範的背景

"苟欲圖存，非急起直追，謀理化學之發展不爲功。發展之道，首在統一名詞。否則紛歧舛錯，有志者多耗腦力，畏難者或且望望然去之。如是而欲冀其進步，殆無異南轅而北轍焉。"[1] 術語不僅是學術交流與傳播的重要基礎，也是學術得以發展不可或缺的工具，因此對科學術語的規範是十分必要的。西方近代化學輸入中國以來，譯者所譯化學元素詞眾多，彼此難以達到一致，同一化學元素概念在不同譯著甚或同一譯著中以不同的形式出現，便出現了大量的"同實異名"現象——指稱 64 個化學元素的化學元素詞有 317 個，二者之比是 1：5，使得表達化學元素概念的化學元素詞達到了飽和狀態，或者說超過了必要的數量。"不獨讀之難、記之艱，實使學者不能顧名思義"，[2] 對化學知識的交流與傳播會造成不利的影響。因此，作爲化學術語的化學元素詞的規範便顯得尤爲重要。

提到化學元素詞的演變和規範，不得不提的是中國人自己創辦最早的綜合性自然科學期刊——杜亞泉的《亞泉雜誌》。1900 年，杜亞泉在上海創辦了《亞泉雜誌》，共出版十期，刊載了 39 篇論文，其中有關化學方面的論文就有 23 篇，占總數的 59%，還設有"化學問題"專欄，因此，從某種意義上說，《亞泉雜誌》可謂是我國第一份由國人自辦的化學期刊。[3] 杜亞泉在《亞泉雜誌》創刊號發表了《化學原質新表》，介紹了當時已知 76 種元素的名稱和原子量表。這既是第一個傳入我國的化學元素週期表，也是我國

---

① 化學名詞審查會：《科學名詞審查會第一次化學名詞審定本·序》，載《東方雜誌》1920 年第 17 期。

② 謝振生：《近代化學史上值得紀念的學者——虞和欽》，載《中國科技史料》2004 年第 3 期。

③ 謝振生：《我國最早的化學期刊——〈亞泉雜誌〉》，載《新聞與傳播研究》1987 年第 3 期。

最早的有關化學元素詞的規範。針對化學元素詞的規範，他指出："我國已譯化學書雖不多，然名目參差百出。肄業者既費參考，續譯者又無所適從，且近世檢出之新原質，名目未立，無可稽考。平日寒齋披閱，常作表以便檢，偶有記錄，即藉表以爲准。其舊有之名，大都從江南製造局譯本者居多，並列他書譯名之異者，若未有舊名，不得已而杜撰之，有'米'者皆是。非敢自我作故，亦冀較若劃一耳。以後本雜誌中有記述化學者，悉准是表，故不揣疏漏而錄之。"① 這段話表明，杜亞泉已經充分地認識到化學元素詞規範的必要性，針對化學元素詞"名目參差百出"的現象，他進行了認真的思考並且將"劃一"工作付諸實施，同時提出要求"以後本雜誌中有記述化學者，悉准是表"以期規範。因此就化學元素詞的統一而言，《亞泉雜誌》的《化學原質新表》具有重要的價值。杜亞泉的另一重要貢獻就是首創以"气"表示氣態元素的命名法，他以"氩"爲 1894 年新發現的元素 Argon 譯名。② 從此，氣態元素也開始以一個字來表示。③

面對化學譯著中化學元素詞各行其是的局面，最早進行化學元素詞統一工作的機構是益智書會。1877 年 5 月，在華基督教新教在上海舉行全國大會，決定成立"學校教科書委員會"（School and Text－books Series Committee），中文名稱爲"益智書會"④，其成員構成主要是來華傳教士，包括有丁韙良、韋廉臣、狄考文、林樂知、傅蘭雅等西學傳播者。益智書會於1896 年成立了科技術語委員會，試圖統一術語譯名。1904 年，出版了《術語辭彙》⑤，匯集了十九世紀中期到二十世紀初 12000 多個科技術語的不同譯名。至此，益智書會的規範與統一的工作基本完成。在化學元素詞創製上提出了表氣體元素的化學元素詞在字形上應以"气"爲偏旁的原則，因此在原有的"養"、"輕"等之上冠以"气"。益智書會更傾向於按照化學元素源語詞所指的化學元素的性質特徵命名，因此不顧當時已經被廣泛應用的

① 蘇力、姚遠：《中國綜合性科學期刊的嚆矢——〈亞泉雜誌〉》，載《編輯學報》2001 年第5 期。
② 劉廣定：《中文化學名詞的演變（上）》，載《科學月刊》1985 年第 190 期。
③ 李海：《化學元素的中文名詞是怎樣制定的》，載《化學教學》1989 年第 3 期。
④ 王揚宗：《清末益智書會統一科技術語工作述評》，載《中國科技史料》1991 年第 2 期。
⑤ 由於《術語辭彙》標誌着益智書會的科技術語的規範和統一工作的完成，所以我們選用《術語辭彙》中的化學元素詞爲化學元素詞演變和規範過程中的依據。

近代化學譯著中的化學元素詞，又造了 30 多個新詞，例如，"鎴"的命名源於骨骼中含有該元素，"鉦"的命名源於該元素在電化學中常處於正極這一特點，"鏢"的命名源於該元素的氧化物常爲黑色，但是，這些新詞在後來未被采納。①

1908 年，清朝政府頒布由學部審定的《化學語彙》，是我國最早出版的審定化學術語彙編，也是第一份中國人自己制定的化學術語。《化學語彙》收錄了中文化學術語一千多個，審定的化學元素詞有 75 個。值得注意的是，其中有 57 個化學元素詞與《化學鑒原》一致。

1914 年，任鴻雋、趙元任等人發起成立了中國科學社，該社於 1915 年 1 月創辦《科學》雜誌。該刊物十分注意科學術語名詞的統一問題，認爲"譯述之事，定名爲難。而在科學，新名尤多。名詞不定，則科學無所依倚而立。本雜誌所用各名詞，其已有舊譯者，則由同人審擇其至當，其未經翻譯者，則由同人詳議而新造。將竭鄙陋之思，藉基正名之業。"② 1915 年，任鴻雋在《科學》上發表《化學元素命名說》，提出了元素命名的一些建議，例如，儘可能不另造新詞，故仍以舊譯"砒"指稱元素砷而未用《化學語彙》新造之"砷"，氣體元素除"輕"、"養"、"鹽"、"硝"外均以"气"爲義符造形聲字來記錄化學元素詞。

1915 年，教育部頒布《無機化學命名草案》，③ 1920 年由商務印書館出版。《無機化學命名草案》是化學元素詞的規範史上的一部重要著作，該草案在繼承《化學鑒原》中化學元素詞創製原則的基礎上又有了新的發展，確立了化學元素命名的三條重要原則：其一，凡元素各以一字表之。字由兩部分組合而成，一以表態，一以諧聲。其在常溫常壓之下，爲氣態者從气，爲液態者從水，爲金屬者從金，非金屬而爲固態者從石。諧聲以原字之首節爲主，其與他元素同音，或音近而難辨時，酌用次節之音。其二，舊名之確表某元素，無歧義仍能表態者用之，如金、銀、銅、鐵、錫、鉛是也。不能

---

① 張劍：《近代科學名詞術語審定統一中的合作、衝突與科學發展》，載《史林》2007 年第 2 期。

② 《科學·例言》，載《科學》1915 年第 1 期。

③ 1915 年《無機化學命名草案》的原文尚未見到，本文所涉及之內容依據——鄭貞文：《無機化學命名草案》，商務印書館，1920 年。

表態者改之，如炭作碳、汞作銾是也。其三，俗名之通行已久，仍能表態者用之，如溴、硅、硼是也。不能以一字表態者改，如白金爲鉑，輕氣爲氫略作氫，綠氣爲氯略作氯，養氣爲氱略作氧，淡氣爲氮略作氮是也。[①]

1918 年，經教育部批准，將原醫學名詞審查會擴展爲科學名詞審查會，審查對象也隨之由醫學名詞擴展爲各門科學名詞，並且得到相關部門的確認，具有合法性與一定的權威性。1920 年，《東方雜誌》刊載了由教育部審定公布的《科學名詞審查會第一次化學名詞審定本》中的化學元素詞及其審定原則：其一，有確切之意義可譯者譯意，如氫、氯、氧、氟等；其二，無意可譯者譯音（西文之首一字音），如金屬原質，大都循此例；其三，不論譯音譯意，概以習慣爲主，故氫、氯、氧、氟，雖造新名，而音則仍與輕、養、淡、綠無異也。命名之體例，凡氣體原質概從气，液體原質概從水。固體之非金屬原質概從石。金屬原質概從金。惟炭燐不加石者，因從習慣。石旁轉令人茫然故也。[②]

在化學元素詞漸趨一致的情況下，陸貫一於 1932 年發表《原質之新譯名》一文，他在沿襲科學名詞審查會原則的同時提出了自己的新見解。他首先肯定了已有中文化學元素詞的優點——能够顯示出化學元素的狀態類屬："例如氫氯氧氟，一望而知其爲氣體，溴汞一望而知其爲液體，硫砒碘矽，一望而知其爲具石類光澤之固體，鋁銅鉀鐵，一望而知其爲具金屬光澤之固體。至於歐美之名，雖諳西方字源學者，能由其名，知原質一二之特性，但零碎不完，不若華譯之整飭遠甚。"[③] 隨後指出了中文化學元素詞的缺點，西方化學元素詞都有一個簡單的化學元素符號，例如"氫之符號爲 H，溴之符號爲 Br，硫之符號爲 S，鋁之符號爲 Al"，這些化學元素符號已具有了國際通用的性質。"反察我國，氫溴硫鋁諸字，全無各質符號之隱示；凡金銀銅鐵錫等舊名，既不可追索符號之痕跡，即審查會所定之八十餘新名，亦無從搜求符號之影蹤。在此情形之下，我國習化學者，欲得淺近之化學常識，皆須先強記素不相識之新字，然後再須強記，與新字毫無聯絡之

① 鄭貞文：《無機化學命名草案》，商務印書館，1920 年。

② 科學名詞審查會：《科學名詞審查會第一次化學名詞審定本（教育部審定公布）》，載《東方雜誌》1920 年第 17 期。

③ 陸貫一：《原質之新譯名》，載《科學》1932 年第 16 期。

符號，一番辛苦，兩重難關，無形中消耗腦力者，不知凡幾。文字以傳達意
義爲目的，亦以簡單明易爲歸；欲使原質名詞簡單明易，以節省無數未來青
年之寶貴腦力，本篇是以有原質譯名之厘定。"① 關於化學元素詞的制定，
陸貫一提出了五項原則，他明確指出其中的前三項是由科學名詞審查會的原
則 "脫胎而來"，后兩項原則是他的個人建議，具體內容是：第一，化學元
素詞皆以單字表示；第二，化學元素字皆爲形聲字；第三，形聲字的義符依
據化學元素的狀態類屬選擇，即 "凡氣體原質名詞之類旁用气頭，液體用
氵旁，固體而呈石類光澤者，用石旁，固體而呈金屬光澤者，用金旁"；第
四，形聲字的聲符皆由國際通用的化學元素符號充當，這樣一來便可 "併
合記憶新字與記憶符號之兩重勞苦，收事半功倍之效果"，氣體元素如
"氞"、"氦"、"気"，液態元素如 "氵Br"、"氵Hg"，固體非金屬元素如 "石S"、
"石I"、"石B"，金屬元素如 "金Al"、"金Cu"、"金K"；第五，化學元素詞的讀
音，皆直讀其所含英文字母之音，例如 "氞" 之音爲 H，"氵Br" 之音爲 Br，
"石S" 之音爲 S，"金Al" 之音爲 Al。② 儘管陸貫一提出了自己的化學元素譯
名原則并付諸實施，但由於他所創製的化學元素詞無論語音形式還是書寫形
式均不符合漢語詞彙的特點和規律，最終如 "曇花一現"。陸貫一創製的化
學元素詞雖未被認可，但畢竟是化學元素詞規範過程中的一種探索和嘗試。
因此，將其所創之化學元素詞列舉如下：

氞 氦 気 氞 氞 石C 石S 石P 石B 石I 石Se 氵Hg 氵Br 金Au 金Ag 金Pt 金Rh 金Ir 金Os 金Ru
金Mn 金Fe 金Cu 金Co 金Ni 金Sn 金Pb 金Zn 金Bi 金Sb 金Cr 金Cd 金U 金Ti 金Mo 金V 金In 金Tl 金K 金Na
金Li 金Sr 金Rb 金Ca 金Ba 金Mg 金Cs 金Al 金Th 金Y 金Zr 金Dy 金La 金Ce 金Tb 金Te 金As 金Pd 金Ta 金Er
金W 金Si 金Nb(金Cb) 金Be(金Gl)

1932 年 6 月，教育部成立了國立編譯館，專門從事教科書審查、名詞
編訂、辭典編訂、圖書編譯等工作，科學名詞的審定工作也隨之進入了一個
全新階段。對於科學名詞的審定與統一，國立編譯館可謂是竭盡全力，"參

---

① 陸貫一：《原質之新譯名》，載《科學》1932 年第 16 期。
② 陸貫一：《原質之新譯名》，載《科學》1932 年第 16 期。

酌舊有譯名，慎予取捨，妥爲選擇，複經教育部聘請國內專家組成審查委員會加以審查"[1]，最終由編譯館整理后呈請公布。當年 8 月，教育部在南京召集 "化學討論會"，隨即教育部及編譯館共同聘請鄭貞文、王季梁、吳承洛、李方訓、陳裕光、曾昭掄、鄺恂立七人組成化學名詞審查委員會，鄭貞文任主任委員，根據化學討論會議決之化學定名原則，參考歷年相關討論，結合各專家提案及意見，經過悉心整理、審慎取捨、反復論證，終於 1932 年 11 月完成《化學命名原則》，之後呈請教育部核定，於 11 月 26 日以部令公布之，1933 年由國立編譯館出版。《化學命名原則》的 "定名總則" 規定：凡元素及化合物定名取字，應依一定系統以便區別而免混淆；取字應以諧音爲主，會意次之，不重象形；所取之字，須易於書寫，在可能範圍內，應以選用較少筆畫爲原則；所取之字，須便於音讀，凡不易識別之字及易與行文衝突之字，皆應避免，同音之字，亦以避免爲原則；凡舊有譯名，可用者儘量采用，舊譯有二種以上各有可取之處時，應采用適合於上列原則較多者之一種。[2]《化學命名原則》針對化學元素定名也有具體規定，即 "元素之名各以一字表之。氣態者從气，液態者從水，金屬元素之爲固態者從金，非金屬元素之爲固態者從石"[3]。至此，經過八十多年的努力，爭執未決的化學元素命名的問題得以解決。至今，我們所使用的化學元素詞絕大多數是在《化學命名原則》中確定下來的。

5.1.2.2 化學元素詞的演變與定形分析

1900 年至 1932 年是化學元素詞演變與規範的重要時期，期間制定的相關原則對化學元素詞的漸趨定形起着舉足輕重的作用。爲便於分析，我們列表如下：

---

① 張劍：《近代科學名詞術語審定統一中的合作、衝突與科學發展》，載《史林》2007 年第 2 期。
② 化學名詞審查委員會：《化學命名原則》，國立編譯館，1933 年。1 頁
③ 化學名詞審查委員會：《化學命名原則》，國立編譯館，1933 年。3 頁

表 90　近代化學譯著中化學元素詞的演變表①（1855—1933）

今用詞	化學譯著用詞	博物新編 1855	化學入門 1868	化學初階 1870	化學鑒原 1871	化學指南 1873	化學啓蒙 1879	化學啓蒙 1886	化學新編 1896	化學原質新表 1900	術語辭彙 1904	化學語彙 1908	化學元素命名說 1915	無機化學命名草案 1920	科學名詞審查會本 1920	化學命名原則 1933
金 Au	金			√	√	√	√	√	√	金	鏸	金	金	金	金	金
	黃金	√	√				√	√								
	阿日阿末				√											
	哦合					√										
	俄而					√										
銀 Ag	銀	√	√		√	√	√	√	√	銀	銀	銀	銀	銀	銀	銀
	白銀		√													
	阿而件得阿末				√											
	阿合商					√										
	阿而商					√										
鉑 Pt	鉑			√	√				√	鉑	銥	鉑 白金	鉑	鉑	鉑	鉑
	白金		√													
	小銀					√										
	布拉典阿末				√											
	不拉的訥					√										
	不拉底乃					√										
銠 Rh	銍			√	√				√	銍	鈳	銍	銍	銠	銍	銠
	鈪					√										
	何抵約母					√										
	喝底約母					√										

① 近代化學譯著中化學元素詞的出現情況以"√"標注。1900—1933 年間所選語料來源：① 杜亞泉：《化學原質新表》，載《亞泉雜誌》1900 年第 1 期。②《術語辭彙》（C. W. Mateer, ed., Technical Terms in English and Chinese, Shanghai, 1904）轉引自 David Wright. Translating Science：The Transmission of Western Chemistry into Late Imperial China 1840—1900 ［M］. Boston：Köln：Brill, 2000. ③學部審定科：《化學語彙》，商務印書館，1908 年。（注：《化學語彙》未收錄元素 "鈇" 與 "鏑"，故而列表中無對應的化學元素詞。）④任鴻雋：《化學元素命名說》，載《科學》1915 年第 1 期。⑤鄭貞文：《無機化學命名草案》，商務印書館，1920 年。⑥科學名詞審查會：《科學名詞審查會第一次化學名詞審定本（教育部審定公布）》，載《東方雜誌》1920 年第 17 期。⑦化學名詞審查委員會：《化學命名原則》，國立編譯館，1933 年。

续表

今用詞	化學譯著用詞	博物新編 1855	化學入門 1868	化學初階 1870	化學鑒原 1871	化學指南 1873	化學啓蒙 1879	化學啓蒙 1886	化學新編 1896	化學原質新表 1900	術語辭彙 1904	化學語彙 1908	化學元素命名說 1915	無機化學命名草案 1920	科學名詞審查會本 1920	化學命名原則 1933
銥 Ir	鉢			√	√				√	銥	鏡	銥	銥	銥	銥	銥
	釚					√										
	以日地阿末				√											
	底里地約母					√										
	依合底約母					√										
鋨 Os	鎴			√		√				銤	鎯	銤	銤	銤	鐭	鋨
	銤				√				√							
	歐司米約母					√										
釕 Ru	釕				√			√		釕	鉍	釕	釕	釕	釕	釕
	鉝			√												
汞 Hg	汞		√	√	√		√		√	銾	銾	汞水銀	汞	銾	汞	汞
	汞精		√													
	水銀	√	√	√			√	√	√							
	海得啫治日阿末				√											
	芊合居合					√										
	芊喝居喝					√										
錳 Mn	錳			√	√		√		√	錳	鐑	錳	錳	錳	錳	錳
	蒙		√													
	錳精			√												
	蒙精		√													
	鑾					√										
	蒙夏乃斯					√										
	蒙嘎乃斯					√		√								
鐵 Fe	鐵	√		√	√	√	√		√	鐵	鐵	鐵	鐵	鐵	鐵	鐵
	銕			√												
	勿日阿末				√											
	非呵					√										
	非而					√										

续表

今用詞	化學譯著用詞	博物新編 1855	化學入門 1868	化學初階 1870	化學鑒原 1871	化學指南 1873	化學啓蒙 1879	化學啓蒙 1886	化學新編 1896	化學原質新表 1900	術語辭彙 1904	化學語彙 1908	化學元素命名說 1915	無機化學命名草案 1920	科學名詞審查會本 1920	化學命名原則 1933
銅 Cu	銅	√	√	√	√	√	√	√	√	銅	銅	銅	銅	銅	銅	銅
	紅銅						√									
	古部日阿末				√											
	居衣夫合					√										
	居依吳呵					√										
鈷 Co	鈷				√				√	鈷	鈀	鈷	鈷	鈷	鈷	鈷
	鎬		√													
	錆					√										
	可八里得					√										
	戈八而得					√										
鎳 Ni	鎳				√				√	鎳	鎳	鎳	鎳	鎳	鎳	鎳
	鎬₂			√												
	鑍					√										
	尼該樂					√										
錫 Sn	錫	√	√	√	√	√	√	√	√	錫	錫	錫	錫	錫	錫	錫
	軟鉛						√									
	司歟奴阿末				√											
	哀單					√										
	歌單					√										
鉛 Pb	鉛	√	√	√	√	√	√	√	√	鉛	鉛	鉛	鉛	鉛	鉛	鉛
	黑鉛		√	√		√										
	硬鉛						√									
	部勒末布阿末				√											
	不龍					√										
鋅 Zn	鋅				√		√		√	鋅	鉦	鋅	鋅	鋅	鋅	鋅
	鋰			√					√							
	白鉛		√	√	√		√		√							
	倭鉛				√	√		√								

续表

今用词	化學譯著用詞	博物新編1855	化學入門1868	化學初階1870	化學鑑原1871	化學指南1873	化學啓蒙1879	化學啓蒙1886	化學新編1896	化學原質新表1900	術語辭彙1904	化學語彙1908	化學元素命名說1915	無機化學命名草案1920	科學名詞審查會本1920	化學命名原則1933
	鋂					✓										
	日三恪					✓										
	日三可					✓										
	日三					✓										
鉍 Bi	鉍			✓	✓				✓	鉍	鉍	鉍	鉍	鉍	鉍	鉍
	鋤					✓										
	鈖					✓										
	必斯迷他					✓										
	必司美得					✓										
銻 Sb	銻			✓	✓				✓	銻	銨	銻	銻	銻	銻	銻
	鈯					✓		✓								
	昂底摩訥					✓										
	杭底母阿那					✓										
	安底摩尼							✓								
鉻 Cr	鉻				✓			✓	✓	鉻	鑛	鉻	鏴	鉻	鉻	鉻
	鏴			✓												
	鑢					✓										
	犒曼					✓										
	可婁母					✓										
鎘 Cd	鎘₁				✓				✓	鎘	鈬	鎘	鎘	鎘	鎘	鎘
	鐟			✓												
	鑈					✓										
	夏底迷約母					✓										
	嘎大迷約母					✓										
鈾 U	鈾				✓					鈾	鈾	鈾	鈾	鈾	鈾	鈾
	鐼			✓												
	鑽					✓										

续表

今用詞	化學譯著用詞	博物新編 1855	化學入門 1868	化學初階 1870	化學鑒原 1871	化學指南 1873	化學啓蒙 1879	化學啓蒙 1886	化學新編 1896	化學原質新表 1900	術語辭彙 1904	化學語彙 1908	化學元素命名說 1915	無機化學命名草案 1920	科學名詞審查會本 1920	化學命名原則 1933
	迂呵呢約母					√										
	於呵尼約母					√										
鈦 Ti	鈦₁			√						錯	鈦	錯	錯	錯	鈦	鈦
	錯				√											
	銤					√										
	幾單那					√										
	的大訥					√										
鉬 Mo	鉬				√					鉬	鉾	鉬	鉬	鉬	鉬	鉬
	銷		√													
鈮 Nb	鈮				√					鈮	鈮	鈮	鈮	鎶（Cb）	鈮	鈳（Cb）
	鈳（Cb）		√													
釩 V	釩₁				√					釩	釩	釩	釩	釩	釩	釩
	鐇		√													
銦 In	銦				√					銦	銦	銦	銦	銦	銦	銦
	鎙			√												
鉈 Tl	鉩			√						鉿	錫	鉿	鉊	鉿	錫	鉈
	鉿			√												
鉀 K	鉀				√		√		√	鉀	鋏	鉀	鉀	鉀	鉀	鉀
	鋏		√			√			√							
	灰精	√		√												
	木灰精							√								
	卜對斯阿末			√												
	柏大約母					√										
	不阿大寫阿母					√										
	怕台西恩						√									
	波大寫母							√								
	波大先							√								

续表

今用詞	化學譯著用詞	博物新編 1855	化學入門 1868	化學初階 1870	化學鑒原 1871	化學指南 1873	化學啓蒙 1879	化學啓蒙 1886	化學新編 1896	化學原質新表 1900	術語辭彙 1904	化學語彙 1908	化學元素命名說 1915	無機化學命名草案 1920	科學名詞審查會本 1920	化學命名原則 1933
鈉 Na	鈉			✓			✓		✓	鈉	鏀	鈉	鈉	鈉	鈉	鈉
	鏀		✓													
	鹻精	✓														
	城精							✓								
	鏰					✓										
	蘇地菴		✓													
	素地阿末				✓											
	索居約母					✓										
	索居阿母					✓										
鋰 Li	鋰		✓	✓			✓		✓	鋰	鋰	鋰	鋰	鋰	鋰	鋰
	鉆$_2$					✓										
	里及約母					✓										
	理及阿母					✓										
鍶 Sr	鎴		✓	✓					✓	鎴	鉐	鎴	鎴	鍶	鉐	鍶
	鑭						✓									
	斯特龍寫阿母					✓										
銣 Rb	銣			✓					✓	銣	銣	銣	銣	銣	銣	銣
	鑪		✓													
鈣 Ca	鈣			✓			✓		✓	鈣	鍇	鈣	鈣	鈣	鈣	鈣
	鉆$_1$		✓						✓							
	鏃					✓										
	砍							✓								
	石精	✓														
	石灰精							✓								
	夏勒寫阿母					✓										
	嘎里寫阿母					✓										
	嘎里先							✓								

续表

今用詞	化學譯著用詞	博物新編1855	化學入門1868	化學初階1870	化學鑒原1871	化學指南1873	化學啓蒙1879	化學啓蒙1886	化學新編1896	化學原質新表1900	術語辭彙1904	化學語彙1908	化學元素命名説1915	無機化學命名草案1920	科學名詞審查會本1920	化學命名原則1933
鋇 Ba	鋇			✓	✓				✓	鋇	鋇	鋇	鋇	鋇	鋇	鋇
	鍾					✓										
	鋇呂阿末				✓											
	巴哩菴			✓												
	巴阿里約母					✓										
	八阿里嘎母					✓										
鎂 Mg	鎂			✓	✓		✓		✓	鎂	鎂	鎂	鎂	鎂	鎂	鎂
	鑢					✓										
	滷							✓								
	滷精							✓								
	鹽滷精							✓								
	馬可尼及寫阿母					✓										
	馬革尼先							✓								
銫 Cs	銅		✓							鏭	鎧	鏭	鏭	鎧	鏭	銫
	鏭				✓				✓							
鋁 Al	鋁				✓		✓		✓	鋁	釷	鋁	鋁	鋁	鋁鑮	鋁
	釩$_2$			✓												
	鑮					✓										
	白礬精							✓								
	膠泥精							✓								
	礬精		✓					✓								
	阿驢迷尼約母					✓										
	阿閭迷尼約母					✓										
	阿祿迷年							✓								

续表

今用词	化學譯著用詞	博物新編1855	化學入門1868	化學初階1870	化學鑒原1871	化學指南1873	化學啓蒙1879	化學啓蒙1886	化學新編1896	化學原質新表1900	術語辭彙1904	化學語彙1908	化學元素命名說1915	無機化學命名草案1920	科學名詞審查會本1920	化學命名原則1933
鈹 Be	銑			√						鈹	錍	錍	鎞	鈹	鈹	鈹
	鉻				√											
	鉗					√										
	各間須尼阿母					√										
釷 Th	鈰				√					釷	鋀	釷	釷	釷	鋀	釷
	釖			√												
	釖			√												
釔 Y	鐿			√						鈦	鉳	鈦	鉳	鈦	鉳	釔
	鈦₂				√											
鋯 Zr	鋯				√					鋯	鉲	鋯	鋯	鋯	鋯	鋯
	鉲			√												
鏑 Dy	鏑				√					鏑	鈙	×	鈕	鏑	鉯	鏑
	鈙			√												
	鈙			√												
鑭 La	鑭			√						鋃	鋃	鋃	鋃	鋃	鋃	鑭
	鋃				√											
鈰 Ce	鐟			√						錯	鈰	鍶	鍶	鈰	錯	鈰
	鈽			√												
	錯				√											
鋱 Tb	鋱				√					鋱	鋱	×	鐂	鋱	鋱	鋱
	鎏			√												
氧 O	養		√	√	√	√			√	養	氫	養氣	養	氧	養氫	氧
	養氣	√	√	√	√	√	√	√								
	生氣	√														
	酸母				√											
	阿各西仁					√										
	我克西仁訥					√										
	哦可西仁訥					√										

今用詞	化學譯著用詞	博物新編1855	化學入門1868	化學初階1870	化學鑒原1871	化學指南1873	化學啓蒙1879	化學啓蒙1886	化學新編1896	化學原質新表1900	術語辭彙1904	化學語彙1908	化學元素命名說1915	無機化學命名草案1920	科學名詞審查會本1920	化學命名原則1933
氫H	輕			√	√				√	輕	氫	輕氣	輕	氫	輕氫	氫
	輕氣	√		√	√	√	√	√								
	水母		√		√											
	水母氣	√						√								
	淡氣$_2$		√													
	淡$_2$		√													
	依特喝仁訥					√										
	伊得喝仁訥					√										
	依他喝仁訥					√										
	依得樂仁訥					√										
氮N	淡1			√	√				√	淡	氬	淡氣	硝	氮	淡氣	氮
	淡氣$_1$	√		√	√		√									
	硝母				√											
	硝氣		√			√		√								
	硝		√						√							
	阿蘇的				√											
	阿索得					√										
	阿色得					√										
	阿索哦得					√										
	尼特合壬哪					√										
氯Cl	綠		√	√	√	√	√		√	綠	氯	綠氣	鹽	氯	綠	氯
	綠氣		√	√	√		√	√								
	鹽氣		√													
	綠精							√								
	咶咾連			√												
	克羅而因				√											
	可樂合					√										
	可樂喝而					√										
	可樂而					√										

续表

今用詞	化學譯著用詞	博物新編 1855	化學入門 1868	化學初階 1870	化學鑒原 1871	化學指南 1873	化學啓蒙 1879	化學啓蒙 1886	化學新編 1896	化學原質新表 1900	術語辭彙 1904	化學語彙 1908	化學元素命名說 1915	無機化學命名草案 1920	科學名詞審查會本 1920	化學命名原則 1933
氟 F	弗		√	√					√	弗	氟	弗氣	氟	氟	氟	氟
	弗氣			√												
	瀊				√											
	瀊氣				√											
	傅咾連		√													
	佛律約而				√											
	夫驢約合				√											
	弗婁利拿							√								
溴 Br	溴		√	√					√	溴	氮	溴	溴	溴	溴	溴
	澳				√											
	溴水			√												
	李羅明			√												
	不合母				√											
	不母				√											
碳 C	炭	√		√	√	√	√		√	炭	碳	炭質	炭	碳	炭	碳
	炭質			√												
	炭精		√			√		√								
	炭氣精							√								
	戛薄訥				√											
	戛各撥那				√											
	嘎爾本							√								
	戛爾撥那				√											
硫 S	硫				√		√		√	硫	硫	硫黃	硫	硫	硫	硫
	磺		√	√		√		√								
	硫黃				√		√									
	硫磺	√	√			√		√	√							
	蘇夫合					√										

续表

今用詞	化學譯著用詞	博物新編1855	化學入門1868	化學初階1870	化學鑒原1871	化學指南1873	化學啓蒙1879	化學啓蒙1886	化學新編1896	化學原質新表1900	術語辭彙1904	化學語彙1908	化學元素命名說1915	無機化學命名草案1920	科學名詞審查會本1920	化學命名原則1933
磷 P	燐	√		√	√		√		√	燐	硑	燐	燐	磷	燐	磷
	硑					√										
	光藥		√		√			√								
	勿司勿而阿司				√											
	佛斯佛合					√										
硼 B	硼			√	√				√	硴	硼	硴	硼	硼	硼	硼
	硼精		√	√	√											
	硴				√											
	布倫				√											
	薄何					√										
	撥喝					√										
	撥合					√										
硅 Si	玻			√						矽	矽	矽	矽	硅	矽	矽
	玻精		√	√												
	矽				√		√		√							
	砂精					√		√									
	砂					√			√								
	西里西約母					√											
	西里西亞母					√											
	西里寫阿母					√											
	西利根							√									
碘 I	碘			√	√				√	碘	氭	碘	碘	碘	碘	碘
	爄					√											
	海藍		√														
	挨阿顛			√													
	埃阿顛				√												
	約得					√											

续表

今用詞	化學譯著用詞	博物新編 1855	化學入門 1868	化學初階 1870	化學鑒原 1871	化學指南 1873	化學啟蒙 1879	化學啟蒙 1886	化學新編 1896	化學原質新表 1900	術語辭彙 1904	化學語彙 1908	化學元素命名說 1915	無機化學命名草案 1920	科學名詞審查會本 1920	化學命名原則 1933
碲 Te	碲			√	√					碲	錯	碲	碲	碲	碲	碲
	硳					√										
	砶					√										
	得律合					√										
	得驢喝					√										
	得驢合					√										
硒 Se	硒			√	√					硒	碙	硒	硒	硒	硒	硒
	矽					√										
	色勒尼約母					√										
	塞林尼約母					√										
	塞類尼約母					√										
砷 As	鉮			√					√	砒	砒	砷	砒	砷	砒	砷
	磇					√										
	盦		√						√							
	盦精		√													
	砒								√							
	信石		√													
	信石原質			√												
	阿何色尼					√										
	阿各色呢各					√										
	阿合色尼閣					√										
鈀 Pd	鈀			√	√				√	鈀	鈀	鈀	鈀	鈀	鈀	鈀
鉭 Ta	鉭			√	√					鉭	鉭	鉭	鉭	鉭	鉭	鉭
鉺 Er	鉺			√	√					鉺	鉺	鉺	鉺	鉺	鉺	鉺
鎢 W	鎢			√	√					鎢	騰	鎢	鎢	鎢	鎢	鎢

1. 64 個化學元素與化學元素詞的對應情況

化學元素詞在 1900 年至 1933 年的演變過程中，化學元素與指稱該化學元素的化學元素詞之間的對應關係表現得較爲複雜。其中，指稱同一化學元素只用 1 個詞的有：銀、鐵、銅、鎳、錫、鉛、鉍、鈾、釩、銦、鋰、鉚、鉀、鎂、鈀、鉺、鉭；指稱同一化學元素使用 2 個詞的有：金/鎬、銥/鎄、釕/銠、錳/鐔、鈷/鉚、鋅/鉦、銻/銨、鉬/鉾、鉀/鋏、鈉/鎓、鈣/鎑、鈧/鉔、鋯/鉇、鑭/鑭、鉍/鎇、溴/氣、硫/硫黃、硼/硼、碘/氣、碲/鐯、硒/碲、鎢/騰、鎘/鉢、鈦/鐯、砷/砒；指稱同一化學元素使用 3 個詞的有：矽/砂/硅、鋁/鉭/鑭、鉰/鎝/鈮、鉻/鑛/鎯、鉑/白金/鈗、鍶/鎴/銇、鉋/鐇、鎧、鈹/鋅/鑑、銠/鉎/銦、汞/水銀/銇、鈰/鎀/鍶、碳/炭/炭質、磷/燐/砒；指稱同一化學元素使用 4 個詞的有：鏑/鈿/鉭/鈧、鋨/銇/鏂/鐭、鉈/鉔/鎘/鉛、釔/鈦/鈈/鈏、氟/弗/弗氣/氣、氫/輕/輕氣/氫；指稱同一化學元素使用 5 個詞的有：氧/養/養氣/氣/氣、氯/綠/綠氣/氣/鹽；指稱同一化學元素使用 6 個詞的有：氮/淡/淡氣/氣/硝/氣。據此，我們將化學元素與化學元素詞的對應關係總結如下表：

表 91　化學元素與指稱該化學元素的化學元素詞的對應關係表（1900—1933）

	一對一	一對多				
		一對二	一對三	一對四	一對五	一對六
化學元素詞數量	17	50	39	24	10	6
化學元素數量	17	25	13	6	2	1
	17	47				

2. 化學譯著中化學元素詞的沿用情況

1)《化學原質新表》（1900）沿用的近代化學譯著中的化學元素詞

炭 硫 燐 砒 鐵 銅 錫 鉛 金 銀 養 輕 淡 綠 弗 硼 矽 碘 碲 硒 鉀 鈉 鈣 鋁 錳 鈷 鎳 鋅 鉍 鉑 銻 銦 鋰 鎴 鋰 鎂 銥 鉻 溴 鎘 鈾 鐯 銠 銇 鉬 鈮 釕 鉔 釩 鈦 鋯 銦 鉚 鈰 鏑 銦 鐯 鎢 鉍 鈀 鉺 鉭

2)《術語辭彙》（1904）沿用的近代化學譯著中的化學元素詞

硫 硼 砂 砒 鐵 銅 錫 鉛 銀 矽 鋏 鎓 鎳 鉍 銦 鋰 鎂 鈾 鈮 銠 釩 鉇 銦 鉚 鈿 銀 鉍 鈀 鉺 鉭

3)《化學語彙》（1908）沿用的近代化學譯著中的化學元素詞

金 銀 燐 鐵 銅 錫 鉛 砒 矽 碘 碲 硒 鉀 鈉 鈣 鋁 錳 鈷 鎳 鋅 鉍 銻

鉧 鋰 鎴 鉈 鎂 銥 鉻 溴 鎘 鈾 鐥 銠 鑭 鉬 鈮 釘 鉭 釩 鈦 鋯 銦 鉫

鉛 銀 鎢 鈀 鉺 鉭 養氣 弗氣 輕氣 淡氣 緑氣 炭質 硫黃

汞/水銀 鉑/白金

4)《化學元素命名説》（1915）沿用的近代化學譯著中的化學元素詞

硫 燐 硼 鐵 銅 硝 炭 砒 鉛 汞 金 銀 錫 養 輕 矽 碘 碲 硒 鉀 鈉 鈣

鋁 錳 鈷 鎳 鉈 鑭 銠 鑭 鋅 鉍 鉑 銻 鉧 鋰 鎴 鎂 銥 鐙 溴 鎘 鈾 鉬

鈮 釘 鉭 釩 鋯 銦 鉫 銀 鎢 鈀 鉺 鉭

5)《無機化學命名草案》（1920）沿用的近代化學譯著中的化學元素詞

金 銀 鐵 銅 錫 鉛 硼 鉑 銥 銠 釘 錳 鈷 鎳 鋅 鉍 銻 鉻 鎘 鈾 鑭 鉬

釩 銦 鉛 鉀 鈉 鋰 鉫 鈣 鉧 鎂 鋁 鉭 鈦 鋯 鏑 銀 鉍 溴 硫 碘 碲 硒

鈀 鉭 鉺 鎢

6)《科學名詞審查會第一次化學名詞審定本》（1920）沿用的近代化學
譯著中的化學元素詞

金 銀 汞 鐵 銅 錫 炭 硫 燐 硼 砒 養 輕 淡 緑 鉑 鉈 銥 釘 錳 鈷 鎳

鉛 鋅 鉍 銻 鉻 鎘 鈾 鉬 鈮 釩 銦 鉀 鈉 鋰 鉫 鈣 鉧 鎂 鐙 鋁 鑮 鋯

銀 鑭 鉍 溴 矽 碘 碲 硒 鈀 鉭 鉺 鎢

7)《化學命名原則》（1933）沿用的近代化學譯著中的化學元素詞

硫 硼 鐵 銅 錫 鉛 汞 金 銀 矽 碘 碲 硒 鉀 鈉 鈣 鋁 錳 鈷 鎳 鋅 鉍

鉑 銻 鉧 鋰 鎂 銥 鉻 溴 鎘 鈾 鉬 釘 鉭 釩 鋯 銦 鉫 鏑 鑭 鎢 鉍 鈀

鉺 鉭 鈳

表 92　化學譯著中化學元素詞的沿用情況分析表（1900—1933）

	化學原質新表 1900	術語辭彙 1904	化學語彙 1908	化學元素命名説 1915	無機化學命名草案 1920	科學名詞審查會本 1920	化學命名原則 1933
化學元素詞數	64	64	64	64	64	68	64
沿用譯著詞數	62	30	61	56	48	56	47
沿用詞百分比	96.9%	46.9%	95.3%	87.5%	75%	82.4%	73.4%

3. 化學元素詞汰選的原則

針對 64 個化學元素，自 1900 年的《化學原質新表》至 1933 年的《化學命名原則》，期間除了對譯著中已有化學元素詞的沿用之外，新的化學元素詞的創製也未曾間斷：

鏋 鈂 鎄 銠 録 鏍 釦 鉦 銨 鐄 鉲 鈦 錊 鎶 鍏 釷 氭 碳 磷 硅 𣱛 鐟

碖 砷 騰 鋀（Th）鋀（Dy）鉨/銠 鉥/鍶 鎧/銫 氪/氟 氫/氬 鈰/鍶

鍚/鉊/鉈 鏂/鐭/鋨 釶/鈘/釔 鈹/鋍/鑑 氱/氧/氦 氥/氮/𣲆 𣱼/鹽/氯

據 1933 年《化學命名原則》，指稱 64 個化學元素的眾多化學元素詞經過汰選后勝出的是：

金 銀 鐵 銅 錫 鉛 汞 鉀 鈉 鈣 鋁 錳 鈷 鎳 鋅 鉍 鉑 銻 鋇 鋰 鎂 鉥

鉻 溴 鎘 鈾 鉬 釕 釷 釩 鋯 錮 鉫 鏑 鑭 鎢 鉽 鈀 鉺 鉏 鈳 鍶 銠 鈦

鋨 銫 釔 鉈 鈰 鈹 硫 硼 碳 磷 砷 矽 碘 碲 硒 氧 氫 氮 氯 氟

這 64 個化學元素詞爲何能在演變的過程中確立自己的優勢地位？我們知道，化學元素詞既是化學詞彙系統的重要組成部分，也是漢語詞彙系統的組成部分之一，因此化學元素詞的“優勝劣汰”是在二者的共同作用下，遵循相應的原則得以確定的。

1）化學元素詞的汰選應遵循系統性原則

化學元素詞應體現化學元素自身的系統性，該系統性主要通過化學元素詞的書寫形式——化學元素字實現。《化學命名原則》中確定下來的化學元素字除“金”之外均爲形聲字，1932 年在制定元素名稱時，要求元素定名取字，應依一定系統，以便區別，這就是使用固有漢字如“金”、“銀”、“銅”、“鐵”、“錫”、“鉛”、“硫”、“汞”，這些字的字形結構也成爲制定新元素名稱的造字依據。[①] 64 個化學元素據其常溫狀態分爲氣體元素、液體元素和固體元素三類，其中固體元素又可分爲金屬元素與非金屬元素兩類。故氣體元素以“气”爲義符，如“氧”、“氫”、“氟”；液體元素以“水”爲義符，如“溴”；固體金屬元素以“金”爲義符，如“鉀”、“鎂”、“鈣”；固體非金屬元素以“石”爲義符，如“硒”、“碲”、“砷”。據此，不能體現化學元素系統性的元素詞便被淘汰，例如，溴元素常溫下是液體，

① 王寶瑄：《元素名稱的沿革》，載《科技術語研究》2006 年第 1 期。

故淘汰"氫"，非金屬元素碘在常溫下是固體故淘汰"氯"，氮元素常溫下是氣體故淘汰"硝"，氯元素常溫下是氣體故淘汰"鹽"，此外被淘汰的還有"炭"、"燐"、"弗"、"輕"、"養"、"綠"、"淡"、"䥑"。

2）化學元素詞的汰選應遵循約定俗成性原則

早在先秦，《荀子·正名》中就提出了語言的"約定俗成"原則："名無固宜，約之以命，約定俗成謂之宜，異於約則謂之不宜；名無固實，約之以命，約定俗成謂之實名。"面對眾多的化學元素詞的選擇，"只有使用實踐才是最後的裁判，要約定就要使用；要使用，就需要時間"，[①] 因此，我們應尊重化學元素詞的歷史使用習慣，優先考慮經歷實踐考驗的爲大多數人所接受的詞。換句話說就是，儘量選擇一直被沿用的詞或是在演變及規範過程中選用率較高的詞。例如：

一直被沿用而未發生變化的詞有：銀、鐵、銅、鎳、錫、鉛、鉍、鈾、釩、銦、鋰、鉫、銀、鎂、鈀、鉺、鉭。

因選用率[②]高而取代其他詞的化學元素詞有（"—"前爲選用詞，"—"後爲淘汰詞）：

金—鏽　銥—鐠　釘—銠　錳—鏢　鈷—釦　鋅—鉦　銻—銨

鉬—鋒　鉀—鋏　鈉—鏑　鈣—鍇　鋯—鈶　鉱—鐀　碲—鐠

硒—碚　鉑—銃　鎘—鉄　釷—錏　硼—硴

矽—砂/硅　鉻—鑛/鏴　鋁—釷/鑺　鏑—鉙/鉅/釴　鈹—鋅/鑑

3）化學元素詞的汰選應遵循準確性原則

準確性原則從音與義兩個方面對化學元素詞的汰選進行衡量。其一，儘量選取接近化學元素源語詞讀音的音譯詞，故以"砷"、"鍶"取代"砒"、"鉥"。在造形聲字音譯化學元素源語詞時，儘量選取與化學元素源語詞首音或次音接近的詞，故以"鋨"、"鑭"、"鉈"取代"鉥"、"鋃"、"鉊"。此外，"鈳"取代"鈮"的原因比較特殊，二者音譯的化學元素源語詞不同，"鈳"譯自 Columbium，"鈮"譯自 Niobium，由於 Columbium 在西文中

---

① 史有爲：《漢語外來詞》，商務印書館，2003 年。196 頁

② 此處所言"選用率"是指《化學原質新表》、《術語辭彙》、《化學語彙》、《化學元素命名說》、《無機化學命名草案》、《科學名詞審查會第一次化學名詞審定本》、《化學命名原則》中化學元素詞選用次數的多少。

更常用，據此選用“鈳”。其二，化學元素詞的表義應準確，例如“砒”乃含砷元素的化合物（其成分爲 As_2O_3[①]），不能用以名元素而遭淘汰。

4）化學元素詞的汰選應遵循便利性原則

化學元素詞是化合物與化學公式表達的基礎，因此應該具有表達和使用的便利性，其表現形式就是化學元素詞的單音化與書寫的簡易化。如《化學命名原則》所言“元素之名各以一字表之”，“易於書寫”[②]。據此，化學元素單音詞取代相應的雙音詞，因而“白金”、“水銀”、“炭質”、“硫黃”、“弗氣”、“輕氣”、“養氣”、“緑氣”、“淡氣”被淘汰；書寫形式簡易的詞取代書寫形式繁複的詞，如“鈦”取代“鐟”，“銠”取代“銈”和“鉶”，“鉋”取代“鑗”和“鎧”，“汞”取代“銾”，“鈹”取代“錍”和“鏾”，“釔”取代“鈦”、“鉇”和“釴”，“氧”取代“⿹氣養”和“氱”，“氫”取代“⿹氣輕”，“氟”取代“⿹氣弗”，“氮”取代“⿹氣淡”和“⿹氣單”，“氯”取代“⿹氣緑”，“鋨”取代“鏂”和“鐭”，“鈳”取代“鎶”，“鍶”取代“鎴”，“鉈”取代“鉛”和“鍚”，“鈽”取代“鍶”。

5）化學元素詞的汰選應遵循區別性原則

由於許多化學元素詞是利用造形聲字單音音譯而成，難免會形成同音現象，因此化學元素詞的汰選應儘量避免同音以求區別。例如，爲避免“錯”、“鍚”、“鎴”之間的同音現象，以“鈽”取代“錯”，以“鍶”取代“鎴”；爲避免“鐟”與“銻”的同音，以“鈦”取代“鐟”；爲避免“鉛”與“鈦”音混，以“鈦”取代“鉛”。

5.2 化學元素詞的演變規律

5.2.1 化學元素詞的單音化

詞是語音與語義的結合體，具有固定的語音形式，根據構成詞的音節的

---

① 梁國常：《無機化學命名商榷》，載《學藝》1921 年第 3 期。

② 化學名詞審查委員會：《化學命名原則》，國立編譯館，1933 年。3 頁

多少，可以把詞分爲單音節詞（或稱單音詞）和複音節詞（或稱複音詞）兩類。由一個音節構成的詞稱爲單音節詞，由兩個或兩個以上音節構成的詞稱爲複音節詞。漢語詞彙從古至今都有單音與複音之分，複音中又以雙音爲主。古漢語中單音節詞占多數，隨着漢語的發展，詞彙中的雙音節詞逐漸增多，隨之出現了以雙音爲主的複音化的發展趨勢。當漢語詞彙沿着以雙音爲主的複音化的趨勢發展時，化學元素詞卻反其道而行，呈現出單音化的趨勢。

5.2.1.1 漢語詞彙的複音化

1. 漢語詞彙的複音化

漢語詞彙的發展經歷了以單音詞爲主向以複音詞爲主的詞彙系統轉化的過程，我們稱之爲漢語詞彙的複音化，如向熹先生所言："由單音走向複音，這是漢語詞彙發展的内部規律之一。這一規律在上古漢語詞彙中已經開始表現出來。"[1] 然而，漢語詞彙從以單音詞爲主過渡到以複音詞爲主，並非一朝一夕之功，而是經歷了一個漫長的歷史過程，而且在漢語詞彙史的不同發展階段體現出的詞彙複音化的程度也是不同的。

上古漢語詞彙中單音詞的數量占絕對優勢，然而，由於單音詞的發展受語音形式的限制，產生了很多同音詞和多義詞，在一定程度上影響了語言的表達，誠如《荀子·正名》所言："單足以喻則單，單不足以喻則兼。"在此情況下，出現了相當數量的雙音詞如"教誨"、"顛倒"、"沸騰"、"輾轉"、"參差"、"邂逅"、"勇敢"、"蟋蟀"、"君子"、"旦旦"、"人人"、"道理"等，[2] 爲漢語詞彙的複音化邁出了第一步。魏晉以後，尤其是到了唐宋時期，一方面，我國社會政治、經濟、文化發生了大的變化，新事物、新概念隨之湧現，因而出現了大量的新詞，另一方面，漢語發展到唐宋階段，語音系統逐漸簡化，由此形成了語音簡化與新詞增加之間的矛盾，這樣

---

[1] 向熹：《簡明漢語史》，高等教育出版社，1998 年。406 頁
[2] "教誨"出自《詩經·小雅·小宛》、"顛倒"出自《詩經·齊風·東方未明》、"沸騰"出自《詩經·小雅·十月之交》、"輾轉"出自《詩經·周南·關雎》、"參差"出自《詩經·周南·關雎》、"邂逅"出自《詩經·鄭風·野有蔓草》、"蟋蟀"出自《詩經·唐風·蟋蟀》、"勇敢"出自《莊子·列禦寇》、"君子"出自《論語·爲政》、"旦旦"出自《孟子·告子上》、"人人"出自《孟子·離婁上》、"道理"出自《韓非子·解老》。

一來，詞彙的複音化自然而然地成爲了"語音簡化的平衡錘"。[①] 以單音詞爲語素構成複音詞，從而使這一時期的漢語詞彙複音化有了長足的發展，複音詞的大量產生是這一時期漢語詞彙發展的重要特點，期間產生的新詞絕大多數是雙音詞。"雙音詞的發展是對語音簡化的一種平衡力量。由於漢語語音系統逐漸簡單化，同音詞逐漸增加，造成信息傳達的障礙，雙音詞增加了，同音詞就減少了，語音系統簡單化造成的損失，在詞彙發展中得到了補償。"[②] "從漢語本身發展的內在規律看，漢語詞彙終將實現雙音化，但是這個進程在魏晉以前是極其緩慢的，而進入中古以後，雙音化的步伐突然加快，在短短的二三百年中漢語詞彙系統（主要指文獻語言的詞彙系統）以單音詞爲主的面貌就得到了根本的改觀。"[③] 至元明清時期，隨着白話文學的傳播，複音詞又呈劇增態勢。元雜劇裏運用了大量的雙音詞，僅王實甫《西廂記》的"長亭送別"這一段詞中，就使用了如"黃花、西風、離人、相見、歸去、柳絲、疏林、斜暉、迤迤、相思、迴避、別離、金釧、長亭、安排、心情、打扮"等許多的雙音詞。《水滸傳》、《紅樓夢》等明清小說裏複音詞（絕大多數爲雙音詞）的數量已遠遠超過了單音詞。[④] 近代後期，隨着中國社會的變革以及西方科學文化的傳入，新事物、新概念再次大量地湧現，產生了更多的新詞。承襲中古漢語詞彙複音化的走勢，近代漢語複音化得到了進一步的發展，主要表現爲：近代漢語新詞中，雙音節詞占有明顯優勢的同時多音節詞隨之大量增加。在漢語詞彙的發展過程中，複音詞在數量上日漸增多，在構成方式上日趨多樣，終於在現代漢語詞彙中占有了絕對優勢。據《現代漢語頻率詞典》統計顯示：按照使用度高低排列的前 9000 個詞中，單音詞有 2400 個，雙音詞有 6285 個，二者數量之比爲 1：2.5。[⑤] 《漢語拼音詞彙》收詞 1492 個，其中雙音節詞占 89.4%，單音詞僅占 7.6%，其餘爲多音節詞。

---

① 王力：《漢語史稿》，中華書局，1980 年。342 頁
② 王力：《漢語語法史》，商務印書館，1989 年。
③ 朱慶之：《試論佛典翻譯對中古漢語詞彙發展的若干影響》，載《中國語文》1992 年第 4 期。
④ 許光烈、孫永蘭：《漢語詞彙雙音節化》，載《內蒙古民族師院學報（哲學社會科學·漢文版）》1991 年第 4 期。
⑤ 蘇新春：《當代中國詞彙學》，廣東教育出版社，1995 年。163 頁

綜上，漢語詞彙的發展趨勢是以雙音爲主的複音化。

5.2.1.2 化學元素詞的單音化

以雙音爲主的複音化是漢語詞彙發展的基本規律，體現了漢語詞彙發展的必然趨勢。然而在這個大的發展趨勢下，作爲漢語詞彙組成部分之一的化學元素詞卻呈現出單音化的趨勢。漢語詞彙中，單音詞與複音詞是對立統一的關係。唯物辯證法認爲，世界上的一切事物都包含着兩個方面，這兩個方面既相互對立，又相互統一，雙方相互依存，並在一定條件下相互轉化。因此，我們認爲單音節化並不是對雙音節化的否定，二者是互補的、雙向的、動態的共同發展。單音化是化學元素詞的演變規律，有其形成的原因，但這並不影響漢語詞彙複音化的總趨勢。

1. 化學譯著中化學元素詞的語音形式的多樣化與單音化趨勢

1）化學譯著中化學元素詞的語音形式的多樣化

由於化學元素詞的形成方式不同，使得化學元素詞的語音形式出現了多樣化的特點。根據音節的多少，化學元素詞分爲單音節詞和複音節詞兩大類，其中化學元素複音節詞又可分爲雙音節詞、三音節詞、四音節詞、五音節詞、六音節詞、七音節詞六類。

（1）單音節詞

金 銀 鉑 銈 鉥 鏂 銇 釕 汞 錳 鐵 銅 鈷 鎳 錫 鉛 鋅 鍟 鎢 鉻 鉍 銻
鉀 養 鏭 鎂 鋇 鈣 鉮 鉫 鍶 鋰 鈉 輕 弗 緑 硝 鋁 鉏 鉺 鈀 硒 碲 碘
矽 砂 硼 燐 硫 磺 炭 溴 蒙 玻 砒 銠 銕 鎬 錆 鉬 鐟 鈾 鐄 鏴 鈖 錯
鑭 鋃 鏑 鋯 鐿 釷 釖 釰 銑 鋊 鉗 鑪 鏀 滷 硄 鈶 銦 鐇 鈮 鉰 砵 鉥
鋙 鐸 鋏 鋕 鑑 鏝 鑴 鈯 篕 鈃 溳 鉒 鑾 鐸 鏤 鐩 鍲 鋗 鉇 鑕 碚 鉽 鏒
鉨 鋕 鑻 銅 鏾 硋 鐳 鍼 鍾 瀻 硑 硴 砲 爕 鈦$_1$ 鈦$_2$ 釩$_1$ 釩$_2$ 鎘$_1$ 鎘$_2$ 鉐$_1$
鉐$_2$ 淡$_1$ 淡$_2$

（2）雙音節詞

黑鉛 黃金 白金 水銀 白鉛 倭鉛 灰精 養氣 輕氣 緑氣 水母 硝氣 硫磺
光藥 硫黃 硼精 玻精 砂精 硬鉛 非呵 非而 哀單 歌單 軟鉛 不龍 小銀
蒙精 錳精 哦合 俄而 汞精 紅銅 日三 犒曼 篕精 信石 鹻精 堿精 石精
生氣 酸母 弗氣 瀻氣 緑精 鹽氣 硝母 礬精 滷精 不母 溴水 炭精 炭質
布倫 薄何 撥喝 撥合 約得 海藍 白銀 淡氣$_1$ 淡氣$_2$

（3）三音節詞

阿合商　阿而商　尼該樂　日三恪　日三可　可娎母　幾單那　的大訥　石灰精

波大先　木灰精　嘎里先　巴哩菴　蘇地菴　阿蘇的　阿索得　阿色得　咭咾連

可樂合　可樂而　鹽滷精　白礬精　膠泥精　傅咾連　孛羅明　不合母　嘎爾本

戛薄訥　炭氣精　得律合　得驢喝　得驢合　挨阿顛　埃阿顛　蘇夫合　西利根

水母氣

（4）四音節詞

阿日阿末　不拉的訥　不拉底乃　何抵約母　喝底約母　芊合居合　芊喝居喝

蒙戛乃斯　勿日阿末　居衣夫合　居依吳呵　可八里得　戈八而得　必斯迷他

必司美得　昂底摩訥　安底摩尼　阿何色尼　阿各西仁　可樂喝而　克羅而因

阿索哦得　佛律約而　夫驢約合　弗娎利拿　佛斯佛合　戛各撥那　戛爾撥那

阿祿迷年　鋃呂阿末　里及約母　理及阿母　素地阿末　索居約母　索居阿母

怕台西恩　波大寫母　柏大約母　馬革尼先　信石原質　蒙嘎乃斯

（5）五音節詞

布拉典阿末　以日地阿末　底里地約母　依合底約母　歐司米約母　古部日阿末

司歡奴阿末　杭底母阿那　迂呵呢約母　於呵尼約母　戛底迷約母　嘎大迷約母

阿各色呢各　阿合色尼閣　卜對斯阿末　依特喝仁訥　伊得喝仁訥　依他喝仁訥

依得樂仁訥　我克西仁訥　哦可西仁訥　巴阿里約母　八阿里嘎母　戛勒寫阿母

嘎里寫阿母　尼特合壬哪　色勒尼約母　塞林尼約母　塞類尼約母　西里西約母

西里西亞母　西里寫阿母

（6）六音節詞

阿而件得阿末　部勒末布阿末　不阿大寫阿母　斯特龍寫阿母　阿驢迷尼約母

阿閭迷尼約母　各閭須尼阿母　勿司勿而阿司

（7）七音節詞

海得喏治日阿末　馬可尼及寫阿母

2）化學譯著中化學元素詞的發展趨向單音化

表 93 化學譯著中含有不同音節數的化學元素詞統計表

	單音節	雙音節	三音節	四音節	五音節	六音節	七音節
詞數	136	61	37	41	32	8	2
所占比例	42.9%	19.2%	11.7%	12.9%	10.1%	2.5%	0.6%

根據化學譯著中含有不同音節數的化學元素詞的統計，隨着音節數量的遞增，化學元素詞的數量呈現出遞減的趨勢，化學元素單音節詞是雙音節詞的 2.2 倍、三音節詞的 3.7 倍、四音節詞的 3.3 倍、五音節詞的 4.3 倍、六音節詞的 17 倍、七音節詞的 68 倍，因此，化學譯著中的化學元素單音詞占有明顯優勢。

表 94 出現於兩部以上（含兩部）化學譯著中的化學元素詞統計表

	近代化學譯著部數						
	兩部	三部	四部	五部	六部	七部	八部
單音詞數量	19	22	6	2	4	1	4
雙音詞數量	5	6	1	3	2	2	×
三音詞數量	1	×	×	×	×	×	×
四音詞數量	1	×	×	×	×	×	×

根據同一化學元素詞在化學譯著中出現的情況，單音詞的出現頻率明顯高於複音詞：出現於兩部以上化學譯著中的單音詞有 58 個，複音詞有 21 個，單音詞出現數量是複音詞的 2.8 倍，由此我們可以看出化學元素詞單音化的趨勢。

3）化學元素詞演變與規範過程中的單音化

表 95 化學元素詞演變与規範過程中的單音詞與複音詞統計表（1900—1933）

	化學原質新表 1900	術語辭彙 1904	化學語彙 1908	化學元素命名說 1915	無機化學命名草案 1920	科學名詞審查會本 1920	化學命名原則 1933
單音詞比例	100%	100%	86%	100%	100%	100%	100%
複音詞比例	×	×	14%	×	×	×	×

　　根據 1900 年至 1933 年间化學元素詞的演變與規范過程中單音詞與複音詞所占比例的統計，除《化學語彙》中有 9 個化學元素雙音詞之外，[①] 其餘均爲化學元素單音詞。由此觀之，在演變與規範過程中，化學元素詞呈現出單音化趨勢。

　　2. 化學元素詞單音化的原因

　　在漢語詞彙複音化的總趨勢下，化學元素詞緣何出現單音化的現象？究其原因有以下幾點：

　　1）單音音譯的翻譯方式是化學元素詞單音化的基礎

　　從化學元素詞的形成方式看，單音音譯化學元素源語詞的首音或次音是化學譯著中化學元素詞形成的重要方式，這一翻譯方式爲化學元素詞的單音化發展奠定了基礎。[②]

　　2）化學元素詞的單義性是化學元素詞單音化的條件

　　漢語詞彙之所以朝着複音化的方向發展，一個很重要的原因就是漢語單音詞的一詞多義致使表義不明確，而複音詞的語義表達更加細緻準確。化學元素詞作爲化學專業詞語，具有術語詞的單義性特點。"在同一種語言中，一個名稱與一個概念之間的關係應該是單參照性的。因而，對於任何一個術語來說，一個名稱應該與一個並且只與一個概念相對應。"[③] 化學元素詞的單義性，是指一個化學元素詞與一個並且只與一個化學元素概念相對應，二者的關係可以表示如下：

$$化學元素詞 \xbegin{array}{c} 單義性 \\ \longleftrightarrow \\ 單參照性 \end{array} 化學元素概念$$

　　化學元素詞的單義性特點使化學元素概念的表達十分明確，從而爲化學元素詞的單音化創造了條件。

　　3）化學元素詞的單音化是化學表達的要求

　　簡明、快捷的表達是化學學科自身的要求，化學元素詞彙屬於化學詞彙

---

　　① 《化學語彙》中的化學元素雙音詞——養氣（氧）、輕氣（氫）、淡氣（氮）、綠氣（氯）、弗氣（氟）、炭質（碳）、硫黃（硫）、水銀（汞）、白金（鉑）。其中，"水銀"與"汞"、"白金"與"鉑"並用。

　　② 單音音譯的翻譯方式可參見本書第 4 章"音譯的化學元素詞"部分。

　　③ 馮志偉：《術語學中的概念系統與知識本體》，載《術語標準化與信息技術》2006 年第 1 期。

系統中的基本詞彙，處於該系統的核心地位。化學知識與理論體系建構的基礎是化學元素、化合物表達式以及化學公式，而化學元素詞正是化合物表達式與化學公式的組成要素，基於此，單音詞在表達上更具優勢，如譯著所言："惟白鉛一物，亦名倭鉛，乃古無今有。名從雙字，不宜用於雜質①，故譯西音作鋅。昔人所譯，而合宜者亦仍之，如養氣、淡氣、輕氣是也。若書雜質則原質名概從單字，故白金亦昔人所譯，今改作鉑。"② 因爲單音詞在結構上具有不可再分性，加之化學元素詞的單義性特點，使化學元素詞的内容（詞義）與其外部形式（口頭形式音、書面形式字形）的結合更加緊密，同時實現了字與詞的統一。這樣一來，化學元素單音詞的運用便符合了化學專業知識表達的要求——明確、簡潔，同時也符合人們追求語言效率的要求。

表96　化學譯著中的化合物表達式舉例③

化學譯著	化合物表達式		
《格物入門》	鉛三養四（Pb_3O_4）	汞二養一（Hg_2O）	汞一養一（HgO）
《化學初階》	輕₂養（H_2O） 鋰₂炭養₃（Li_2CO_3）	炭養（CO） 鋇磺（BaS）	輕綠（HCl） 鈣弗₂（CaF_2）
《化學鑒原》	錳養₂（MnO_2） 鋅養硫養₄（$ZnSO_4$）	燐養₅（PO_5） 淡輕₃（NH_3）	銀養（AgO） 綠養₃（ClO_3）
《化學指南》	鑛綠（UCl）　　鑛溴（UBr） 鉫綠（$IrCl$）　　銩綠（$RhCl$）	鐽磺（OsS） 鉍₂鑠（Bi_2I_3）	鉛砒（$PbPh$）
《化學啓蒙》	鈣養炭養₃（$CaCO_3$）	銅養硫養₃（$CuSO_4$）	淡養₅（NO_5）
《化學新編》	硝輕₄（NH_4） 鈉淡養₃（$NaNO_3$）	輕硝養₃（HNO_3） 炭硫₂（CS_2）	燐₂養₅（P_2O_5）

4）化學元素詞的單音化是漢語高頻語素單音化規律作用的必然結果

語言的發展總是在求區別、求表達與求簡化的矛盾運動中進行。漢語詞

---

① "雜質"即今所言之"化合物"。
② ［英］韋而司著，［英］傅蘭雅、徐壽譯：《化學鑒原》，江南製造局，1871 年。
③ "（）"内爲今之化合物表達式。

彙發展在詞彙複音化、雙音化的同時，還存在高頻語素單音化的趨勢。所謂高頻語素的單音化是指使用頻率高的語素趨於單音化，這是漢語詞彙發展的重要規律之一。從漢語本身看，語素是構詞的基礎，也是一種音義結合體，因此，語音形式特點和表義特點是影響漢語語素及其構詞的主要因素。漢語語素一直是以單音節爲主的，單音節語素在漢語語素的總數中占有絕對優勢，同時又具有極強的構詞能力。據統計，《新華字典》收單字 11000 個左右，其中 97.8% 都是單音節語素，都可以跟其他語素組合成許多新的詞語。[1] 詞彙是語言各要素中最爲活躍、發展最爲迅速的，人的任何活動領域中新事物和新概念的出現都會引起新詞的產生，它們會受到漢語自身規律的強大影響，其結果就是那些最重要、最常用的基本概念、基本詞彙，總會習慣地以單音語素的方式凝固並沉澱下來。[2] 漢語中"天"、"地"、"日"、"月"、"人"等與人們的生活密切相關，使用頻率極高，它們既可單獨成詞也能與其他語素組合成詞，是具有強構詞能力的單音語素。外來詞爲了儘快融入漢語，會竭力順應漢語的特點和規律，隨着複音節的外來詞使用頻率的提高，當它參與構詞時會自覺的調整音節的數量——進行單音節化縮略，如"佛陀"源於梵語 buddha 的音譯，本來還有其他的譯名，如"浮陀"、"浮屠"、"佛馱"等，隨着這一詞語的頻繁使用，最後定型爲"佛陀"，當它參與漢語構詞時，便縮略爲一個單音語素"佛"，在此基礎上與其他語素構成新詞——"佛像"、"佛教"、"佛老"、"佛經"、"佛龕"、"佛事"、"借花獻佛"等。化學元素詞不僅是漢語詞彙的組成部分，更屬於化學詞彙系統中使用頻率極高的詞。化學元素雙音詞以語素身分參與構詞時往往進行單音節化縮略，如"養氣"縮略爲"養"，"輕氣"縮略爲"輕"，"淡氣$_1$"縮略爲"淡$_1$"，"淡氣$_2$"縮略爲"淡$_2$"。在翻譯化學元素源語詞時也存在着選用詞的單音化，例如"玻璃"本爲雙音節的單純詞，一般不單用，翻譯 Silicon 時卻用單音形式"玻"。在高頻語素單音化規律的作用下，化學元素詞演變過程中呈現出了單音化的趨勢，經過汰選後確定下來的化學元素詞均爲單音語素構成的單音詞。這樣一來，當化學元素詞以語素身分參與新的複

① 邢福義：《現代漢語》，高等教育出版社，1993 年。208 頁
② 蘇新春：《當代漢語外來單音語素論》，載《福建省語言學會 2002 年學術年會論文集》2002 年。

合詞的構造時，就會具有更强的構詞能力，例如"鈣化、碘酊、碘酒、鉀肥、鈉燈、鋁合金、鋁土礦、錳鋼、鎳幣、鎳鋼、鎳鉻絲、鋅白、鋅板、鋅板、鋅板、鋅鋇白、汞溴紅、紅汞、銻華、鋇餐、鎂光、鎂砂、鎂磚、鉻鋼、鉻鎳鋼、鉻鐵礦、鈾瀝青、鉬鋼、钒钢、鎢砂、鎢絲、鎢絲燈、鎢鋼"等詞，它們在充實漢語詞彙系統的同時也融入了漢語詞彙複音化的主流。

5.2.2 化學元素詞譯法的單音音譯化

漢語翻譯外語詞的總趨勢是由音譯趨向意譯，而化學元素詞的翻譯則呈現出單音音譯的趨勢。

5.2.2.1 漢語翻譯外語詞的總趨勢——由音譯趨向意譯

譯，《說文解字·言部》解釋爲："傳譯四夷之言者。"《漢語大字典》解釋爲："翻譯，把一種語言文字轉換成另一種語言文字。"[1] 中國是具有悠久歷史文明的國家，早在先秦，就有中外交流與翻譯的相關記載，《周禮·秋官·司寇》裏記載"秋官"屬下有"大行人"及"小行人"之職，大行人的職責是"掌大賓之禮及大客之儀，以親諸侯"，"大行人"之屬官又有象胥、司儀及掌客等官員。象胥即口譯官員，其職責是："掌蠻夷、閩貉、戎狄之國使，掌傳王之言而諭說焉，以和親之。若以時入賓，則協其禮與其辭，言傳之。"春秋時期《國語·周語》記載有："夫戎、狄，冒沒輕儳，貪而不讓。其血氣不治，若禽獸焉。其適來班貢，不俟馨香嘉味，故坐諸門外，而使舌人體委與之。"三國·吳·韋昭注曰："舌人，能達異方之志，象胥之職也。"據此可知，周代的口譯官員"象胥"在春秋時也稱爲"舌人"。秦相呂不韋的《呂氏春秋·審分覽·慎勢》記載："凡冠帶之國，舟車之所通，不用象、譯、狄鞮，方三千里。"可知先秦時期中外交往過程中的口譯官員不僅有"象"之稱，還有"譯"與"狄鞮"之名。《禮記·王制》對此作了較爲詳細的解釋："五方之民，言語不通，嗜欲不同。達其志，通其欲，東方曰寄，南方曰象，西方曰狄鞮，北方曰譯。"因此，中國的翻譯史可謂源遠流長。縱觀古今，隨着各國之間的科技文化交流的日益頻

---

[1] 漢語大字典編輯委員會：《漢語大字典》，四川辭書出版社、湖北辭書出版社，1986 年。4024 頁

繁，語言文字之間的轉換——翻譯便顯得尤爲重要。就外語詞的翻譯而言，主要有兩種方式，即音譯和意譯，各自有其優勢。就漢語對外語詞的吸收情況而言，意譯往往是主流，音譯爲非主流，換句話說，吸收外語詞的主要趨勢是意譯。

從漢語吸收外來詞的歷史看，一般情況下，漢語對外來詞的最初引入，最直接、最便捷的方式就是音譯。以早期音譯詞爲例，如匈奴語 da da 音譯爲"橐駞"、"駱驢"、"駱駝"，大宛語 badaga 音譯爲"蒲陶"、"蒲萄"、"蒲桃"、"葡萄"，匈奴語 serbi① 音譯爲"師比"、"犀比"、"鮮卑"、"胥紕"、"犀毗"。外來詞引入漢語之初，往往無暇進行細緻地推敲，或者是由於對其意義在短時間內不能作出確切的理解，或者是不能及時地從漢語詞彙中找到意義相對應的詞語進行翻譯，因此爲了儘快地獲取新的知識，音譯就成爲了優先採用的方式。大多數的情況下，音譯強調的是語音上的近似，在沒有對音譯作基本規範之前，所有的音譯均各行其是，因此選字是極端任意的，常常出現"音譯無定字"的現象。漢字是形、音、義的結合體，當它作爲音譯用字時，由於人們的認知習慣，漢字原有的意義往往會掩蓋源語詞的實際意義，使音譯詞的形式與內容缺乏關聯，導致音譯詞的詞義理據被掩蓋。

相比音譯，意譯的方式似乎更符合漢語認知的特點，能够較直觀地表達源語詞的意義，尤其是對抽象詞的表達，這類詞"沒有具體的對象可以叫人從感官上接觸到，若純用音譯，一般人是很難瞭解的，所以不得不通過分析，從意義上抓住原詞的要點翻譯過來，爲別人理解涵義開一個入口"②。隨着漢語自身的不斷發展和充實，逐漸具備了豐富的語素和多樣的構詞方式。任何複雜的事物和概念都可以利用漢語的構詞語素和構詞方式創造新詞進行意譯，這更容易爲人們所接受。意譯的優勢在於，能够比較確切地表達源語詞的的意義，意譯形成的詞語即使意義是外來的，但由於它"適合於現有的構詞手段和構詞方法的體系，不違背語言裏己經固定下來的體系，所

---

① 匈奴語 serbi，是一種上有豠獸形象的金屬帶鉤。（向熹：《簡明漢語史》，高等教育出版社，1998 年。536 頁）

② 周定一：《"音譯詞"和"意譯詞"的消長》，載《中國語文》1962 年第 10 期。

以出現之後就可能通行開來"①。據有關數據統計,劉正埮的《漢語外來詞詞典》所收錄的 1784 個英源純音譯詞中,共有 483 個詞演變成了意譯詞。②汪榮寶、叶瀾的《新爾雅》(1903) 收錄意譯詞 2728 個,而音譯詞僅有 21個,二者之比爲 129.9：1,意譯占絕對優勢。金哲等主編的《當代新術語》(1988) 收錄的 2197 個新術語中,音譯詞 103 個,僅占總詞數的 4.7%。于根元的《現代漢語新詞新語詞典》(1994) 收錄的 7655 個詞中,音譯詞 65個,僅占總詞數的 0.84%。③

綜上,音譯和意譯都是漢語吸收外來詞的有效手段,它們各有千秋。就其發展情況而言,意譯占有優勢。究其原因:首先,音譯詞缺乏音與義之間的聯繫,不能反映出詞語的命名理據,不能形成以語素音節爲基礎的字面意義的組合。如朱自清先生所言,音譯最大的弊端在於令人不解,容易讓人望文生義。④ 尤其是音節數量多的音譯詞,對於習慣了每個字、每個音節都有意義的國人來說,不便於理解和記憶,因而常常爲意譯詞所替代。其次,意譯是利用漢語已有的構詞材料和構詞方式創造新詞,更合乎漢語的特點和規律,意譯詞的表義更加明確,並且更符合國人識讀的習慣,較之音譯更容易通行並穩固下來。因此,就總的發展趨勢看,意譯占有明顯優勢。

5.2.2.2 化學元素詞的單音音譯化

1. 化學元素詞的單音音譯化

相比一般詞語的翻譯,西方學術術語的翻譯尤爲不易,正所謂"一名之立,旬月踟躕",⑤ 一個重要的原因就是許多源語詞在漢語中難以找到完全對應的詞,因此嚴複先生曾感慨曰:"新理踵出,名目紛繁,索之中文,渺不可得。即有牽合,終嫌參差。譯者遇此,獨有自具衡量,即義定名。"⑥化學元素詞也不例外,十九世紀中後期,西方近代化學傳入我國,爲我們帶來了許多新的化學元素概念,化學元素詞的翻譯工作也隨之展開。一個外來的新的事物或概念剛剛傳入時,從吸收外語詞的便捷的角度考慮,人們爲了

---

① 張永言:《詞彙學簡論》,華中工學院出版社,1982 年。
② 李海燕:《英語外來詞的引進與外來詞研究》,北京師範大學文學院,2005 年。
③ 史有爲:《漢語外來詞》,商務印書館,2003 年。191－192 頁
④ 《翻譯通訊》編輯部:《翻譯研究論文集》,外語教學與研究出版社,1984 年。51 頁
⑤ 《翻譯通訊》編輯部:《翻譯研究論文集》,外語教學與研究出版社,1984 年。6 頁
⑥ 《翻譯通訊》編輯部:《翻譯研究論文集》,外語教學與研究出版社,1984 年。6－7 頁

儘快地汲取新的知識，往往優先選擇音譯的方式，這樣就造成了音譯與意譯比例上的懸殊。如下表所示：

表 97　化學譯著中化學元素音譯詞與意譯詞情況統計表①

	音譯詞		意譯詞
	單音音譯詞	全音譯詞	
化學元素詞數量	78	127	47
所占比例	24. 6%	40. 1%	14. 8%

就漢語對外來詞的吸收而言，當大多數詞語沿着由音譯向意譯的發展趨勢演變時，化學元素詞卻呈現出反方向的演變趨勢——音譯。從音譯與意譯形成的化學元素詞在化學譯著中出現的情況來看，單音音譯的化學元素詞已具有了明顯的優勢。具體見下表：

表 98　出現於兩部以上（含兩部）化學譯著中的化學元素詞統計表

	近代化學譯著部數					
	兩部	三部	四部	五部	六部	七部
單音音譯詞數	16	17	4	×	×	×
全音譯詞數	1	×	×	×	×	×
意譯詞數	6	5	2	4	3	1

根據 1900 年至 1933 年化學元素詞的演變和規範過程中有關音譯詞與意譯詞的統計（見下表），單音音譯的化學元素詞取代了絕大多數相對應的意譯詞，並且在化學元素詞的數量上占有了絕對優勢。

表 99　化學元素詞演變與規範過程中的音譯詞與意譯詞統計表（1900—1933）

	化學原質新表	術語辭彙	化學語彙	化學元素命名說	無機化學命名草案	科學名詞審查會本	化學命名原則
64 元素對應詞數	64	64	64	64	64	68	64
全音譯詞數	×	×	×	×	×	×	×

---

① 表中的百分比是指化學元素音譯詞與意譯詞占化學元素詞總數（317 個）的百分比。

	化學原質新表	術語辭彙	化學語彙	化學元素命名說	無機化學命名草案	科學名詞審查會本	化學命名原則
單音音譯詞數	48	36	46	48	48	47	49
所占比例	75%	56.3%	71.9%	75%	75%	69.1%	76.6%
意譯詞數	7	2	6	7	×	7	×
所占比例	10.9%	3.1%	9.4%	10.9%	×	10.3%	×

表 100　演變與規範過程中的化學元素音譯詞表（1900—1933）

	音譯化學元素詞
《化學原質新表》 1900	弗砆矽碘碲硒鉀鈉鈣鋁錳鈷鎳鋅鉍鉑鍗鉺鋰鎴鎚鎂鉽鉻鎘鈾鐠銖鑗鉬鈮釘鉒釩鈦鋯鈯鉫鉿鏑銀鑄鎢鏻鈀鉺鉭鈹
《術語辭彙》 1904	鎳鉍鉺鋰鎂鈾鈮鉻釩鎐鉫鉫鉫銀鏻鈀鉺鉭鐯砆釓銨鉫鐽鉒鉽鈦鐪鎧鏻鉺鉑鍚鉺騰硼
《化學語彙》 1908	砆矽碘碲硒鉀鈉鈣鋁錳鈷鎳鋅鉍鉑鍗鉺鋰鎴鎚鎂鉽鉻鎘鈾鐠銖鑗鉬鈮釘鉒釩鈦鋯鉫鉫鉿銀鎢鈀鉺鉭砷鉽鑿
《化學元素命名說》 1915	矽碘碲硒硼鉀鈉鈣鋁錳鈷鎳鎴鐠銖鑗鋅鉍鉑鍗鉺鋰鎴鎂鉽鐇鎘鈾鉬鈮釘鉒釩鋯鉫鉫銀鎢鈀鉺鉭鐽鑏鉮氟鈗鉑鏷
《無機化學命名草案》 1920	鉑鎴銖釘錳鈷鎳鋅鉍鍗鉻鎘鈾鐠鉬釩鉫鉿鉀鈉鋰鉫鈣鉺鎂鋁鉒鈦鋯鏑銀鑄碘碲硒砷硼鈀鉭鉺鎢鉽鐯鑏鎧鈹鉿氟
《科學名詞審查會本》 1920	鉑鎴銖釘錳鈷鎳鋅鉍鍗鉻鎘鈾鉬鈮釩鉫鉀鈉鋰鉫鈣鉺鎂鑗鋁鋯銀鐠鑄矽碘碲硒硼鈀鉭鉺鎢鐭鈦鑏鈹鉑鍚釷氟
《化學命名原則》 1933	鉀鈉鈣鋁錳鈷鎳鋅鉍鉑鍗鉺鋰鎂鉽鉻鎘鈾鉬釘鉒釩鋯鉫鉿鏑鑭鎢鑗鈀鉺鉭鈳鑏鉑鈦鋨鉋釔鉈鉺鈹氟砷矽碘碲硒硼

2. 化學元素詞單音音譯化的原因

在眾多的化學元素詞裏，最終得以通行並且穩定下來的絕大多數是單音音譯的化學元素詞，它們爲什麼會取得優勢地位？我們以下表所舉化學元素詞爲例，進行分析。

表 101　化學元素單音音譯詞、全音譯詞、意譯詞對照舉例表

命名原則① 確定用詞	單音 音譯詞	全音譯詞	意譯詞
鈉	鈉	蘇地菴 素地阿末 索居約母 索居阿母	鹹精 城精
鈣	鈣	戛勒寫阿母 嘎里寫阿母 嘎里先	石精 石灰精
鋁	鋁	阿鱸迷尼約母 阿閭迷尼約母 阿祿迷年	白礬精 膠泥精 礬精
鎂	鎂	馬可尼及寫阿母 馬革尼先	滷精 鹽滷精
矽	矽	西里西約母 西里西亞母 西里寫阿母 西利根	玻精 砂精
碘	碘	挨阿顛 埃阿顛 約得	海藍

1）音譯內部的競爭結果——單音音譯詞取代全音譯詞

（1）詞的形式——語音形式與書寫形式

就語音形式而言，儘管單音音譯詞與全音譯詞均能體現化學元素源語詞的音，然而，全音譯詞的音節數量多，這既不符合漢語詞的音節習慣，也不符合漢語的構詞規律。由於漢語中的同音字數量較多，加之化學元素源語詞的語源及音譯選字的不同，出現了一個源語詞對應多個全音譯詞的情況，②這樣一來，就加劇了全音譯詞的不穩定性，使之更易發生流變。而單音音譯詞只需考慮與化學元素源語詞首音或次音的發音相近，因此其音節形式更簡潔，更加適應漢語構詞的規律。③

就書寫形式而言，全音譯化學元素詞由於音節數量多，使用的漢字數量明顯多於單音音譯詞，不利於人們的識記與書寫。單音音譯詞是使用一個漢字來記錄，從而形成了字與詞的一一對應，使詞的形、音、義結合得更加緊密，同時具有書寫的簡便性。

（2）詞的內容——意義

古代漢語詞彙以單音節爲主，而語素單音節化和以意合爲主的構詞方式

---

① 化學名詞審查委員會：《化學命名原則》，國立編譯館，1933 年。
② 參見本書第 4 章的"化學譯著中的全音譯化學元素詞表"。
③ 本章在討論"化學元素詞的單音化"問題時已作相關論述，故此處不再贅言。

則是漢語詞彙構成的重要特點，因而形成了人們對漢語詞彙的認知心理——有音必有義。而記錄純音譯詞的漢字僅僅用作記音符號，一方面，失去了其本身所負載的意義，另一方面，不能明確地體現化學元素詞的意義，就人們長期以來形成的認知心理而言是傾向於排斥的，這也是致使全音譯的化學元素詞不能長期存在的一個重要原因。而單音音譯的化學元素詞則不同，音譯采用與能够體現化學元素類屬的形聲字，使得源語詞的意義得到一定程度上的外化。

2）單音音譯與意譯的競爭結果——單音音譯詞取代意譯詞

（1）詞的形式——語音形式與書寫形式

單音音譯的化學元素詞無論是語音形式還是書寫形式，較之意譯而成的化學元素詞更加簡潔。因爲化學元素詞在化學詞彙系統中處於核心地位，是構成化合物與化學反應表達式的基礎，所以簡單的詞形更有利於表達，在這一點上，是意譯而成的化學元素詞無法企及的。

（2）詞的內容——意義

就化學元素意義的表達而言，意譯而成的化學元素詞雖然能够較明確地體現化學元素詞的命名理據，但由於化學元素具有多方面的特徵，命名理據選取便具有了任意性，意譯時根據不同的命名理據可以形成不同的化學元素詞，即使是同一化學元素，由於命名理據的選取不同會產生多個詞語表達同一化學元素意義的情形，從而削弱了化學元素詞本應具有的系統性特點。例如"輕氣"是根據化學元素的特性及類屬命名，"海藍"是根據化學元素的來源及顏色特徵命名，"石精"是根據化學元素的生成物命名，"砂精"是根據化學元素的來源物命名，意譯而成的化學元素詞由於命名理據的任意性使得化學元素詞缺乏應有的系統性。單音音譯的化學元素詞則不同，由於形聲字音譯的運用，使化學元素詞的系統性體現得尤爲突出，例如"鈉"、"鈣"、"鋁"、"鎂"、"矽"、"碘"，這些字的義符已經明確了元素的類屬——以"金"爲義符的是金屬元素，以"石"爲義符的是非金屬元素。

綜上，單音音譯之所以在化學元素詞的競爭中取勝，關鍵在於單音音譯詞的形成具有二重性，一方面，保留了化學元素源語詞的音，在形式和內容

上含有外來的因素；另一方面，在形式和內容上又或多或少地被漢化了，[1]
這種漢化主要表現在音譯形聲字的運用上。音譯詞的漢化是漢語內部規律對
外來詞的一種強制性的同化，處於優勝劣汰的選擇競爭機制中的化學元素
詞，只有適應了漢語內部的生存法則，才會在漢語詞彙系統中永遠占有一席
之地，而形聲字"與生俱來"的音義兼表的特點恰恰成就了單音音譯的化
學元素詞。

5.2.3 記錄化學元素詞的化學元素字的形聲化

5.2.3.1 化學元素字的形聲化趨勢

1. 從化學譯著中新造化學元素字的沿用情況看

化學元素字的創造主要采用了形聲和會意兩種方式，並且以形聲所造化
學元素字居多。形聲是利用義符和聲符複合構字的方式，形聲字的義符表示
意義類屬，聲符提示字的讀音，利用這種方式所造的化學元素字有"鎂"、
"鉀"、"鋇"、"碘"、"碲"、"矽"等。會意是由兩個或兩個以上表意構件
拼合而成共同體現意義的一種構字方式，利用這種方式所造的化學元素字有
"溴"、"鑽"、"鎬"、"鑛"、"鍬"、"鐳"、"鍾"、"瀬"、"燦"。根據我們的
統計數據顯示（見下表），化學譯著中化學元素新造字經過歷史的汰選，最
終得以沿用的都是形聲字，反之，新造會意字全部被淘汰，此外，化學元素
命名規範期（1900—1933）新造的化學元素字亦均爲形聲字，這些足以說
明形聲是更加適合化學元素字的造字方法。儘管化學譯著中所造的化學元素
會意字較好地體現出化學元素的特徵，其表意性比形聲字強，但由於字形過
於繁複，不便識記和書寫，並且缺乏字形與字音之間的關聯。相比之下，兼
表音義的形聲字則具有更大的優越性，最終取代相應的會意字，從而形成化
學元素字的形聲化趨勢。

---

① 所謂漢化，是指一種外語的詞一旦被漢語吸收，它就得按照漢語的特點和需要進行改造，
從而成爲漢語詞彙中的一員，也就是說，漢語在吸收借鑒外來詞時總是本着洋爲中用的原則。（周
沫：《簡述外來詞吸收過程中的漢化表現》，載《大衆文藝》2008 年第 4 期）

表 102　化學譯著新造形聲字與會意字的沿用及規範期新造形聲字與會意字情況統計表

	化學原質新表	術語辭彙	化學語彙	化學元素命名說	無機化學命名草案	科學名詞審查會本	化學命名原則
化學元素字	64	64	55	64	64	68	64
譯著新造形聲字數	47	22	44	42	41	42	39
所占比例	73.4%	34.4%	80%	65.6%	64.1%	61.8%	60.9%
規範期新造形聲字數	2	33	3	7	16	12	18
所占比例	3.1%	51.6%	5.5%	10.9%	25%	17.6%	28.1%
譯著新造會意字數	×	×	×	×	×	×	×
規範期新造會意字數	×	×	×	×	×	×	×

2. 從化學元素字的確定情況看

1933 年《化學命名原則》中確定的 64 個化學元素字，除"金"為會意字之外，其餘均為形聲字。

表 103　《化學命名原則》（1933）中的 64 個化學元素字分析表

化學元素字	形聲字					會意字
	形聲字的義符	金	石	水	气	
	含相應義符的字數	47	9	2	5	
	占形聲字的比例	74.6%	14.3%	3.2%	7.9%	
字數	63					1
所占比例	98.4%					1.6%

5.2.3.2 化學元素字形聲化的原因

化學元素字的形聲化符合漢字發展的趨勢。據李孝定先生統計，在殷商甲骨文中形聲字約占 27.24%，在小篆中約占 81.24%（據李國英師統計為 87.39%），在宋代楷書中占 90%，[①] 形聲成為了占絕對優勢的一種造字方法。

---

① 李國英：《小篆形聲字研究》，北京師範大學出版社，1996 年。1 頁

1. 化學元素字的形聲化有其傳統性

自 1855 年的近代化學譯著《博物新編》至 1933 年的《化學命名原則》，一直被沿用下來的化學元素字是固有的漢字——"金"、"鐵"、"銅"、"錫"、"鉛"、"銀"、"汞"、"硫"，這些字成爲了新的化學元素形聲字造字的依據：一是化學元素形聲字的義符依據，如"金"、"石"、"水"；一是化學元素形聲字的主要結構形式——左形右聲。

2. 形聲字能够體現化學元素的系統性與區別性

化學元素有其自身的系統性，根據化學元素常溫下的狀態類屬分爲氣體、液體、固體三類，根據化學元素是否具有金屬性又可分爲金屬與非金屬兩類。形聲字使有限的義符達到了無限的運用，具有強大的歸納性——僅用了 4 個義符就將化學元素的系統性一覽無餘地展現出來：氣體元素字以"气"爲義符，如"氧"、"氫"、"氮"、"氯"、"氟"；液體元素字以"水"爲義符，如"汞"、"溴"；金屬元素字以"金"爲義符，如"鈉"、"鈣"、"鉬"、"鎂"等；固體非金屬元素字以"石"爲義符，如"硼"、"矽"、"碲"等。64 個化學元素字中的金屬元素形聲字 47 個、固體非金屬元素形聲字 9 個、氣體元素形聲字 5 個、液體元素形聲字 2 個，形聲字的義符只能顯示化學元素的類屬，而聲符的表音功能則有助於具體化學元素的有效區分。利用義符和聲符的相互配合，分工合作，互爲區別，互相限定，既體現了化學元素的系統性，又具有較強的區別性，使形聲字成爲了化學元素字構形方式中的最優結構。

3. 形聲字有助於化學元素音譯詞的漢化

根據我們所研究的 64 個化學元素在 1933 年《化學命名原則》中的定名情況看，以形聲字音譯的外來詞占化學元素詞總數的 75%。音譯外來詞要想融入漢語，並在漢語詞彙中獲得穩固的地位，一言以蔽之，就是漢化，而漢化的基本標誌是有確定的漢語語音結構和確定的意義。對於化學元素音譯詞而言，形聲造字加速了它的漢化進程：第一，通過聲符表音的功能達到化學元素音譯詞語音的漢化，具體表現在音節數量的減少、音素的轉換和聲調的增加三方面（見下表）；第二，利用義符的表意功能達到化學元素音譯詞詞義的漢化。因此，我們說形聲字有助於化學元素音譯詞的漢化。

表 104　形聲字語音漢化舉例表

化學元素源語詞	音譯的語音單位	漢語對譯音節	化學元素形聲字的聲符
Indium	/in/	yīn	因（銦）
Iridium	/i/	yī	衣（銥）
Bismuth	/bi/	bì	必（鉍）
Lithium	/li/	lǐ	里（鋰）
Barium	/bɛə/	bèi	貝（鋇）
Lanthanum	/læn/	lán	闌（鑭）
Molybdenum	/mə/	mù	日（鉬）
Uranium	/juə/	yóu	由（鈾）
Zirconium	/kəu/	gào	告（鋯）

4. 形聲造字促使化學元素字的優化

制約和影響漢字發展的重要規律是"求簡化"、"求區別"和"求表達"①，這些規律同樣制約和影響着化學元素字的發展演變，因此，能够體現漢字發展規律的化學元素字才是表達化學元素意義的最佳選擇。形聲造字的靈活性使其能够順應漢字發展規律的要求，通過義符與聲符的自由組合實現化學元素字的優化，例如"輕"、"養"、"綠"、"淡"、"弗"是漢語已有的常用字，各自有其固有的意義，在化學譯著中由於記録化學元素詞而被賦予了新的意義，爲"求區別"避免與已有字義的混淆，同時也爲"求表達"與化學元素的其他類屬相對應以體現化學元素的系統性，在原有字的基礎上爲之增加義符"气"分別造新的形聲字"輕"、"養"、"綠"、"淡"、"氟"，之後，爲"求簡化"將"輕"、"養"、"綠"、"淡"省聲爲"氫"、"氧"、"氯"、"氮"4 個字。爲了使化學元素類屬的表達更爲明確，將"燐"與"鍾"改換義符爲"磷"與"砷"，"炭"增加義符爲"碳"。爲了避免化學元素字的同音現象改換聲符以求區別，例如"錯"、"鎴"、"錫"三字同音，保留漢語固有字"錫"，爲新造形聲字"錯"、"鎴"改換聲符爲"鈰"、"鍶"，爲避免"鐯"與"銻"同音，改換"鐯"之聲符爲"鈦"。

_____

① 李國英師課程講義。

在漢字發展規律的制約下，實現了化學元素字的優化：《化學命名原則》確定的 64 個化學元素字中，義符表意簡約明確，僅用"金"、"石"、"气"、"水" 4 個義符便涵蓋化學元素的所有類屬；聲符示音程度高，就 55 個新造的形聲字而言，聲符與形聲字讀音相同或相近的有 52 個①，比例高達 94.5%。因此，在化學元素字的優化過程中，形聲造字起着重要的促進作用。

---

① 聲符與字音完全相同的有 48 個：氧、氫、氮、氯、氟、碳、矽、碘、碲、硒、鉀、鈣、鋁、鋅、鉍、釷、釩、鈾、鉬、鎢、鉺、銀、鋰、鎂、銩、鈷、鎳、鉻、釘、鋯、銦、鉚、鑭、鍼、鉑、砷、鍶、鉈、釔、鈦、銠、磷、鉋、鈰、鈹、溴、鎘、鈉，聲符與字音相近（僅聲調不同）的有 4 個：錳、鈳、鈀、銻。

參考文獻

1. 化學古籍文獻

[1] ［英］合信:《博物新編》,墨海書館,1855 年。

[2] ［美］丁韙良:《格物入門·化學入門》,京師同文館,1868 年。

[3] ［英］韋而司著,［美］嘉約翰、何了然譯:《化學初階》,廣州博濟醫局,1870 年。

[4] ［英］韋而司著,［英］傅蘭雅、徐壽譯:《化學鑒原》,江南製造局,1871 年。

[5] ［英］包門、蒲陸山著,［英］傅蘭雅、徐建寅譯:《化學分原》,江南製造局,1872 年。

[6] ［法］馬拉古蒂著,［法］畢利幹譯:《化學指南》,京師同文館,1873 年。

[7] ［英］蒲陸山著,［英］傅蘭雅、徐壽譯:《化學鑒原續編》,江南製造局,1875 年。

[8] ［英］羅斯古著,［美］林樂知、鄭昌棪譯:《格致啓蒙·化學啓蒙》,江南製造局,1879 年。

[9] ［英］蒲陸山著,［英］傅蘭雅、徐壽譯:《化學鑒原補編》,江南製造局,1879 年。

[10] ［德］富里西著尼烏司著,［法］畢利幹、承霖、王鐘祥譯:《化學闡原》,京師同文館,1882 年。

[11] ［德］富里西著尼烏司著,［英］傅蘭雅、徐壽譯:《化學考質》,江南製造局,1883 年。

[12] ［德］富里西著尼烏司著,［英］傅蘭雅、徐壽譯:《化學求數》,江南製造局,1883 年。

［13］［英］傅蘭雅譯：《化學須知》，江南製造局，1886 年。

［14］［英］羅斯古著，［英］艾約瑟譯：《西學啓蒙・化學啓蒙》，廣學會，1886 年。

［15］［美］福開森著，李天相譯：《化學新編》，金陵匯文書院，1896 年。

2. 專著、論文集

［1］曹元宇：《中國化學史話》，江蘇科學技術出版社，1979 年。

［2］陳原：《社會語言學》，學林出版社，1983 年。

［3］馮志偉：《術語淺說》，語文出版社，2000 年。

［4］馮志偉：《現代術語學引論》，語文出版社，1997 年。

［5］符淮青：《現代漢語辭彙》，北京大學出版社，2004 年。

［6］高名凱、劉正埈著：《現代漢語外來詞研究》，文字改革出版社，1958 年。

［7］高名凱：《語言論》，商務印書館，1995 年。

［8］葛本儀：《現代漢語詞彙》，山東人民出版社，1975 年。

［9］胡曉清：《外來語》，新華出版社，1998 年。

［10］化學名詞審查委員會：《化學命名原則》，國立編譯館，1933 年。

［11］賈彥德：《語義學導論》，北京大學出版社，1986 年。

［12］蔣紹愚：《古漢語詞彙綱要》，北京大學出版社，1989 年。

［13］李國英：《小篆形聲字研究》，北京師範大學出版社，1996 年。

［14］凌永樂：《化學概念和理論的發展》，科學出版社，2001 年。

［15］劉叔新：《漢語描寫詞彙學》，商務印書館，1990 年。

［16］劉湧泉、喬毅著：《應用語言學》，上海教育出版社，2003 年。

［17］陸宗達、王寧著：《訓詁方法論》，中國社會科學出版社，1983 年。

［18］呂叔湘：《中國文法要略》，商務印書館，1941 年。

［19］羅常培：《語言與文化》，語文出版社，1996 年。

［20］潘允中：《漢語詞彙史概要》，上海古籍出版社，1989 年。

［21］沙國平：《化學元素的發現及其命名探源》，西南交通大學出版社，1996 年。

［22］史存直：《漢語辭彙史綱要》，華東師範大學出版社，1989 年。

［23］史有爲：《漢語外來詞》，商務印書館，2000 年。

［24］舒化龍：《漢語發展史略》，內蒙古教育出版社，1983 年。

［25］蘇新春：《當代中國詞彙學》，廣東教育出版社，1995 年。

［26］孫常敘：《漢語詞彙》，吉林人民出版社，1956 年。

［27］唐蘭：《中國文字學》，上海古籍出版社，2001 年。

［28］王力：《漢語詞彙史》，商務印書館，1993 年。

［29］王力：《漢語史稿》，中華書局，1980 年。

［30］王寧：《漢字漢語基礎》，科學出版社，1996 年。

［31］王寧：《訓詁學原理》，中國國際廣播出版社，1996 年。

［32］武占坤、王勤著：《現代漢語詞彙概要》，內蒙古人民出版社，1983 年。

［33］向熹：《簡明漢語史》，高等教育出版社，1998 年。

［34］楊錫彭：《漢語外來詞研究》，上海人民出版社，2007 年。

［35］袁翰青、應禮文著：《化學重要史實》，人民教育出版社，1989 年。

［36］張世祿：《普通話詞彙》，新知識出版社，1957 年。

［37］張永言：《詞彙學簡論》，華中工學院出版社，1982 年。

［38］鄭貞文：《無機化學命名草案》，商務印書館，1920 年。

［39］周祖謨：《漢語詞彙講話》，外語教學與研究出版社，2006 年。

［40］［德］李博著，趙倩、王草、葛平竹譯：《漢語中的馬克思主義術語的起源與作用》，中國社會科學出版社，2003 年。

［41］［美］愛德華·薩丕爾著，陸卓元、陸志韋譯：《語言論》，商務印書館，1997 年。

［42］［瑞士］索緒爾著，高名凱譯：《普通語言學教程》，商務印書館，1980 年。

［43］［意］馬西尼著，黃河清譯：《現代漢語詞彙的形成——十九世紀漢語外來詞研究》，漢語大詞典出版社，1997 年。

［44］David Wright. Translating Science：The Transmission of Western Chemistry into Late Imperial China 1840—1900 ［M］. Boston：Köln：Brill，2000.

232

［45］《翻譯通訊》編輯部：《翻譯研究論文集》，外語教學與研究出版社，1984 年。

［46］楊根：《徐壽和中國近代化學史》，科學技術文獻出版社，1986 年。

3. 期刊文章

［1］曹先擢：《關於第 111 號元素漢字定名問題的管見》，載《科技術語研究》2006 年第 1 期。

［2］程榮：《從詞典編纂的角度看語彙學的相關問題》，載溫端政、吳建生著：《漢語語彙學研究》，商務印書館，2009 年。

［3］程榮：《試談詞語縮略》，載《語文建設》1992 年第 7 期。

［4］程榮：《術語的標準化與詞典編纂》，載《術語標準化與信息技術》2003 年第 1 期。

［5］程榮：《語詞詞典的編纂與現代漢語規範化》，載《語言文字應用》1996 年第 2 期。

［6］杜亞泉：《化學原質新表》，載《亞泉雜誌》1900 年第 1 期。

［7］範守義：《定名的歷史沿革與名詞術語翻譯》，載《外交學院學報》2002 年第 1 期。

［8］馮志偉：《中文數理化術語的發展源流》，載《語文建設》1990 年第 3 期。

［9］傅惠鈞、蔣巧珍：《略論化學用字的特點》，載《浙江師大學報（社會科學版）》2000 年第 6 期。

［10］［英］傅蘭雅：《江南製造總局翻譯西書事略》，載《格致彙編》1878 年第 6 期。

［11］何涓：《化學元素名稱漢譯史研究述評》，載《自然科學史研究》2004 年第 2 期。

［12］何涓：《清末民初（1901～1932）無機物中文命名演變》，載《科技術語研究》2006 年第 2 期。

［13］何涓：《清末民初化學教科書中元素譯名的演變——化學元素譯名的確立之研究》，載《自然科學史研究》2005 年第 2 期。

［14］洪成玉：《詞義的系統特徵》，載《北京師院學報》1987 年第

4 期。

　　［15］黃河清：《漢語外來影響詞》，載《詞庫建設通訊》1995 年第 8 期。

　　［16］科學名詞審查會：《科學名詞審查會第一次化學名詞審定本（教育部審定公布）》，載《東方雜誌》1920 年第 17 期。

　　［17］李海：《化學元素的中文名詞是怎樣制定的》，載《化學教學》1989 年第 3 期。

　　［18］李運富：《建立獨立的系統的古代漢語詞彙學》，載《上海青年語言學》1987 年第 8 期。

　　［19］李運富：《論漢字結構的演變》，載《河北大學學報（哲學社會科學版）》2007 年第 2 期。

　　［20］梁國常：《無機化學命名商榷》，載《學藝》1921 年第 3 期。

　　［21］劉廣定：《中文化學名詞的演變（上）》，載《科學月刊》1985 年第 190 期。

　　［22］劉廣定：《中文化學名詞的演變（下）》，載《科學月刊》1985 年第 191 期。

　　［23］劉湧泉：《略論我國術語工作》，載《中國語文》1984 年第 1 期。

　　［24］劉澤先：《從化學字的興衰看漢字的表意功能》，載《語文建設》1991 年第 10 期。

　　［25］陸貫一：《原質之新譯名》，載《科學》1932 年第 16 期。

　　［26］潘吉星：《明清時期（1640—1910）化學譯作書目考》，載《中國科技史料》1984 年第 5 期。

　　［27］任鴻雋：《化學元素命名說》，載《科學》1915 年第 1 期。

　　［28］石磬：《名詞隨筆四——爲什麼會有這樣多的化學用字》，載《科學術語研究》2001 年第 2 期。

　　［29］蘇力、姚遠：《中國綜合性科學期刊的嚆矢——〈亞泉雜誌〉》，載《編輯學報》2001 年第 5 期。

　　［30］蘇培成：《造新漢字的現狀應當改變》，載《科技術語》1999 年第 3 期。

　　［31］王寶瑄：《化學術語的漢語命名》，載《化學通報》1995 年第

8 期。

［32］王寶瑄：《元素名稱的沿革》，載《科技術語研究》2006 年第 1 期。

［33］王寶瑄：《元素名稱考源》，載《中國科技術語》2007 年第 4 期。

［34］王寧：《第 111 號元素的定名與元素中文命名原則的探討》，載《科技術語研究》2006 年第 1 期。

［35］王寧：《漢語詞彙語義學的重建與完善》，載《寧夏大學學報（人文社會科學版）》2004 年第 4 期。

［36］王揚宗：《清末益智書會統一科技術語工作述評》，載《中國科技史料》1991 年第 2 期。

［37］吳世雄：《關於"外來概念詞"研究的思考》，載《詞庫建設通訊》1995 年第 7 期。

［38］徐行：《元素名稱拼寫法》，載《語文建設》1964 年第 2 期。

［39］葉蕊、吳士英：《元素的漢語名稱》，載《化學史話》1990 年第 3 期。

［40］袁翰青：《近代化學傳入我國的時期問題》，載《化學化學通報》1954 年第 6 期。

［41］張澔：《鄭貞文與中文化學命名》，載《科技術語研究》2006 年第 3 期。

［42］張澔：《中文化學術語的統一：1912—1945》，載《中國科技史料》2003 年第 2 期。

［43］張澔：《中文無機名詞之"化"字 1896—1945 年》，載《自然科學研究》2006 年第 3 期。

［44］張聯榮：《談詞的核心義》，載《語文研究》1995 年第 3 期。

［45］張培富、夏文華：《晚清民國時期化學元素用字的文化觀照》，載《科學技術與辯證法》2007 年第 6 期。

［46］張子高、楊根：《從〈化學初階〉和〈化學鑒原〉看我國早期翻譯的化學書籍和化學名詞》，載《自然科學史研究》1982 年第 4 期。

［47］周祖謨：《漢語詞彙講話》，載《語文學習》1956 年第 9 期。

4. 學位論文

［1］崔軍民：《萌芽期的現代法律新詞研究》，四川大學文學與新聞學院，2007 年。

［2］胡照青：《晚清社會變遷中的法學翻譯及其影響》，華東政法大學，2007 年。

［3］姜燕：《〈針灸甲乙經〉醫學用語研究》，北京師範大學文學院，2005 年。

［4］李海燕：《英語外來詞的引進與外來詞研究》，北京師範大學文學院，2005 年。

［5］李潤生：《〈齊民要術〉農業專科詞彙系統研究》，北京師範大學文學院，2005 年。

［6］李亞明：《〈周禮・考工記〉先秦手工業專科詞語詞彙系統研究》，北京師範大學文學院，2006 年。

［7］李彥潔：《現代漢語外來詞發展研究》，山東大學，2006 年。

5. 工具書

［1］岑麒祥：《漢語外來語詞典》，商務印書館，1990 年。

［2］陳英才：《理化詞典》，中華書局，1923 年。

［3］廣東、廣西、湖南、河南辭源修訂組、商務印書館編輯部：《辭源》，商務印書館，1979 年。

［4］《漢語大詞典》，漢語大詞典出版社，1986—1994 年。

［5］《漢語大字典》，四川辭書出版社、湖北辭書出版社，1986—1990 年。

［6］胡行之：《外來語詞典》，天馬書局，1936 年。

［7］近現代漢語新詞詞源詞典編委會：《近現代漢語新詞詞源詞典》，漢語大詞典出版社，2001 年。

［8］劉正談、高名凱等：《漢語外來詞詞典》，辭書出版社，1984 年。

［9］商務印書館辭書研究中心：《古今漢語詞典》，商務印書館，2001 年。

［10］舒新城：《辭海》，商務印書館，1937 年。

［11］汪榮寶、葉瀾：《新爾雅》，明權社，1903 年。

［12］學部審定科：《化學語彙》，商務印書館，1908 年。

［13］中國大辭典編纂處：《漢語詞典》，商務印書館，1962 年。

［14］宗福邦、陳世鐃、蕭海波：《故訓匯纂》，商務印書館，2003 年。

［15］［英］馬禮遜：《華英字典（1815—1823）（影印版）》，大象出版社，2008 年。

6. 電子文獻

［1］迪志文化出版有限公司、書同文電腦技術開發有限公司：《文淵閣四庫全書電子版－原文及全文檢索版》，上海人民出版社、迪志文化出版有限公司，1999 年。

附　録

附錄1　近代化學譯著中的化學元素詞之首見化學譯著表

今用詞	化學譯著用詞	首見化學譯著	今用詞	化學譯著用詞	首見化學譯著
金 Au	黃金	博物新編	鎂 Mg	鎂	化學初階
	金	化學初階		鑢	化學指南
	阿日阿末	化學鑒原		馬可尼及寫阿母	化學指南
	哦合	化學指南		滷	西學啓蒙•化學啓蒙
	俄而	化學指南		滷精	西學啓蒙•化學啓蒙
銀 Ag	銀	博物新編		鹽滷精	西學啓蒙•化學啓蒙
	白銀	格物入門•化學入門		馬革尼先	西學啓蒙•化學啓蒙
	阿而件得阿末	化學鑒原	銫 Cs	銅	化學初階
	阿合商	化學指南		鎩	化學鑒原
	阿而商	化學指南		礬精	格物入門•化學入門
鉑 Pt	白金	格物入門•化學入門	鋁 Al	釩₂	化學初階
	鉑	化學初階		鋁	化學鑒原
	布拉典阿末	化學鑒原		鑻	化學指南
	小銀	化學指南		阿矑迷尼約母	化學指南
	不拉的訥	化學指南		阿間迷尼約母	化學指南
	不拉底乃	化學指南		白礬精	西學啓蒙•化學啓蒙
銠 Rh	銼	化學初階		膠泥精	西學啓蒙•化學啓蒙
	鈉	化學指南		阿祿迷年	西學啓蒙•化學啓蒙
	何抵約母	化學指南	鈹 Be	銑	化學初階
	喝底約母	化學指南		鉻	化學鑒原
銥 Ir	銥	化學初階		鉗	化學指南
	以日地阿末	化學鑒原		各間須尼阿母	化學指南
	鉶	化學指南	釷 Th	釠	化學初階
	底里地約母	化學指南		釖	化學初階
	依合底約母	化學指南		釷	化學鑒原

238

续表

今用詞	化學譯著用詞	首見化學譯著	今用詞	化學譯著用詞	首見化學譯著
鋨 Os	鐭	化學初階	釔 Y	鐿	化學初階
	錸	化學鑒原		鈦$_2$	化學鑒原
	歐司米約母	化學指南	鋯 Zr	鎧	化學初階
釕 Ru	鏒	化學初階		鋯	化學鑒原
	釕	化學鑒原	鏑 Dy	鉄	化學初階
汞 Hg	水銀	博物新編		鉄	化學初階
	汞	格物入門·化學入門		鏑	化學鑒原
	汞精	格物入門·化學入門	鑭 La	鑭	化學初階
	海得喏治日阿末	化學鑒原		鋃	化學鑒原
	芊合居合	化學指南	鈰 Ce	鑘	化學初階
	芊喝居喝	化學指南		鈰	化學初階
錳 Mn	蒙	格物入門·化學入門		錯	化學鑒原
	蒙精	格物入門·化學入門	鋱 Tb	鏒	化學初階
	錳	化學初階		鋱	化學鑒原
	錳精	化學初階	氧 O	養氣	博物新編
	鑾	化學指南		生氣	博物新編
	蒙戞乃斯	化學指南		養	格物入門·化學入門
	蒙嘎乃斯	化學指南		酸母	化學鑒原
鐵 Fe	鐵	博物新編		阿各西仁	化學指南
	銕	化學初階		我克西仁訥	化學指南
	勿日阿末	化學鑒原		哦可西仁訥	化學指南
	非呵	化學指南	氫 H	輕氣	博物新編
	非而	化學指南		水母氣	博物新編
銅 Cu	銅	博物新編		水母	格物入門·化學入門
	古部日阿末	化學鑒原		淡氣$_2$	格物入門·化學入門
	居衣夫合	化學指南		淡$_2$	格物入門·化學入門
	居依吳呵	化學指南		輕	化學初階
	紅銅	格致啓蒙·化學啓蒙		依特喝仁訥	化學指南
鈷 Co	鎬	化學初階		伊得喝仁訥	化學指南
	鈷	化學鑒原		依他喝仁訥	化學指南

今用詞	化學譯著用詞	首見化學譯著	今用詞	化學譯著用詞	首見化學譯著
	錆	化學指南		依得樂仁訥	化學指南
	可八里得	化學指南		淡氣₁	博物新編
	戈八而得	化學指南		硝氣	格物入門・化學入門
鎳 Ni	鎘₂	化學初階		硝	格物入門・化學入門
	鎳	化學鑒原		淡₁	化學初階
	鐸	化學指南	氮 N	硝母	化學鑒原
	尼該樂	化學指南		阿蘇的	化學鑒原
錫 Sn	錫	博物新編		阿索得	化學指南
	司歇奴阿末	化學鑒原		阿色得	化學指南
	哀單	化學指南		阿索哦得	化學指南
	歌單	化學指南		尼特合壬哪	化學指南
	軟鉛	格致啓蒙・化學啓蒙		綠	格物入門・化學入門
鉛 Pb	鉛	博物新編		綠氣	格物入門・化學入門
	黑鉛	格物入門・化學入門		鹽氣	格物入門・化學入門
	部勒末布阿末	化學鑒原	氯 Cl	咶咾連	化學初階
	不龍	化學指南		克羅而因	化學鑒原
	硬鉛	格致啓蒙・化學啓蒙		可樂合	化學指南
	白鉛	格物入門・化學入門		可樂喝而	化學指南
	鋰	化學初階		可樂而	化學指南
	鋅	化學鑒原		綠精	西學啓蒙・化學啓蒙
鋅 Zn	倭鉛	化學鑒原		弗	化學初階
	鑹	化學指南		傅咾連	化學初階
	日三恪	化學指南		弗氣	化學鑒原
	日三可	化學指南	氟 F	灟	化學指南
	日三	化學指南		灟氣	化學指南
	鉍	化學初階		佛律約而	化學指南
	鑭	化學指南		夫驢約合	化學指南
鉍 Bi	鈁	化學指南		弗妻利拿	西學啓蒙・化學啓蒙
	必斯迷他	化學指南	溴 Br	溴	化學初階
	必司美得	化學指南		溴水	化學鑒原

今用詞	化學譯著用詞	首見化學譯著	今用詞	化學譯著用詞	首見化學譯著
銻 Sb	銻	化學初階	碳 C	李羅明	化學鑒原
	鈕	化學指南		溴	化學指南
	昂底摩訥	化學指南		不合母	化學指南
	杭底母阿那	化學指南		不母	化學指南
	安底摩尼	西學啓蒙•化學啓蒙		炭	博物新編
鉻 Cr	鏴	化學初階		炭精	格物入門•化學入門
	鉻	化學鑒原		炭質	化學初階
	鑕	化學指南		戞薄訥	化學指南
	犒曼	化學指南		戞各撥那	化學指南
	可夔母	化學指南		戞爾撥那	化學指南
鎘 Cd	鐣	化學初階		炭氣精	西學啓蒙•化學啓蒙
	鎘₁	化學鑒原		嘎爾本	西學啓蒙•化學啓蒙
	鑛	化學指南	硫 S	硫磺	博物新編
	戞底迷約母	化學指南		磺	格物入門•化學入門
	嘎大迷約母	化學指南		硫	化學鑒原
鈾 U	鏀	化學初階		硫黄	化學鑒原
	鈾	化學鑒原		蘇夫合	化學指南
	鑽	化學指南	磷 P	燐	博物新編
	迂呵呢約母	化學指南		光藥	格物入門•化學入門
	於呵尼約母	化學指南		勿司勿而阿司	化學鑒原
鈦 Ti	鈦₁	化學初階		硔	化學指南
	鐕	化學鑒原		佛斯佛合	化學指南
	銇	化學指南	硼 B	硼精	格物入門•化學入門
	幾單那	化學指南		硼	化學初階
	的大訥	化學指南		硴	化學鑒原
鉬 Mo	鋗	化學初階		布倫	化學鑒原
	鉬	化學鑒原		薄何	化學指南
鈮 Nb	鉚(Cb)	化學初階		撥喝	化學指南
	鈮	化學鑒原		撥合	化學指南
釩 V	鐇	化學初階	硅 Si	玻精	格物入門•化學入門

续表

今用詞	化學譯著用詞	首見化學譯著	今用詞	化學譯著用詞	首見化學譯著
	釩₁	化學鑑原		玻	化學初階
銦 In	鎝	化學初階		矽	化學鑑原
	鈶	化學鑑原		矽精	化學指南
鉈 Tl	鉈	化學初階		矽	化學指南
	鉊	化學鑑原		西里西約母	化學指南
鉀 K	灰精	格物入門·化學入門		西里西亞母	化學指南
	鉂	化學初階		西里寫阿母	化學指南
	鉀	化學鑑原		西利根	西學啓蒙·化學啓蒙
	卜對斯阿末	化學鑑原	碘 I	海藍	格物入門·化學入門
	柏大約母	化學指南		碘	化學初階
	不阿大寫阿母	化學指南		挨阿顛	化學初階
	怕台西恩	格致啓蒙·化學啓蒙		埃阿顛	化學鑑原
	木灰精	西學啓蒙·化學啓蒙		爍	化學指南
	波大寫母	西學啓蒙·化學啓蒙		約得	化學指南
	波大先	西學啓蒙·化學啓蒙	碲 Te	碲	化學初階
鈉 Na	鹻精	格物入門·化學入門		硴	化學指南
	鎇	化學初階		砒	化學指南
	蘇地菴	化學初階		得律合	化學指南
	鈉	化學鑑原		得驢喝	化學指南
	素地阿末	化學鑑原		得驢合	化學指南
	鹹	化學指南	硒 Se	硒	化學初階
	索居約母	化學指南		硏	化學指南
	索居阿母	化學指南		色勒尼約母	化學指南
	城精	西學啓蒙·化學啓蒙		塞林尼約母	化學指南
鋰 Li	鋰	化學初階		塞類尼約母	化學指南
	鉐₂	化學指南	砷 As	信石	格物入門·化學入門
	里及約母	化學指南		篕	化學初階
	理及阿母	化學指南		篕精	化學初階
鍶 Sr	鎴	化學初階		信石原質	化學初階
	鑘	化學指南		鉮	化學鑑原

续表

今用詞	化學譯著用詞	首見化學譯著	今用詞	化學譯著用詞	首見化學譯著
	斯特龍寫阿母	化學指南		碚	化學指南
鉫 Rb	鑪	化學初階		阿何色尼	化學指南
	鉫	化學鑒原		阿各色呢各	化學指南
鈣 Ca	石精	格物入門•化學入門		阿合色尼閣	化學指南
	鉐[1]	化學初階		砒	化學新編
	鈣	化學鑒原	鈀 Pd	鈀	化學初階
	鋏	化學指南			
	戛勒寫阿母	化學指南	鉭 Ta	鉭	化學初階
	嘎里寫阿母	化學指南			
	硤	西學啓蒙•化學啓蒙	鉺 Er	鉺	化學初階
	石灰精	西學啓蒙•化學啓蒙			
	嘎里先	西學啓蒙•化學啓蒙	鎢 W	鎢	化學初階
鋇 Ba	鋇	化學初階			
	巴哩菴	化學初階			
	鋇呂阿末	化學鑒原			
	鍾	化學指南			
	巴阿里約母	化學指南			
	八阿里嘎母	化學指南			

附録 2　《格物入門・化學入門》（1868）之《原行總目》

原行總目

西名	華名	字	音	西名	華名	字	音
OXYGEN	養氣	O	俄	IRON	鐵	Fo	肥意
HYDROGEN	淡氣	H	希	COPPER	銅	Cu	悉烏
NITROGEN	硝氣	N	尼	COBALT		Co	悉俄
CHLORINE	鹽氣	Cl	悉里	NICKEL		Ni	尼愛
CARBON	炭氣	C	悉	TIN	錫	Sn	思尼
SULPHUR	硫磺	S	思	LEAD	黑鉛	Pb	彼遅
PHOSPHORUS	光藥	P	彼	ZINC	白鉛	Za	昔尼
BORON	硼精	B	遯	BISMUTH		Bi	遯愛
SILICON	玻精	Si	思愛	MERCURY	水銀	Hg	希治
IODINE	海藍	I	愛	GOLD	黃金	Au	阿烏
POTASSIUM	灰精	K	給	SILVER	白銀	Ag	阿治
SODIUM	鹻精	Na	尼阿	PLATINUM	白金	Pt	彼低
CALCIUM	石精	Ca	悉阿	ANTIMONY		Sb	思遅
ALUMINUM	礬精	Al	阿里	ARSENIC	信石	As	阿思
MANGANESE	蒙石	Mg	米治	FLUORINE		F	肥

原行總目

西名	字音	西名	字音	西名	字音
BARIUM	Ba 避阿	STRONTIUM	Sr 恩而	MAGNESIUM	Mg 米治
PALLADIUM	Pa 彼阿	RHODIUM	R 而	IRIDIUM	Ir 愛而
TELLURIUM	Te 低意	TUNGSTEN	W 徹	CHROMIUM	Cr 綦而
LITHIUM	L 梨	SELENIUM	Se 思意	BROMINE	Br 避而

洋數　一 1　二 2　三 3　四 4　五 5　六 6　七 7　八 8　九 9　十 10

習練字母

ZnO,SO^3　KO,NO^5　$SO^3,2HO$　CaO,CO^2　CaO　HCl　NO^5　CO^2　HO

- HO：淡養二氣相合成水
- CO^2：炭一養二合成炭酸
- NO^5：硝一養五合成硝酸
- HCl：淡鹽二氣合成鹽酸
- CaO：石精與養氣合成石灰
- CaO,CO^2：石灰與炭酸合成花石
- $SO^3,2HO$：磺酸加水二分為常
- KO,NO^5：養灰與硝酸合成鹽硝
- ZnO,SO^3：養白鉛與磺酸相合

格物入門　卷八化學上章　論物之原質

245

附錄 3　　《化學初階》（1870）之《原質總目》

原質總目

非金之類（共十四種）

西字母	華字母	數
O	養	
H	輕	
N	淡	
C	炭	
Cl	綠	
I	碘	
S	磺	
P	燐	
F	弗	
Br	溴	
Si	玻	
B	硼	
Se	硒	
Te	碲	

金之類

第一等十二種乃最通行之品

西字母	華字母	數
Fe	鐵	
Cu	銅	
Pb	鉛	
Ag	銀	
Na	鈉	
K	鉀	
Ca	鈣	
Hg	汞	
Zn	鋅	
Sn	錫	
Al	鋁	
Mn	錳	

第二等十五種世間不多

西字母	華字母	數
Mg	鎂	
As	砷	
Sb	銻	
Bi	鉍	
Ba	鋇	
Cr	鉻	

（卷一　化學初階）

原質總目

華字母	數	西字母	華字母	數	西字母
鑥	二十〢	Ce	鎶	三十〣	Co
銷	九十〤	Mo	金	一百〩	Au
銅	九十〧	Nb	鉑	九十〨	Pt
鑭	一百〩	Os	鎘	一百〇	Ni
鉻	二〧	Ru	鈀	一百〇	Pd
鉬	〤十〣	Ta	鈇	一百〣	Ti
釩	三十一	Th	鎢	一百〢	W
鐥	〣十〢	V	鏀	二十〤	U
鐿	十〣	Y	鎴		Sr
鈀	〣十〤	Zr			
鑀	十〦	In	鋰	十〧	Li
鎳	〣十〨	Rb	銅	一百〣	Cs
鉥	一百	Tl	銫	一百〇	Ir
			鐸	一百	R
			鉦	一百〢	Cd
			鉺	一百	D
			銑	〤十〣	E
			鑭	一〨	G
					La

附録4　《化學鑑原》（1871）之《原質表》

華名	西號	分劑	西名
養氣	O.	八	Oxygen.
輕氣	H.	一	Hydrogen.
淡氣	N.	一四	Nitrogen.
綠氣	Cl.	三五五	Chlorine.
碘	I.	一二七	Iodine.
溴	Br.	八〇	Bromine.
弗氣	Fl.	一九	Fluorine.
硫	S.	一六	Sulphur.
硒	Se.	四〇	Selenium.
碲	Te.	六四	Tellurium.
燐	P.	三二	Phosphorus.
硼	B.	一一	Boron.
矽	Si.	二一三	Silicon.

華名	西號	分劑	西名
炭	C.	六	Carbon.
鉀	K.	三九二	Kalium.
鈉	Na.	二三	Natrium.
鋰	Li.	六九	Lithium.
錻	Cs.	一三三	Caesium.
鉚	Rb.	八五三	Rubidium.
鋇	Ba.	六八五	Barium.
鎴	Sr.	四三入	Strontium.
鈣	Ca.	二〇	Calcium.
鎂	Mg.	一二	Magnesium.
鋁	Al.	一三七	Aluminum.
鉻	G.	六九	Glucinum.
鋯	Zr.	二二四	Zirconium.

華名		西號	分劑	西名
釷		Th.	五九六	Thorium.
釱		Y.	三二二	Yttrium.
鉺		E.	一二二六	Erbium.
鉽		Tb.	一	Terbium.
錯		Ce.	四七	Cerium.
鑭		La.	三六	Lanthanium.
鏑		D.	四八	Didymium.
鐵		Fe.	二八	Ferrum.
錳		Mn.	二七六	Manganese.
鉻		Cr.	二六三	Chromium.
鈷		Co.	二九五	Cobalt.
鎳		Ni.	二九五	Nickel.
鋅		Zn.	三二八	Zinc.

西名	分劑	西號	華名
Cadmium.	六五	Cd.	鎘
Indium.		In.	鈯
Plumbum.	一〇三五	Pb.	鉛
Thallium.	二〇四	Tl.	鉈
Stannum.	五九	Sn.	錫
Cuprum.	三一八	Cu.	銅
Bismuth.	二一二	Bi.	鉍
Uranium.	六〇	U.	鈾
Vanadium.	六八六	V.	釩
Wolframium.	九二	W.	鎢
Tantalum.	九二	Ta.	鉭
Titanium.	二五	Ti.	鏑
Molybdenum.	四六	Mo.	鉬

華名	西號	分劑	西名
鈮	Nb.	九八	Niobium.
銻	Sb.	一二二	Stibium.
鉮	As.	七五	Arsenic.
汞	Hg.	一〇〇	Mercury.
銀	Ag.	一〇八	Argentum.
金	Au.	一九六七	Aurum.
鉑	Pt.	九八六	Platinum.
鈀	Pd.	五三三	Palladium.
銠	Ro.	五二二	Rhodium.
釕	Ru.	五二二	Ruthenium.
銤	Os.	九九六	Osmium.
銥	Ir.	九九	Iridium.

附錄5　《化學指南》（1873）之《非金之表》與《金類之表》

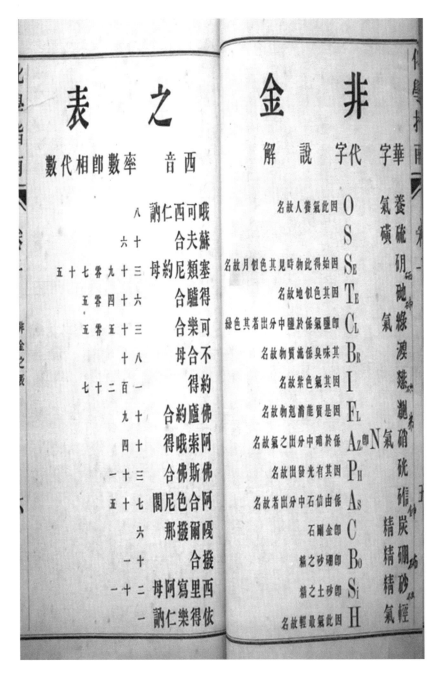

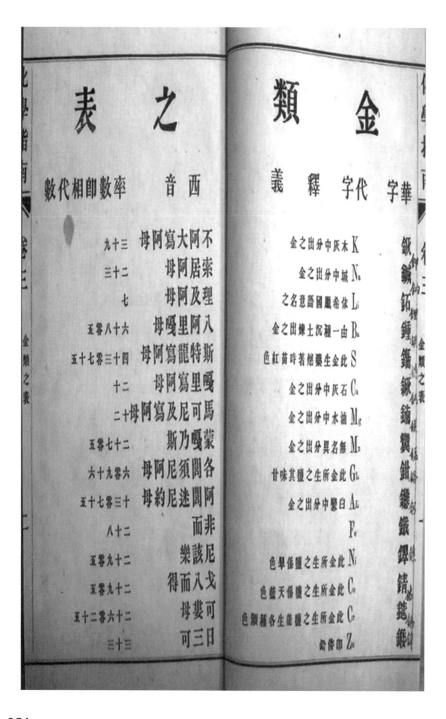

金類之表

華字	代字	釋義	西音	率數即相代數
鑷錫	Ca	此金與銀相似創之則焚成黃磣	嘎大送約母	六十五
釓鑭鈾	Ss		歌單	五十九
鋂鏅鋤	Sb	此金所食所生之鹽即吐	杭底母阿那	一百二十餘五
鋂銥鑭	U	此金所生之鹽多黃色	于阿尼約母	六十
銣鉺鎔	Ti	此金與他質合產其赤色	的大訥	二十五餘十
鋤鈮	Os	此金氧化味惡而毒	嘔司米約母	三十一餘七十五
銅黑	Cb		居依吳呵	一百三餘五
錫	Ps		不龍	二百八
鉛	Bs	此金所生之鹽作龍粉面	必司美得	一百
錫水	Hg	汞即	芊喝居喝	一百
銀	As		阿而商	五十二餘十六
銀鍗	Rs	此金所生之鹽丹色	喝底約母	九十八餘五十七
鉈	Is	此金所生之鹽其色若虹	依合底約母	九十八餘五
鉑金	As	此金性質似白色	不拉底乃	九十六餘五
			俄而	

附録6　《西學啓蒙・化學啓蒙》（1886）之
《非金類原質與金類原質表》

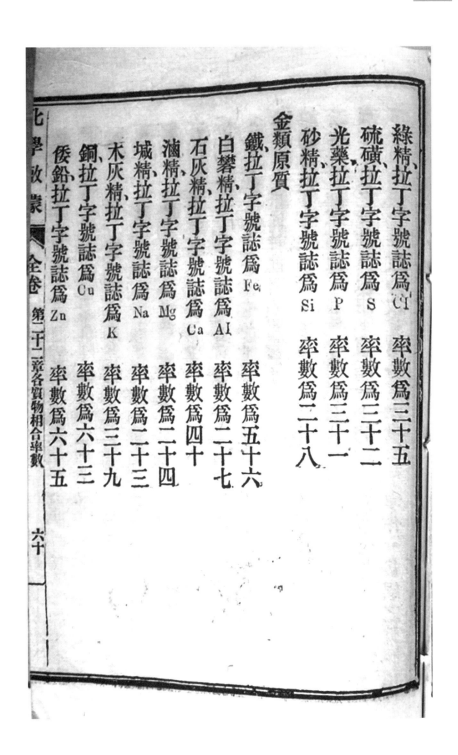

綠精、拉丁字號誌爲 Cl　　　　率數爲三十五

硫礦、拉丁字號誌爲 S　　　　率數爲三十二

光藥、拉丁字號誌爲 P　　　　率數爲三十一

砂精、拉丁字號誌爲 Si　　　　率數爲二十八

金類原質

鐵、拉丁字號誌爲 Fe　　　　率數爲五十六

白礬精、拉丁字號誌爲 Al　　　　率數爲二十七

石灰精、拉丁字號誌爲 Ca　　　　率數爲四十

滷精、拉丁字號誌爲 Mg　　　　率數爲二十四

堿精、拉丁字號誌爲 Na　　　　率數爲二十三

木灰精、拉丁字號誌爲 K　　　　率數爲三十九

銅、拉丁字號誌爲 Cu　　　　率數爲六十三

倭鉛、拉丁字號誌爲 Zn　　　　率數爲六十五

257

錫、拉丁字號誌爲 Su 率數爲一百十八

鉛、拉丁字號誌爲 Pb 率數爲二百有七

水銀、拉丁字號誌爲 Hg 率數爲二百

銀、拉丁字號誌爲 Ag 率數爲一百有八

金拉丁字號誌爲 Au 率數爲一百九十七

右列出者乃各原質所屬於拉丁字之號誌與其相合率數、是即化

學家所立之便捷法、如光藥之率數用拉丁字爲 PhOSPhOr us S 代此十字之號誌、化學止用一 P 大抵各國化學家、語言固分有

各國惟於用爲號誌者、均用拉丁名之第一字母、然亦不能據於一定

如鐵用拉丁字名之當書 ferrum 中之第一字母 F 化學家取 Fe

二字爲號誌、不僅以 F 者究乎其故、即因 F 一字已有他用作爲弗婁

利拿原質之號誌、是以用 F 復增一 e 以別之、如拉丁字 Argen

erum 爲銀化學家乃取其第一 A 字第三 g 字作 Ag 爲銀之號誌即

258

附録7　《化學新編》（1896）之《最要原質表》

LIST OF COMMON ELEMENTS.

表 質 原 要 最

原質表

English	Symbol	中文	English	Symbol	中文
Aluminum	Al.	鋁	Lithium	Li	鋰
Antimony	Sb.	銻	Magnesium	Mg	鎂
*Arsenic	As.	硇*	Manganese	Mn	錳
Barium	Ba.	鋇	Mercury	Hg	汞
Bismuth	Bi	鉍	Nickel	Ni	鎳
*Boron	B	硼*	*Nitrogen	N	淡*
*Bromine	Br	溴*	Osmium	Os	鋨
Cadmium	Cd	鎘	*Oxygen	O	養*
Caesium	Cs	鏭	Palladium	Pd	鈀
Calcium	Ca	鈣	*Phosphorus	P	燐*
*Carbon	C	炭*	Platinum	Pt	鉑
*Chlorine	Cl	綠*	Potassium	K	鉀
Chromium	Cr	鉻	Rhodium	Rh	銠
Cobalt	Co	鈷	Rubidium	Rb	銣
Copper	Cu	銅	Ruthenium	Ru	釕
*Fluorine	F	弗*	*Silicon	Si	矽*
Gold	Au	金	Silver	Ag	銀
*Hydrogen	H	輕*	Sodium	Na	鈉
*Iodine	I	碘	Strontium	Sr	鎴
Iridium	Ir	銥	*Sulphur	S	硫*
Iron	Fe	鐵	Tin	Sn	錫
Lead	Pb	鉛	Zinc	Zn	鋅

* Non-metals.　　凡有記號如 * 者爲非金類

九

附録8 《化學初階》（1870）之
《CHEMICAL TERMS 書名 俗名對照表》

俗名	書名	CHEMICAL TERMS.
輕氣	輕	HYDROGEN
養氣	養	OXYGEN
阿純	養養	Ozone
水	輕養	Water
	輕養	Hydrogen per-oxide
淡氣	淡	NITROGEN
	輕淡	Ammonia
	輕淡	Ammonium
	淡養	Nitric anhydride
喜氣	淡養	Nitrous oxide
	淡養	Nitric oxide
	淡養	Nitrous anhydride
	淡養	Nitrogen per-oxide
	輕淡養	Nitric acid
	輕淡養	Nitrous acid
	(輕淡養)(輕養)	Nitric acid (common)
炭質	炭	CARBON
	炭輕	Methyl (Marsh Gas)
	炭輕	Olefiant Gas. Heavy Carburetted Hydrogen
炭强酸	炭養	Carbonic anhydride

俗　名	書　名	CHEMICAL TERMS.
	輕 炭 養	Carbonic acid (Hypothetical.)
	炭 養	Carbonic oxide
藍 種	炭 淡	Cyanogen
	輕 炭 淡	Hydrocyanic acid
	輕 銕 炭 淡	Hydro-ferro-cyanic acid
硫 磺	磺	SULPHUR
輕 磺 酸	輕 磺	Hydro-sulphuric acid.　Hydrogen sulphide
	輕 淡 輕 磺	Ammonio-hydrogen sulphide
	輕 淡 二 磺	Yellow Ammonium hydrogen bi sulphide
磺 酸	磺 養	Sulphourous anhydride
	輕 磺 養	Sulphurous acid
乾 磺 强 酸	磺 養	Sulphuric anhydride
磺 强 酸	輕 磺 養	Sulphuric acid (Hydrogen sulphate)
	輕 磺 養 輕 養	Sulphuric acid (glacial.)
	輕 磺 養 輕 養	Sulphuric di-hydride
	輕 磺 輕 養	Hypo-sulphurous acid
	炭 磺	Carbon sulphide.
	炭 磺	Sulpho-carbonic acid
	硒	SELENIUM
	輕 硒	Hydrogen selenide
	硒 養	Selenic oxide

261

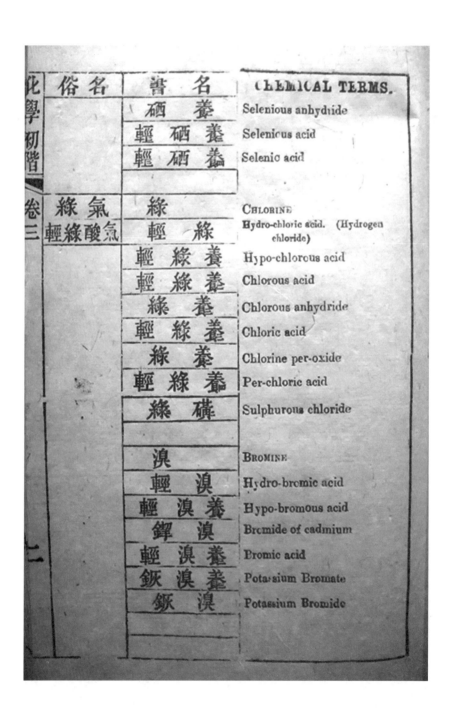

俗名	書名	CHEMICAL TERMS.
	硒養	Selenious anhydride
	輕硒養	Selenious acid
	輕硒養	Selenic acid
綠氣	綠	CHLORINE
輕綠酸氣	輕綠	Hydro-chloric acid. (Hydrogen chloride)
	輕綠養	Hypo-chlorous acid
	輕綠養	Chlorous acid
	綠養	Chlorous anhydride
	輕綠養	Chloric acid
	綠養	Chlorine per-oxide
	輕綠養	Per-chloric acid
	綠磺	Sulphurous chloride
	溴	BROMINE
	輕溴	Hydro-bromic acid
	輕溴養	Hypo-bromous acid
	鎘溴	Bromide of cadmium
	輕溴養	Bromic acid
	鉀溴養	Potassium Bromate
	鉀溴	Potassium Bromide

262

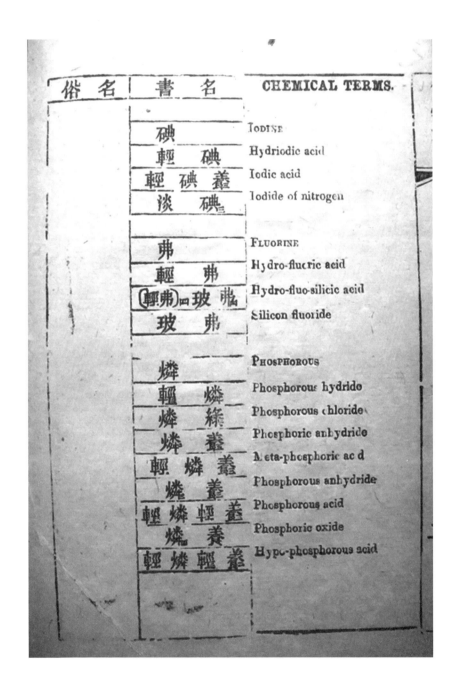

俗　名	書　名	CHEMICAL TERMS.
	碘	Iodine
	輕　碘	Hydriodic acid
	輕　碘　養	Iodic acid
	淡　碘	Iodide of nitrogen
	弗	Fluorine
	輕　弗	Hydro-fluoric acid
	(輕弗)四玻弗	Hydro-fluo-silicic acid
	玻　弗	Silicon fluoride
	燐	Phosphorous
	輕　燐	Phosphorous hydride
	燐　綠	Phosphorous chloride
	燐　養	Phosphoric anhydride
	輕　燐　養	Meta-phosphoric acid
	燐　養	Phosphorous anhydride
	輕燐輕養	Phosphorous acid
	燐　養	Phosphoric oxide
	輕燐輕養	Hypo-phosphorous acid

263

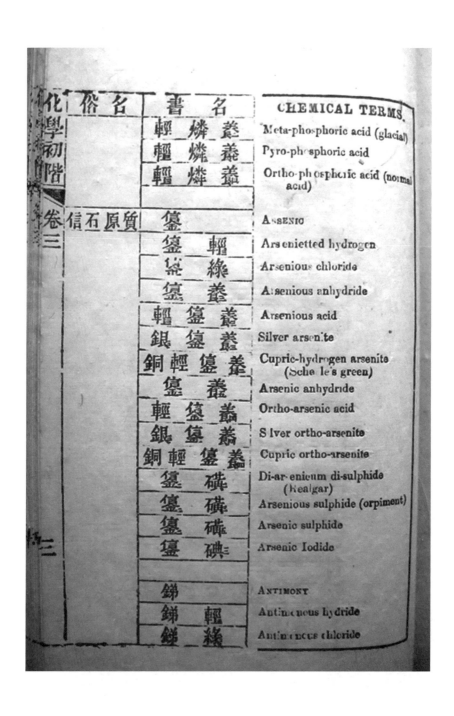

化學初階	俗名	書　名	CHEMICAL TERMS.
		輕　燐　養	Meta-phosphoric acid (glacial)
		輕　燐　養	Pyro-phosphoric acid
		輕　燐　養	Ortho-phosphoric acid (normal acid)
卷三	信石原質	鿔	ARSENIC
		鿔　輕	Arsenietted hydrogen
		鿔　綠	Arsenious chloride
		鿔　養	Arsenious anhydride
		輕　鿔　養	Arsenious acid
		銀　鿔　養	Silver arsenite
		銅輕　鿔　養	Cupric-hydrogen arsenite (Scheele's green)
		鿔　養	Arsenic anhydride
		輕　鿔　養	Ortho-arsenic acid
		銀　鿔　養	Silver ortho-arsenite
		銅輕　鿔　養	Cupric ortho-arsenite
		鿔　礦	Di-arsenicum di-sulphide (Realgar)
		鿔　礦	Arsenious sulphide (orpiment)
		鿔　礦	Arsenic sulphide
		鿔　碘	Arsenic Iodide
		銻	ANTIMONY
		銻　輕	Antimonous hydride
		銻　綠	Antimonous chloride

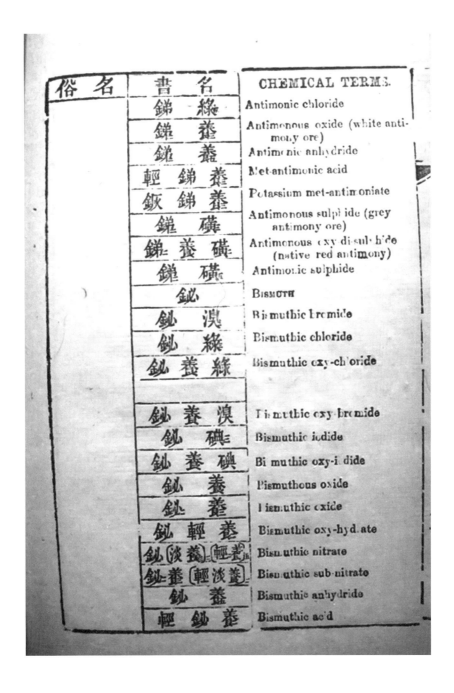

俗 名	書 名	CHEMICAL TERMS.
	銻綠	Antimonic chloride
	銻養	Antimonous oxide (white antimony ore)
	銻養	Antimonic anhydride
	輕銻養	Met-antimonic acid
	鉢銻養	Potassium met-antimoniate
	銻礦	Antimonous sulphide (grey antimony ore)
	銻養礦	Antimonous oxy di-sulphide (native red antimony)
	銻礦	Antimonic sulphide
	鉍	BISMUTH
	鉍溴	Bismuthic bromide
	鉍綠	Bismuthic chloride
	鉍養綠	Bismuthic oxy-chloride
	鉍養溴	Bismuthic oxy-bromide
	鉍碘	Bismuthic iodide
	鉍養碘	Bismuthic oxy-iodide
	鉍養	Bismuthous oxide
	鉍養	Bismuthic oxide
	鉍輕養	Bismuthic oxy-hydate
	鉍(淡養)(輕養)	Bismuthic nitrate
	鉍養(輕淡養)	Bismuthic sub-nitrate
	鉍養	Bismuthic anhydride
	輕鉍養	Bismuthic acid

化學初階 卷三	俗　名	書　名	CHEMICAL TERMS.
		鉍　礦	Bismuthic sulphide
	硼　精	硼	Boron
		硼　綠	Boron chloride
		硼　弗	Boron fluoride
		輕弗硼弗	Hydro-fluo-boric acid
		硼　養	Boracic anhydride
		輕硼養輕養	Boracic acid
	玻　精	玻	Silicon
		玻　輕	Silicon hydride
		玻　溴	Silicon bromide
		玻　弗	Silicon fluoride
		輕弗玻弗	Silico-fluoric acid
		玻　養	Silicic anhydride (Quartz)
		輕玻養	Ortho.silicic acid
		玻　礦	Silicon sulphide
四		鈦	Titanium
		鈦　綠	Titanic chloride
		鈦　養	Titanic anhydride
		輕鈦養	Titanic acid
		鈦　養	Titanic oxide

俗名	書名	CHEMICAL TERMS.
	鈦礐	Titanic sulphide
	鉬	Zirconium
	鉬綠	Zirconium chloride
	鉬養	Zirconium oxide
	鉀	Potassium
	鉀養	Potassium oxide
鉀丹	鉀輕養	Potassium hydrate
	鉀礐	Potassium sulphide
	鉀輕礐	Potassium hydrogen sulphide
	鉀礐	Potassium di-sulphide
	鉀綠	Potassium chloride
	鉀溴	Potassium bromide
	鉀碘	Potassium iodide
	鉀弗	Potassium fluoride
	鉀炭淡	Potassium cyanide
	鉀礐養	Potassium sulphate
	鉀輕礐養	Potassium bi-sulphate (Hydrogen sulphate)
	鉀炭養	Potassium carbonate (pearl ash)
	鉀炭養(輕養)	Potassium carbonate (crystals)
	鉀輕養炭養	Potassium bi-carbonate
	(鉀炭養)輕炭養	Potassium sesqui-carbonate
	鉀玻養	Potassium silicate
	鉀養(玻養)鈣養玻養	Potassium-calcium silicate (Crown glass)

267

俗 名	書 名	CHEMICAL TERMS.
	鉀養(玻養)鉫養(玻養)	Potassium calcium silicate, (Bohemian glass)
鉀醋酸	鉀炭輕養	Potassium acetate
藍種黃珠	鉀銕(炭淡)六輕養	Potassium ferro-cyanide (yellow)
藍種紅珠	鉀銕(炭淡)	Potassium ferri-cyanide (red)
	鉀炭淡礦	Potassium sulpho-cyanide
	鉀錳養	Potassium manganate
	鉀錳養	Potassium per-manganate
	(鉀銻養炭輕養)輕養	Potassium antimony tartrate (Tartar emetic)
鉀惡西酸	鉀炭養輕養	Potassium oxalate
鉀葡酸	鉀輕炭輕養	Potassium tartrate (cream tartar)
	(鉀鉫)三養鉫養(玻養)生	Glass for ornaments
火硝	鉀淡養	Potassium nitrate (saltpetre)
	鉀綠養	Potassium chlorate
	鉀綠養	Potassium per-chlorate
	(鉀綠)二鉑綠	Potassium platinic chloride
	(鉀弗)玻弗	Potassium silico-fluoride
	鈉	SODIUM
	鈉養	Sodium oxide
	鈉𰀀養	Sodium hydrate
	鈉養	Sodium per-oxide
生鹽	鈉綠	Sodium chloride (common salt)
	鈉溴	Sodium bromide

俗　名	書　名	CHEMICAL TERMS.
	鏀 碘	Sodium iodide
土朴硝	鏀礦養〔輕養〕	Sodium sulphate (glauber-salts)
	鏀輕礦養	Sodium hydrogen-sulphate (i-sulp. a e)
	鏀礦養〔輕養〕	Sodium sulphate
	鏀礦輕養〔輕養〕	Sodium hypo-sulphite
	鏀炭養〔輕養〕	Sodium carbonate
	鏀炭養輕炭養〔輕養〕	Sodium sesqui-ca.bonate
	鏀輕炭養	Sodium hydrogen carbonate (Bi-carbonate)
	鏀玻養	Sodium silicate
	鏀□玻養	Sodium ortho-silicate
	鈑鏀炭輕養〔輕養〕	Potassium sodium tartrate (Rochelle salt)
	鏀綠養	Sodium hypo-chloride
	輕鏀砒養〔輕養〕	Sodium arseniate
	鏀鎢養	Sodium tungstate
可化玻	鏀養〔玻養〕	Soluble glass
硼沙	鏀硼□養〔輕養〕	Sodium bi-borate
	鏀淡養	Sodium nitrate
	鏀輕燐養〔輕養〕	Sodium hydrogen phosphate (common phosphate)
	鏀輕淡輕燐養〔輕養〕	Sodium ammonium hydrogen phosphate (microcosmic salt)
	鏀燐養	Sodium meta-phosph.te
	鏀輕銻養〔輕養〕	Sodium antimoniate
	鋰	LITHIUM
	鋰綠	Lithium chloride

269

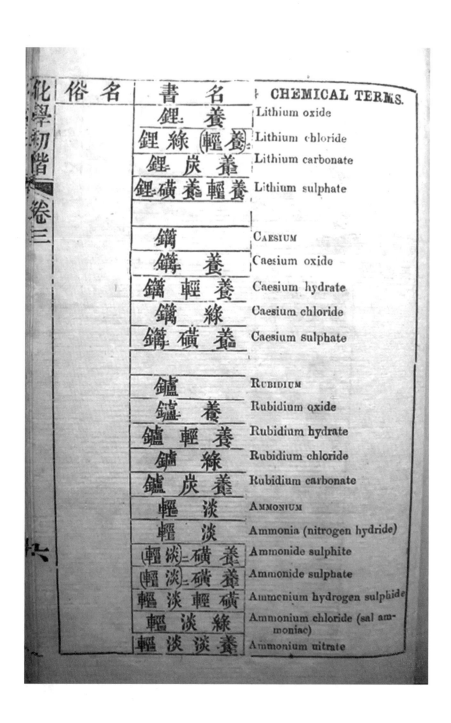

俗名	書名	CHEMICAL TERMS.
	鋰 養	Lithium oxide
	鋰 綠 (輕養)	Lithium chloride
	鋰 炭 養	Lithium carbonate
	鋰 磺 養 輕養	Lithium sulphate
	鑭	CAESIUM
	鑭 養	Caesium oxide
	鑭 輕 養	Caesium hydrate
	鑭 綠	Caesium chloride
	鑭 磺 養	Caesium sulphate
	鑪	RUBIDIUM
	鑪 養	Rubidium oxide
	鑪 輕 養	Rubidium hydrate
	鑪 綠	Rubidium chloride
	鑪 炭 養	Rubidium carbonate
	輕 淡	AMMONIUM
	輕 淡	Ammonia (nitrogen hydride)
	(輕淡)二磺養	Ammonide sulphite
	(輕淡)二磺養	Ammonide sulphate
	輕淡輕磺	Ammonium hydrogen sulphide
	輕 淡 綠	Ammonium chloride (sal ammoniac)
	輕 淡 淡 養	Ammonium nitrate

俗　名	書　名	CHEMICAL TERMS.
	輕淡淡養	Ammonium nitrite
	(輕淡)二磺養	Ammonium sulphate
	(輕淡)二炭養	Ammonium carbonate
	(輕淡炭養)炭養	Ammonium sesqui-carbonate
	輕淡輕炭養	Ammonium hydrogen carbonate
輕淡惡西酸	(輕淡)二炭養輕養	Ammonium oxalate
輕淡醋酸	輕淡炭輕養	Ammonium acetate
	輕淡鎂燐養	Ammonium-magnesian phosphate
	錫綠(輕淡綠)	Ammonium-stanno chlorate
	鋇	BARIUM
	鋇輕養	Barium hydrate
	鋇養	Barium per-oxide
	鋇養(輕養)二	Barium hydrate
	鋇磺	Barium sulphide
	鋇綠(輕養)二	Barium chloride
	鋇(淡養)二	Barium nitrate
	鋇(綠養)三	Barium chlorate
	鋇磺養	Barium sulphate
	鋇炭養	Barium carbonate
	鎴	STRONTIUM
	鎴養	Strontium oxide

271

俗 名	書 名	CHEMICAL TERMS.
	鎴輕養(輕養)	Strontium hydrate
	鎴 磺	Strontium sulphide
	鎴綠 (輕養)	Strontium chloride
	鎴 (淡養)二	Strontium nitrate
	鎴 磺 養	Strontium sulphate
	鎴 炭 養	Strontium carbonate
	鈣	CALCIUM
新石灰	鈣 養	Calcium oxide (Quick lime)
石灰粉	鈣 輕 養	Calcium hydrate (Slacked lime)
	鈣 磺	Calcium sulphide
	鈣綠 (輕養)	Calcium chloride
	(鈣炭養)炭養	Calcium bi-carbonate
	鈣磺養(輕養)	Calcium sulphate
生石膏	鈣 磺 養	Calcium sulphate (Plaster of Paris)
枯石膏	鈣輕(燐養)	Calcium super-phosphate
雲石類	鈣 炭 養	Calcium carbonate (Marble &c)
	鈣 弗	Calcium fluoride (Fluor spar)
	鈣炭養(輕養)	Calcium oxalate
	鈣三(燐養)二	Calcium ortho-phosphate (Bone phosphate
	鎂	MAGNESIUM
	鎂 養	Magnesium oxide

俗名	書名	CHEMICAL TERMS.
	鎂輕養	Magnesium hydrate
	鎂磺	Magnesium sulphide
	鎂綠	Magnesium chloride
	鎂綠(輕養)	Magnesium chloride (Prisms)
	鎂養鎂綠	Magnesium oxy-chloride
洋朴硝	鎂磺養(輕養)	Magnesium sulphate (Epsom salts)
	鎂(淡養)(輕養)	Magnesium Nitrate
	鎂炭養	Magnesium carbonate
	鎂輕養(鎂炭養輕養)	Magnesium basic carbonate (Magnesia alba)
堅石類	鈣鎂(炭養)	Magnesium Calcium carbonate
	鎂輕燐養(輕養)	Magnesium hydrogen phosphate
痲石之質	輕淡鎂燐養(輕養)	Ammonium-magnesian phosphate (Triple phosphate
	鎂燐養	Magnesium pyro-phosphate
	鎂鈖玻養	Jade stone
白鉛	鋅	ZINC
	鋅養	Zinc oxide
	鋅磺	Zinc sulphide
	鋅綠	Zinc chloride
醋强鋅	鋅(炭輕養)(輕養)	Zinc acetate
	鋅炭養	Zinc carbonate
	(鋅養)玻養輕養	Zinc silicate (Electric calamine)

273

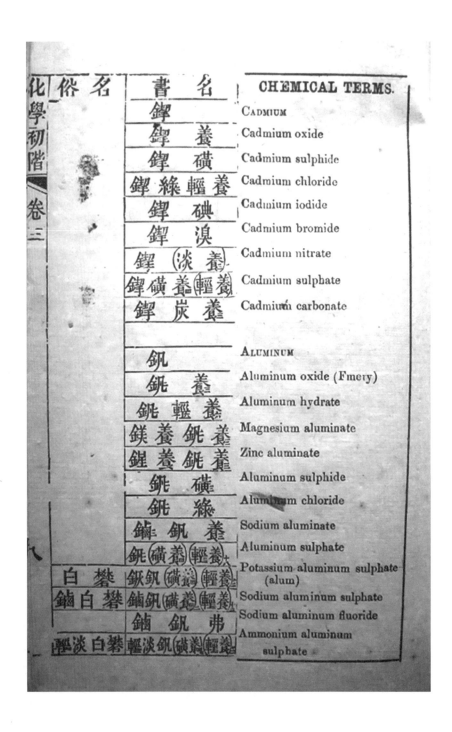

化學初階／卷三	俗名	書名	CHEMICAL TERMS.
		鐣	CADMIUM
		鐣養	Cadmium oxide
		鐣磺	Cadmium sulphide
		鐣綠輕養	Cadmium chloride
		鐣碘	Cadmium iodide
		鐣溴	Cadmium bromide
		鐣(淡養)	Cadmium nitrate
		鐣磺養(輕養)	Cadmium sulphate
		鐣炭養	Cadmium carbonate
		鋁	ALUMINUM
		鋁養	Aluminum oxide (Fmery)
		鋁輕養	Aluminum hydrate
		鎂養鋁養	Magnesium aluminate
		鋅養鋁養	Zinc aluminate
		鋁磺	Aluminum sulphide
		鋁綠	Aluminum chloride
		鏀鋁養	Sodium aluminate
		鋁(磺養)(輕養)	Aluminum sulphate
	白礬	鉀鋁(磺養)(輕養)	Potassium aluminum sulphate (alum)
	鏀白礬	鏀鋁(磺養)(輕養)	Sodium aluminum sulphate
		鏀鋁弗	Sodium aluminum fluoride
	輕淡白礬	輕淡鋁(磺養)(輕養)	Ammonium aluminum sulphate

俗　名	書　名	CHEMICAL TERMS.
	釩燐羕	Aluminum phosphate
	釩釩羕（医輕羕）（脜羕）	Aluminum acetate
	鉊羕（玻羕）（輕羕）	Aluminum silicate
	釩弗	Aluminum fluoride
	銕	FERRUM (Iron)
	銕羕	Ferrous oxide
銕銹	銕羕	Ferric oxide
	（銕羕）二（輕羕）	Ferric hydrate
	銕羕	Ferrous ferric oxide
銕酸	輕銕羕	Ferric acid
	銕（炭淡）二	Ferrous cyanide
	銕（炭淡）六	Ferric cyanide
	鉫銕羕	Potassium ferrate
	銕磺	Ferrous sulphide
	銕磺	Ferrous di-sulphide (Iron pyrites)
	銕磺	Ferrous ferric sulphide
	銕磺鋯	Ferrous sulpho-arsenide
	銕燐	Ferrous phosphide
	銕綠	Ferrous chloride
	銕綠（輕羕）四	Ferrous chloride (crystals)
	銕碘（輕羕）四	Ferrous iodide
	銕淡羕輕羕	Ferrous nitrate

化學初階／卷二

俗名	書名	CHEMICAL TERMS.
青礬	銕磺養（輕養）	Ferrous sulphate (Copperas)
	銕炭養炭養	Ferrous bi-carbonate
	銕炭養	Ferrous carbonate
	銕輕燐養	Ferrous hydrogen phosphate
	銕玻養	Ferrous ortho-silicate (slag)
	銕綠	Ferrous chloride
	銕碘	Ferrous iodide
	銕磺	Ferrous sulphide
	銕（磺養）	Ferric sulphate
	鉕銕（磺養）（輕養）	Potassium ferric sulphate
	鏀銕（磺養）（輕養）	Sodium ferric sulphate
	輕淡銕磺養（輕養）	Ammonium ferric sulphate
	銕（淡養）（輕養）	Ferric nitrate
	鉕銕養炭輕養	Potassium ferric tartrate
輕淡銕養葡酸	輕淡銕養炭輕養（輕養）	Ammonium ferric tartrate
銕醋强酸	銕（炭輕養）	Ferric acetate
	（銕養）磺養（輕養）	Basic ferric sulphate
	銕燐養（輕養）	Ferric phosphate
銕惡西酸	銕（炭養）	Ferric oxalate
洋靛	銕銕（炭淡）（輕養）	Prussian blue (Ferro-cyanide of iron)
深洋靛	銕銕（炭淡）	Turnbull's blue (Ferri-cyanide of iron)
錳精	錳	MANGANESE
	錳養	Manganous oxide

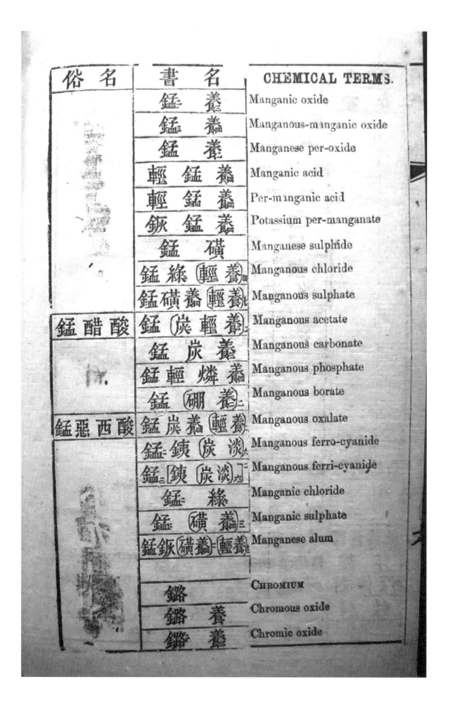

俗名	書名	CHEMICAL TERMS.
	錳養	Manganic oxide
	錳養	Manganous-manganic oxide
	錳養	Manganese per-oxide
	輕錳養	Manganic acid
	輕錳養	Per-manganic acid
	鉀錳養	Potassium per-manganate
	錳磺	Manganese sulphide
	錳綠(輕養)	Manganous chloride
	錳磺養(輕養)	Manganous sulphate
錳醋酸	錳(炭輕養)	Manganous acetate
	錳炭養	Manganous carbonate
	錳輕燐養	Manganous phosphate
	錳(硼養)	Manganous borate
錳惡西酸	錳炭養(輕養)	Manganous oxalate
	錳鐵(炭淡)	Manganous ferro-cyanide
	錳鐵(炭淡)	Manganous ferri-cyanide
	錳綠	Manganic chloride
	錳(磺養)	Manganic sulphate
	錳鉀(磺養)(輕養)	Manganese alum
	鉻	CHROMIUM
	鉻養	Chromous oxide
	鉻養	Chromic oxide

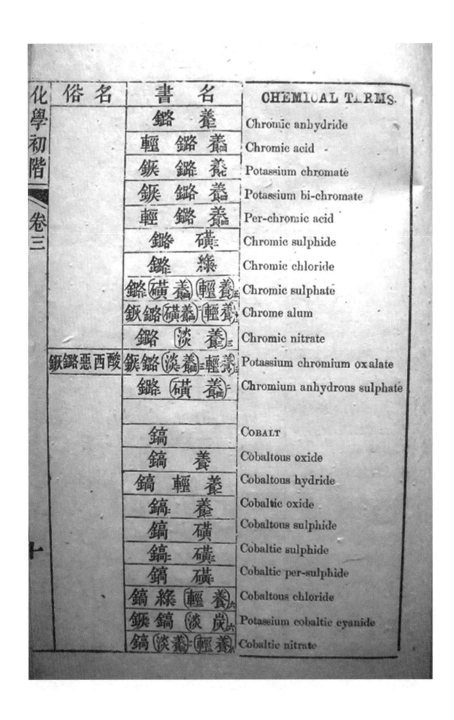

化學初階 卷三

俗名	書名	CHEMICAL TERMS.
	鉻養	Chromic anhydride
	輕鉻養	Chromic acid
	鉀鉻養	Potassium chromate
	鉀鉻養	Potassium bi-chromate
	輕鉻養	Per-chromic acid
	鉻磺	Chromic sulphide
	鉻綠	Chromic chloride
	鉻(磺養)(輕養)	Chromic sulphate
	鉀鉻(磺養)(輕養)	Chrome alum
	鉻(淡養)	Chromic nitrate
鉀鉻惡西酸	鉀鉻(淡養)輕養	Potassium chromium oxalate
	鉻(磺養)	Chromium anhydrous sulphate
	鎬	COBALT
	鎬養	Cobaltous oxide
	鎬輕養	Cobaltous hydride
	鎬養	Cobaltic oxide
	鎬磺	Cobaltous sulphide
	鎬磺	Cobaltic sulphide
	鎬磺	Cobaltic per-sulphide
	鎬綠(輕養)	Cobaltous chloride
	鉀鎬(淡炭)	Potassium cobaltic cyanide
	鎬(淡養)(輕養)	Cobaltic nitrate

俗　名	書　名	CHEMICAL TERMS.
鎶醋酸	鎶（炭輕養）	Cobaltic acetate
	（鎶炭養）（輕養）	Cobaltic carbonate
	（鎶養）（鎶炭養）（輕養）	Cobaltic basic carbonate
	鎶（鉴養）（輕養）	Cobaltic arsenite
	鎶［銕（炭淡）］	Cobalt ferro-cyanide
	鎶［銕（炭淡）］	Cobalt ferri-cyanide
	鎘	NICKEL
	鎘　養	Nickel basic oxide
	鎘　羕	Nickel per-oxide
	鎘　礦	Nickel sulphide
	鎘　礦	Nickel per-sulphide
	鎘　礦	Nickel sub-sulphide
	鎘綠（輕養）	Nickel chloride
	鎘礦羕（輕養）	Nickel sulphate
	鎘（淡養）	Nickel nitrate
鎘醋酸	鎘（炭輕養）	Nickel acetate
	（銥炭淡）鎘（炭淡）（輕養）	Potassium nickel cyanide
	（鎘炭養）（輕養）	Nickel carbonate
	鎘（炭淡）	Nickel cyanide
	鎘銕（炭淡）	Nickel ferro-cyanide
	鎘［銕（炭淡）］	Nickel ferri-cyanide

279

化學初階 卷三 十二

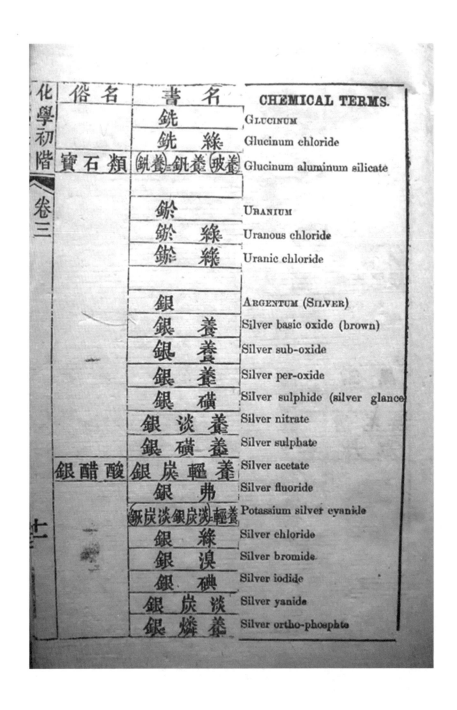

俗名	書名	CHEMICAL TERMS.
	銑	GLUCINUM
	銑 綠	Glucinum chloride
寶石類	(銑養)釩養(玻養)	Glucinum aluminum silicate
	⿰金於	URANIUM
	⿰金於 綠	Uranous chloride
	⿰金於 綠	Uranic chloride
	銀	ARGENTUM (SILVER)
	銀 養	Silver basic oxide (brown)
	銀 養	Silver sub-oxide
	銀 養	Silver per-oxide
	銀 磺	Silver sulphide (silver glance
	銀 淡 養	Silver nitrate
	銀 磺 養	Silver sulphate
銀醋酸	銀 炭 輕 養	Silver acetate
	銀 弗	Silver fluoride
	(鏺炭淡銀炭淡)輕養	Potassium silver cyanide
	銀 綠	Silver chloride
	銀 溴	Silver bromide
	銀 碘	Silver iodide
	銀 炭 淡	Silver yanide
	銀 燐 養	Silver ortho-phosphte

俗　名	書　名	CHEMICAL TERMS.
	銀燐養	Silver pyro-phate
	銀燐養	Silver meta-phosphate
	銀䃅養	Silver arsente
	銀䃅養	Silver arsenate
	銀硼養	Silver borate
	銀鑥養	Silver chromate
銀葡酸	銀炭輕養	Silver tartrate
銀惡西酸	銀炭養	Silver oxalate
	銀銕(炭淡)六	Silver ferro-cyanide
	銀銕(炭淡)六	Silver ferri-cyaninde
黑鉛	鉛	PLUMBUM (LEAD)
	鉛養	Lead sub-oxide
密陀僧	鉛養	Lead oxide (Litharge)
紅丹	(鉛養)鉛養	Miniun (red lead)
	鉛養	Lead per-oxide
	鉛礦	Lead sulphide (Galena)
	鉛綠	Lead chloride
	(鉛養)輕養鉛炭輕養	Lead tribasic acetate (Goulard's extract)
	鉛(淡養)	Lead nitrate
鉛醋酸	鉛(炭輕養)輕養	Lead acetate (Sugar of lead)
	(鉛養)鉛(炭輕養)	Lead basic acetate
	(鉛養)鉛綠	Lead oxy-chloride

281

俗 名	書 名	CHEMICAL TERMS.
	鉛磺三鉛絲	Lead chloro-sulphide
	鉛溴	Lead bromide
	鉛碘	Lead iodide
	鉛 炭淡	Lead cyanide
	鉎銕 炭淡	Lead ferro-cyanide
	鉛 銕 炭淡	Lead ferri-cyanide
	鉛 磺養	Lead sulphite
	鉛 鉻養	Lead chromate
	鉛養二鉻養	Di-plumbic chromate
	鉛 磺 養	Lead sulphate
	鉛 炭 養	Lead carbonate
鉛 粉	鉛輕養 鉛炭養	White lead
	鉛 玻 養	Lead silicate
淨玻璃	鈉養鉛養玻養	Flint glass
	鉛養玻養 鉛養玻養	Lead silicate and borate
水 銀	汞	HYDRARGYRUE (Mercury)
	汞 養	Mercurous oxide
三仙丹	汞 養	Mercuric oxide (red oxide)
	汞 磺	Mercurous sulphide
硃 砵	汞 磺	Mercuric sulphide (cinnabar)
	汞 淡養二輕養	Mercurous nitrate (proto-nitrate)
汞醋酸	汞炭輕二養	Mercurous acetate

俗　名	書　名	CHEMICAL TERMS.
迦路米	汞　綠	Mercurous chloride (calomel)
	汞　溴	Mercurous bromide
	汞　碘	Mercurous iodide
	(汞鉻養)-汞養	Mercurous chromate
	[汞鉄] (炭淡)	Mercurous ferri-cyanide
水銀毒藥	汞　綠	Mercuric chloride (corrosive sublimate)
	汞　溴	Mercuric bromide
	汞 (炭淡)	Mercuric cyanide
	(汞(淡養)) 輕養	Mercuric nitrate
	汞炭淡養	Mercuric fulminate
	汞養汞(炭溴)	Mercuric oxy-cyanide
	(汞磺)-汞綠	Mercuric chloro-sulphide
	輕淡汞綠	Mercuric chloro-amide
	汞　碘	Mercuric iodide
	汞鉄(炭淡)	Mercuric ferro-cyanide
	汞磺養	Mercuric sulphate
	銅	Cuprum (Copper)
	銅養 (輕養)	Cuprum sub-oxide (green)
	銅　養	Cuprous oxide (red)
	銅　養	Cupric oxide (black)
	銅　淡	Tri-cupric nitride
	銅　輕	Cuprous hydride

283

俗名	書名	CHEMICAL TERMS.
	銅燐二	Cuprous phosphide
	銅磺二	Cuprous sulphide
	銅磺	Cupric sulphide
	銕銅磺二	Copper pyrites
	銅綠（輕養二）	Cupric chloride
	銅溴二	Cupric bromide
膽礬	銅磺養（輕養）	Cupric sulphate (blue vitriol)
	銅（淡養）（輕養）	Cupric nitrate
銅醋酸	銅（炭輕養二輕養）	Cupric acetate
	銅二銕（炭淡）	Cupric ferro-cyanide
	銅二銕（炭淡二）	Cupric ferri-cyanide
洋綠	銅輕䃂養	Cupric arsenite (Scheele's green)
	銅輕䃂養	Cupric arsenate
	銅養銅（炭輕養）（輕養）	Di-cupric acetate (Verdigris)
石青	銅輕養銅（炭養）二	Malachite
黃金	金	AURUM (Gold)
	金養二	Aurous oxide
	金二養	Auric oxide
	金綠	Aurous chloride
	鉀金養（輕養）	Potassium aurate
	金二磺金二磺	Aurous auric sulphide
	金綠	Auric chloride
	鉀炭淡金炭淡	Potassium aurum cyanide

俗　名	書　名	CHEMICAL TERMS.
	金炭淡	Aurum cyanide
白金	鉑	PLATINUM
	鉑養	Platinous oxide
	鉑綠	Platinous chloride
	鉑養	Platinic oxide
	鉑綠	Patinic chloride
	鉑磺	Patinous sulphide
	鉑磺	Plantinic sulphide
	錫	STANNUM (Tin)
	錫養	Stannous oxide
	錫養	Stannic oxide
	錫養	Stannous stannic oxide
	錫磺	Stannous sulphide
	錫磺	Stannic sulphide (Mosaic gold)
	錫綠(輕養)	Stannous chloride
	錫綠(輕養)	Stannic chloride
	鋦	MOLYBDENUM
	鋦養	Molybdous oxide
	鋦養	Molybdic oxide
	(輕淡)鋦養	Ammonium molybdate

285

附録9　《化學指南》（1873）之《原質與他質相合之表》

西名	華字	代字	西音
Hidrogène	輕氣	H	伊得喝仁訥
Eau	水	H O	歐
Eau oxygénée	養水	H O²	歐歐克西仁內
Acide sulfhydrique	輕磺強	H S	阿西得徐勒非得力闊
id sélenhydrique	輕矽強	H Se	阿西得塞林尼得力闊
id Tellurhydrique	輕砒強	H Te	阿西得鄂里得利闊
id Chlorhydrique	輕綠強	H Cu	阿西得各勒力得力闊
id Bromhydrique	輕溴強	H Br	阿西得撥而米得力闊
id Iodhydrique	輕鑅強	H I	阿西得伊約地得力闊
id Fluorhydrique	輕㵼強	H Fu	阿西得夫郟約利得力闊
Hydrogène Phosphoré	硑輕	Ph H³	佛斯非喝地得勒人內
Ammoniaque	硝輕	Az H³	阿摩尼阿克
Hydrogène Protocarboné	炭輕	C² H⁴	㟻子得馬來
id Bicarboné	炭輕	C⁴ H⁴	伊得樂仁訥畢㟻勒撥內
id arsénié	碚輕	As H³	伊得樂仁訥阿爾司你㮣
Phosphuredhydrogéne	硑輕	Ph H²	伊得樂仁訥佛司佛類
id solide	硑輕	Ph² H	佛司非于地得樂仁內

養氣與他質相合之表

西名	華字	代字	西音
Oxygène	養	O	我克西仁訥
Eau	水	H O	歐
Eau oxygénée	養水	H O²	歐我克西仁內
Oxyde d'azote	硝養	AzO Az²O²	我克西得大索得
Acide azoteux	硝酸	AzO³	阿索得迂
id hypoazotique	次硝強水酸	AzO⁴	阿西得伊柏阿索地閣
id azotique	硝強水酸	AzO⁵ HO	阿西得阿索地閣
id hypochloreux	次綠酸	Cl O	阿西得伊柏各勒嘿
id chloreux	綠酸	Cl O³	阿西得各勒嘿
id hypochlorique	次綠強酸	Cl O⁴	阿西得伊柏各勒力閣
id chlorique	綠強酸	Cl O⁵	阿西得各勒力閣
id perchlorique	極綠強酸	Cl O⁷	阿西得柏爾各勒力閣
id Bromeux	溴酸	Br O³	阿西得不合母
id Bromique	溴強酸	Br O⁵	阿西得不合米閣
id Iodeux	鏃酸	I O³	阿西得一約得
id Iodique	鏃強酸	I O⁵	阿西得一約地閣
id PerIodique	極鏃強酸	I O⁷	阿西得柏爾一約地閣
id hypophosphoreux	次磷酸	Ph O	阿西得伊柏佛司佛黑

化學指南　卷九　養氣與他質相合之表　二

287

養氣與他質相合之表

西名	華字	代字	西音
cide Phosphoreux	硫酸	Ph O³	阿西得佛司佛嘧
id Phosphorique	硫强	Ph O⁵	阿西得佛司佛力閣
xyde dársenic	礝養酸	As O	我克西得達爾塞呢克
cide arsénieux	礝酸强	As O³	阿西得阿爾塞呢約
id arsénique	礝强	As O⁵	阿西得阿爾塞呢閣
xyde de carbone	炭養	C O	我克西得戛爾撥訥
cide carbonique	炭强	C O²	阿西得戛爾撥呢閣
d Borique	硼强	Bo O³	阿西得撥力閣
d Silicique	砂强	Si O³	阿西得西里西閣
d hyposulfureux	次磺酸	S² O²	阿西得伊柏徐勒非嘧
d Sulfureux	磺酸	S O²	阿西得徐勒非嘧
d Sulfurique	磺强	S O³ Ho	阿西得徐勒非力閣
d Sélénieux	硒酸	Se O²	阿西得塞林呢約
Sélénique	硒强	Se O³	阿西得塞林呢閣
Tellureux	砒酸	Te O²	阿西得得驴嘧
Tellurique	砒强	Te O³	阿西得得驴力閣

硫與他質相合之表

西名	華字	代字	西音
Soufre	硫	S	蘇夫合
Acide hyposulfureux	次硫酸	$S^2 O^3$	阿西得依撥徐勒非合
id sulfureux	硫酸	$S O^2$	阿西得徐勒非合
id sulfurique anhydre	硫强霜	$S O^3$	阿西得徐勒非利閣
id sulfuriqro	硫强水	$S O^3 Ho$	仝上
id sulfhydrique	輕硫强	$H S$	阿西得依他合徐勒非利閣
Bisulfure dhydrogéne	輕硫水	$H S^2$	必徐勒非合得依他仁
Protosulfure de carbone	炭硫氣	$C S$	徐勒非合得各爾撥那
Bisulfure id	炭硫水	$C S^2$	必徐勒非合得各撥那
Sulfure de Bore	硼硫	$Bo S^3$	徐勒非合得撥合
Chlorure de Soufre	硫綠	$S Cl$	可樂呂合得蘇夫合
Sulfure d'arsenic réalgar	䃃硫即雌黃	$As S^2$	徐勒非合得阿暘色尼各
id Orpiment	䃃硫即雄黃	$As S^3$	仝上
Sulfure de Silicium	砂硫²	$Si S^2$	徐勒非合得西利西約母
id D'azote	硝硫³	$Az S^3$	徐勒非合得阿色得

化學指南　卷九　硫與他質相合之表　三

近代化學譯著中的化學元素詞研究

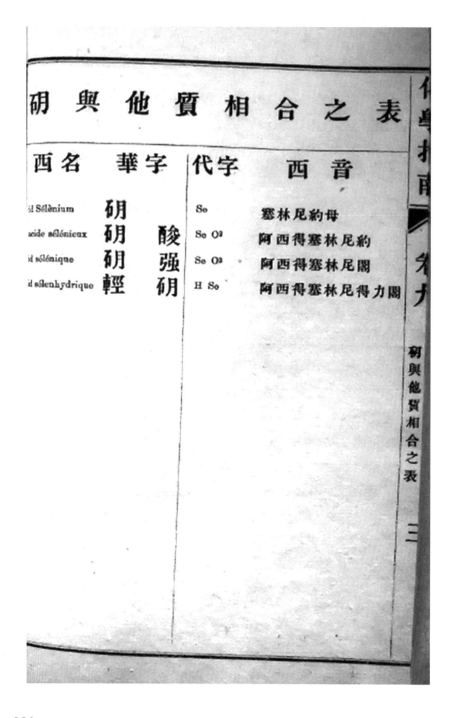

西名	華字	代字	西音
Sélénium	硒	Se	塞林尼約母
acide sélénieux	硒酸	Se O2	阿西得塞林尼約
sélénique	硒強	Se O3	阿西得塞林尼闊
sélenhydrique	輕硒	H Se	阿西得塞林尼得力闊

290

砈與他質相合之表

西名	華字	代字	西音
Tellure	砈	Te	得嚧喝
acide Telluroux	砈砈 酸	Te O³	阿西得得嚧𤘇
id Tellarique	砈砈 強	Te O²	阿西得得嚧里閣
id Tellurhydrique	砈輕 砈	H Te	阿西得得嚧里得里閣

綠與他質相合之表

西名	華字	代字	西音
Chlore	綠	Cl	可樂合
Acide hypochloreux	次綠酸	$Cl\ O$	阿西得依撥可樂嘌
...Chloreux	綠酸	$Cl\ O^3$	阿西得可樂嘌
...hypochlorique	次綠強	$Cl\ O^4$	阿西得依撥可樂里各
...chlorique	綠強	$Cl\ O^5$	阿西得可樂里各
...hyperchlorique	極綠強	$Cl\ O^7$	阿西得白合可樂里各
...chlorhydrique	輕綠強	$H\ Cl$	阿西得依他可樂里各
Chlorure de soufre	磺綠	$S^2\ Cl$	可樂律合得蘇夫合
...d'azote	硝綠	$Az\ Cl^3$	可樂律合得阿色得
...protchlorure de Phosphore	硫綠	$Ph\ Cl^3$	可樂律合得發斯發合
...perchlorure id	硫綠	$Ph\ Cl^5$	仝上
...chlorure d'arsenic	礛綠	$As\ Cl^3$	可樂律合得阿色尼各
...de Bore	硼綠	$Bo\ Cl^3$	可樂律合得撥合
...de Silicium	砂綠	$Si\ Cl^4$	可樂律合得西里西約母
...de Carbone	炭綠	$C^4\ Cl^4$	可樂律合得戞各撥那
id	炭綠	$C^4\ Cl^6$	仝上
id	炭綠	$C^2\ Cl^4$	仝上

溴與他質相合之表

西名	華字	代字	西音
Brome	溴	Br	不毋
acide Bromique	溴強水	Br O⁵	阿西得不合米閣
id Bromhydrique	輕溴	H Br	阿西得不合米得力閣
Bromure de Phosphore	磷溴	Ph Br³	不合彌合得發司發合
id d'arsenic	磏溴	As Br³	不合彌合得阿爾塞尼克
id de Bore	硼溴	Bo Br³	不合彌合得撥合
id de Silicium	砂溴	Si Br³	不合彌合得西里寫阿母
id de Carbone	炭溴	C⁴ Br⁴	不合彌合得戞而撥訥

爍與他質相合之表

西名	華字	代字	西音
Iode	爍	I	約得
acide per Iodique	極爍強	$I\ O^7$	阿西得白喝約底各
id Iodique	爍強	$I\ O^5$	阿西得約底各
id Iodeux	爍酸	$I\ O^3$	阿西得約得
id Iodhydrique	輕爍強	$H\ I$	阿西得約得里約底各
Ioduro d'azote	硝爍	$Az\ I^3$	約底合得阿色得
id de Phosphore	硫爍	$Ph\ I^2$	約底合得發斯發合
id d'arsenic	碴爍	$As\ I^3$	約底合得阿合斯尼各
id de carbone	炭爍	$C^4\ I^4$	約底合得戞各撥那

化學指南　卷六　爍與他質相合之表　五

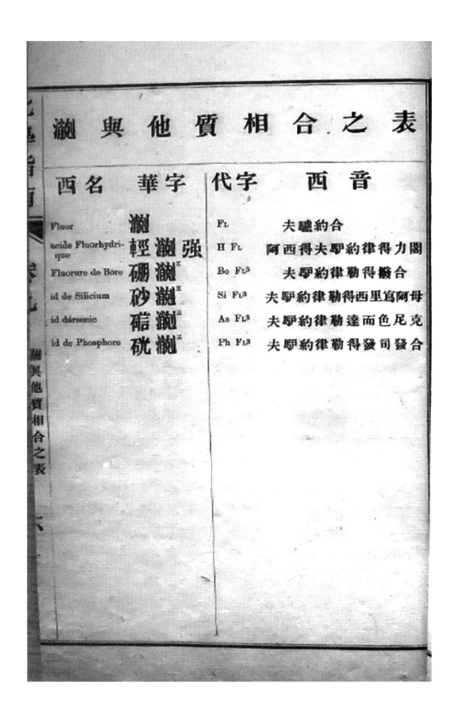

瀬與他質相合之表

西名	華字	代字	西音
Fluor	瀬	Fl	夫驢約合
acide Fluorhydri-que	輕瀬強	H Fl	阿西得夫驢約律得力閣
Fluorure de Bore	硼瀬	Bo Fl³	夫驢約律勒得綴合
id de Silicium	砂瀬	Si Fl³	夫驢約律勒得西里寫阿母
id d'arsenic	磇瀬	As Fl³	夫驢約律勒達而色尼克
id de Phosphore	硫瀬	Ph Fl³	夫驢約律勒得發司發合

硝與他質相合之表

西名	華字	代字	西音
Azote on Nitrog-[ène]	硝氣 水強	Az—N	阿色得卽尼特合壬哪
...ide azotique	硝強	Az O5	阿西得阿色底各
...hypoazotique	次硝 硝酸	Az O4	阿西得伙撥阿色底各
...meteux	硝 養	Az O3	阿西得阿色得
...xyode d'azote	硝 養養	Az O2	必哦各西得得阿色得
...toxyde id	硝 養輕	Az O	哦各西得得阿色得
...mmoniac	硝 即霹	Az H3	阿摩尼亞各
...yogène	硝炭 硝綠	C² Az—Cy	轄訥仁訥
...brure d'azote	硝綠 鑠	Az Cl3	可樂嘌合得阿色得
...dure d'azote	硝 溴	Az I	約底合得阿色得
...mure id	硝 磺	Az Br3	撥合米合得阿色得
...fure id	硝 硝	Az S²	徐勒菲合得阿色得
...xture de Phos-[phore]	砒 硝	Ph Az³	阿色居合得佛斯佛合
...de Boro	硼 硝	Bo Az	阿色居合得巴合

硫與他質相合之表

西名	華字	代字	西音
Phosphore	硫	Ph	佛斯佛合
acide hypophosph-oreux	次硫酸	Ph O	阿西得伊柏佛斯佛噦
id phosphoreux	硫酸	Ph O²	阿西得佛斯佛噦
id phosphorique	硫强	Ph O⁵	阿西得佛斯佛里各
Chlorure de phosphore	硫綠	Ph Cl³	可樂律合得佛斯佛合
per chlorure id	硫綠	Ph Cl⁵	仝上
Hydrogéne phosphoré	硫輕	Ph H³	依他喝仁訥佛斯佛噦
id	硫輕	Ph H²	仝上
id	硫輕	Ph H	仝上
Iodure de Phosphore	硫爒	Ph I²	約底合得佛斯佛合
id	硫爒	Ph I³	仝上
Fluorure de id	硫瀰	Ph Fl³	佛律約黑合得佛斯佛合
Sulfure id	硫磺	Ph S	徐勒菲合得佛斯佛合
Azoture id	硫硝	Ph Az³	阿色居合得佛斯佛合
Bromure id	硫溴	Ph Br³	緽合迷合得佛斯佛合
id id	硫溴	Ph Br⁶	仝上

化學指南　卷九　硫與他質相合之表

297

硾與他質相合之表

西名	華字	代字	西音
Arsenic	硾	As	阿各色呢各
acide arsenique	硾強酸	As O⁵	阿西得阿各色尼各
id arsénieux	硾酸	As O³	阿西得阿各色尼約
sulfure d'arsenic	硾磺	As S²	黑阿勒憂合
id id	硾磺	As S³	阿喝必蒙
chlorure id	硾綠	As Cl³	可樂喝合得阿各色尼各
Hydrogène arsénié	硾輕	As H³	佽他喝仁阿各色尼夜
Bromure d'arsenic	硾溴	As Br³	撥合迷合得阿各色尼合
Iodure id	硾䓨	As I³	約底合得阿各色尼各
Fluorure id	硾瀇	As Fl³	弗律約黑合得阿各色尼各

化學指南 卷卅 硾與他質相合之表 卅

炭與他質相合之表

西名	華字	代字	西音
Carbone	炭	C	雯各撥那
Oxyde de carbone	炭養氣	C O	哦各西得得雯各䱷
acide carbonique	炭強氣	C O^2	阿西得雯各撥尼各
Sulfure de carbone	炭磺氣	C S	撥多徐勒非合得雯各撥那
id	炭磺水(即鹽)	C S^2	必須勒非合得雯各撥那
Cyanogène	炭硝	C^2 Az—Cy	鞜䱷仁䱷
Clorure de carbone	炭"綠"	C^4 Cl^4	可樂黑合得雯各撥那
Hydrogène carboné	炭"輕"	C^2 H^4	依他仁雯各撥內
id bi id	炭"輕"	C^4 H^4	依他仁必雯各撥內
Chlorure de carbone	炭"綠"	C^4 Cl^6	可樂黑得得雯各撥內
id id	炭"綠"	C^2 Cl^4	仝上

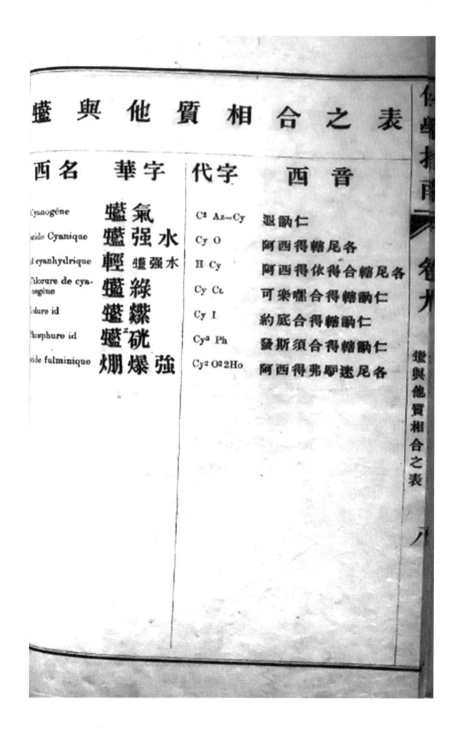

西名	華字	代字	西音
			鑑與他質相合之表

蠶與他質相合之表

西名	華字	代字	西音
Cyanogéne	蠶氣	C² Az—Cy	退訥仁
acide Cyanique	蠶强水	Cy O	阿西得轄尼各
id cyanhydrique	輕蠶强水	H Cy	阿西得依得合轄尼各
Chlorure de cyanogène	蠶綠	Cy Cl	可樂囉合得轄訥仁
Iodure id	蠶鏷	Cy I	約底合得轄訥仁
Phosphure id	蠶硯	Cy³ Ph	發斯須合得轄訥仁
oïde fulminique	煏爆强	Cy² O²2Ho	阿西得弗嚈迷尼各

硼與他質相合之表

左側縦書き：化學指南　卷九　硼與他質相合之表　九

西名	華字	代字	西音
Bore	硼	Bo	撥喝
acide Borique	硼强	Bo O³	阿西得撥利闊
Fluorure de Bore	硼瀜	Bo Fl³	弗律約驢合得撥合
Chlorure id	硼綠	Bo Cl³	可樂驢合得撥合
Bromure id	硼溴	Bo Br³	撥好迷合得撥合
Sulfure id	硼磺	Bo S³	徐勒菲合得撥合
Azoture id	硼硝	Bo Az	阿色居合得撥合

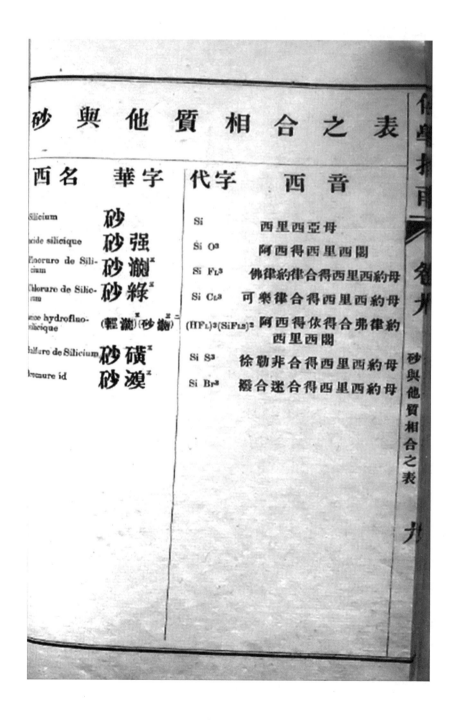

西名	華字	代字	西音
Silicium	砂	Si	西里西亞母
oxide silicique	砂强	Si O³	阿西得西里西闊
fluorure de Silicium	砂瀏ˣ	Si Fʟ³	佛律約律合得西里西約母
Chlorure de Silicium	砂綠ˣ	Si Cʟ³	可樂律合得西里西約母
...ce hydrofluo-silicique	(輕瀏)ˣ(砂瀏)ˣ	(HFʟ)³(SiFʟ³)²	阿西得依得合弗律約西里西闊
...lfure de Silicium	砂礦ˣ	Si S³	徐勒非合得西里西約母
...vemure id	砂溴ˣ	Si Br³	撥合迷合得西里西約母

鉀與他質		相　合　之　表	
西　名	華　字	代　字	西　音
Potassium	鉀	K	柏大約母
Potasse	鉀	K O	柏大司
Oxyde do potassium	鉀	K O⁶	樸克西得得柏大西約母
Chlorure id	鉀綠	K Cₗ	各洛廱合得月
Bromure id	鉀溴	K Br	不合米合得月
Iodure id	鉀爍	K I	約地合得月
Fluorure id	鉀瀏	K Fₗ	夫畢約廱合得月
Cyanure id	鉀氫	K Cy	迦女合得月
Sulfocyanure id	鉀氫磺	K cy S	徐鵬否鵬女合得月
Sulfure id	鉀磺	K S	徐鵬弗迁合得月
Phosphure id	鉀硫	K Ph	佛斯弗迁合得月
Azotate de potasse	鉀硝強鹽（即火硝）	K O Azo⁵	阿紊大得得柏大司
Azotite de potasse	鉀硝酸鹽	K O Azo³	阿紊底得得月
Chlorate id	鉀綠強鹽	K O Cₗ O⁵	各洛呵得得月
Perchlorate id	鉀極綠強鹽	K O Cₗo⁷	柏爾各洛呵得得月
Chlorite id	鉀綠酸鹽	K O Cₗo	各洛廱得得月
Hypo chlorite id	鉀次綠酸鹽	K O Cₗo	伊柏各洛廱得得月
Iodate id	鉀爍強鹽	K O I O⁵	約大得得月

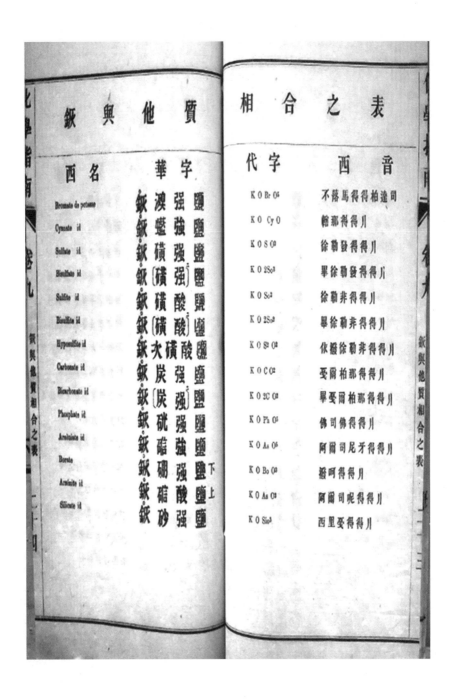

鹼與他質相合之表

西名	華字	代字	西音
Sodium	鹼	Na	索居約母
Soude	鹼養	Na O	蘇得
Sesquioxyde de sodium	鹼鹼養	Na² O³	我克西得索居約母
Chlorure id (selmaria)	鹼綠 即盬	Na Cl	各洛喱合得索居約母
Bromure de Sodium	鹼溴	Na Br	不侯米合得索居約母
Iodure id	鹼礫	Na I	約都迂合得索居約母
Fluorure id	鹼瀹	Na Fl	夫鹵約喱合得索居約母
Cyanure id	鹼鹽	Na Cy	惡女合得索居約母
Sulfure id	鹼磺	Na S	盧落非迂合得索居約母
Acetate de Soude	鹼養硝強 盬	Na O Az O⁵	阿色大得得
Sulfate id	鹼養磺強強 盬盬	Na O SO³	徐勒發得得蘇得
Bisulfate id	鹼養〔磺〕強強酸 盬盬盬	Na O So³+So³HO	畢徐勒發得得蘇得
Sulfite id	鹼養磺酸 盬	Na O S O²	徐勒非得得蘇得
Hyposulfite id	鹼養次磺酸 盬	Na O S² O²	伊柏脲徐勒非得得得
Chlorate id	鹼養綠強 盬	Na O Cl O⁵	各洛阿得得蘇得
Iodate id	鹼養礫強	Na O I O⁵	約大得得蘇得

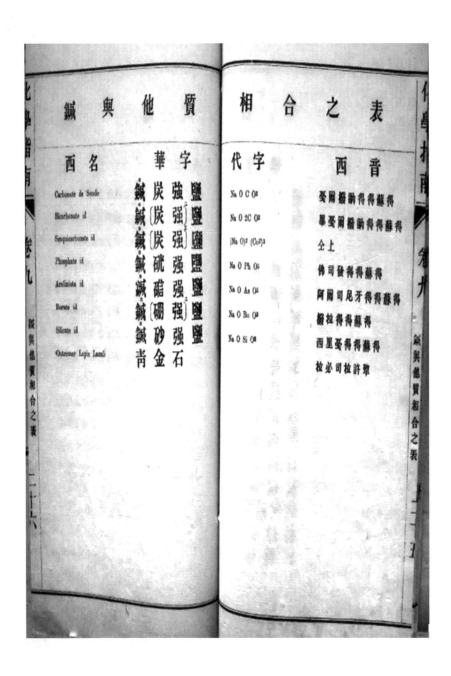

鹽與他質相合之表

西名	華字	代字	西音
Ammoniaque	銨	Az H³	阿摩呢牙克
Chlorure d'ammonium	銨綠	Az H⁴ Cl	各洛喱合達摩呢鳴母
Bromure id	銨溴	Az H⁴ Br	不合米合達摩呢鳴母
Iodure id	銨𨫄	Az H⁴ I	約鬱迂合達摩呢鳴母
Fluorure id	銨㴋	Az H⁴ Fl	夫屢約喱合達摩呢母
Cyanure id	銨氰	Az H⁴ Cy	泗女合達摩呢鳴母
Sulfocyanure id	銨氰磺	Az H⁴ Cy S²	盧聯否泗女合達摩呢鳴母
Sulfure id	銨磺	Az H⁴ S	盧聯非合達摩呢鳴母
Acétate d'ammoniaque	銨硝強鹽	Az H³ H O Az O⁵	阿索大得達摩呢閣
Azotite d'ammoniaque	銨硝酸鹽	Az H³ H O Az O³	阿索的得達摩呢閣
Sulfate id	銨磺強鹽	Az H³ H O S O³	徐騷發得達摩呢閣
Bisulfate id	銨（磺強）鹽	Az H³ H O2 SO³	畢徐騷發得達摩呢閣
Carbonate id	銨炭強鹽	Az H³ C O²	戛爾破酮得達摩呢閣
Phosphate id	銨硫強鹽	Az H³ 2C O²	畢戛爾破酮得達摩呢閣
Phosphate de soude et d'ammoniaque	鹻銨硫強鹽	(Az H³)² H O Ph O⁵	佛司發得達摩呢閣
Arséniate id	銨硒強鹽	Na O Ho H³ Ho Ph O⁵	佛司發得達摩呢閣綏得蘇
Borate id	銨硼強鹽	Az H³ Ho As O⁵	阿爾司呢牙得達摩呢閣
		Az H³ HO Bo O³	破阿得達摩呢閣

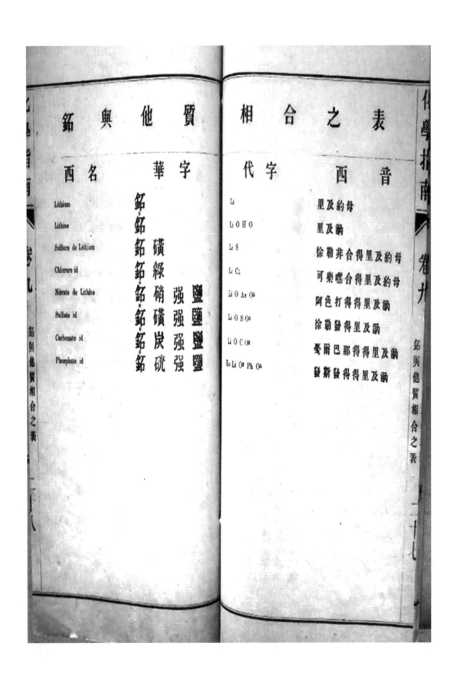

鍾與他質相合之表

西音	代字	華字	西名
巴阿里約母	Ba	鍾	Barium
巴阿里得	Ba O	鍾 鹽	Baryta
必哦各西得得巴阿里約母	Ba O²	鍾 鹽	Bioxyde de Barium
可樂律合得巴阿里約母	Ba Cl	綠鍾 鹽	Chlorure id
不合迷合得巴合里約母	Ba Br	溴鍾 強	Bromure id
約底合得巴阿里約母	Ba I	藻鍾	Iodure id
弗律約里合得巴阿里約母	Ba Fl	潲鍾	Fluorure id
徐勒弗合得巴阿里約母	Ba S	磺鍾 強	Sulfure id
發斯弗須合得巴阿里約母	Ba Ph	硫鍾	Phosphure id
阿色大得得巴里得	Ba O Az o⁵	硝強鍾 鹽	Nitrate de Baryte
徐勒發得得巴里得	Ba O S o³	磺強鍾 鹽	Sulfate id
發斯發得得巴里得	3Ba O⁵ 2Ph O⁵	硫強鍾 鹽	Phosphate id
愛爾巴訥得得巴里得	Ba O C o²	炭強鍾	Carbonate id
仝上	Ca O 2C o²	〔強〕鍾	Bicarbonate id

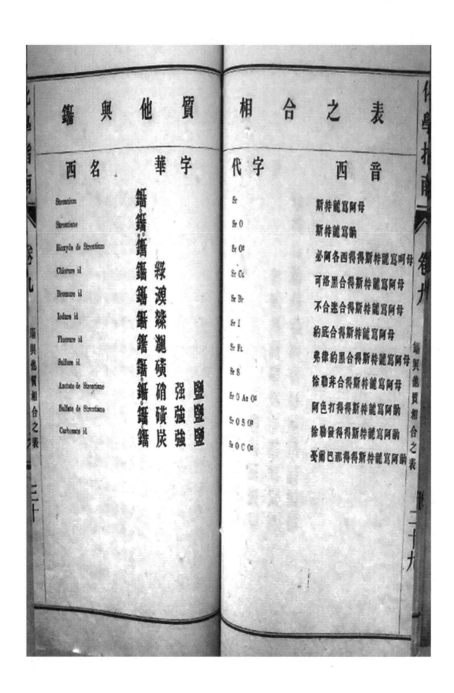

鏉與他質相合之表

西名	華字	代字	西音
Calcium	鏉	Ca	娑勒寫阿母
Chaux	鏉	Ca O	收
Bioxyde de calcium	鏉	$Ca\ O^2$	畢歐克西達得娑勒寫阿母
Chlorure de calcium	鏉綠	Ca Cl	各羅律合得娑勒寫阿母
Fluorure id	鏉瀏	Ca Fl	夫畧約律合得娑勒寫阿母
Sulfure id	鏉磺	Ca S	盧勒非合得娑勒寫阿母
Bisulfure id	鏉磺²	$Ca\ S^2$	畢盧勒非合得娑勒寫阿母
Phosphure id	鏉硄	Ca Ph	發司非合得娑勒寫阿母
Nitrate de chaux	鏉硝强鹽	$Ca\ O\ Az\ O^5$	阿色打得得收
Hypochlorite id	鏉次綠强鹽	Ca O Cl O	伊撥各勒嚜得得收
Sulfate id	鏉磺强鹽	$Ca\ O\ S\ O^3$	徐勒發得得收
Sulfite id	鏉磺酸鹽	$Ca\ O\ S\ O^2$	徐勒非得得收
Hyposulfite id	鏉次磺酸鹽	$Ca\ O\ S^2\ O^2$	伊撥徐勒非得得收
Carbonate id	鏉炭强鹽	$Ca\ O\ C\ O^2$	娑勒撥訥得得收
Phosphate id	鏉硄强鹽	$Ca\ O\ Ph\ O^5$	發司發得得收
Borate id	鏉硼强鹽	$Ca\ O\ Bo\ O^3$	撥拉得得收
Silicate id	鏉砂强鹽	$Ca\ O\ Si\ O^3$	西里娑得得收

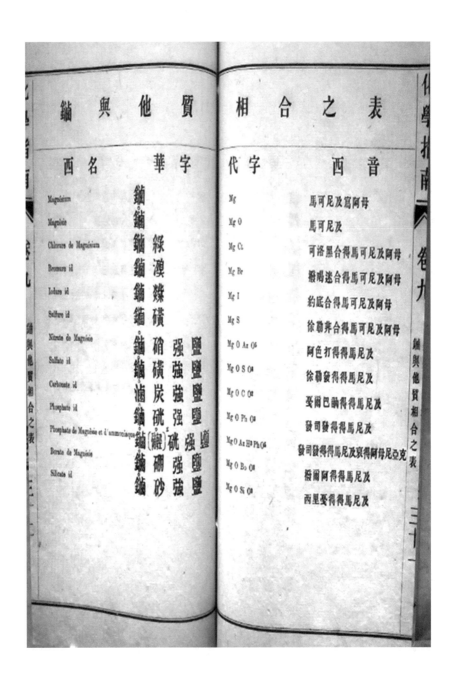

化學指南　卷九　鎂與他質相合之表

鎂與他質相合之表

西名	華字	代字	西音
Magnésium	鎂	Mg	馬可尼及寫阿母
Magnésie	鎂養	Mg O	馬可尼及
Chlorure de Magnésium	鎂綠	Mg Cl	可洛黑合得馬可尼及阿母
Bromure id	鎂溴	Mg Br	撥喝迷合得馬可尼及阿母
Iodure id	鎂碘	Mg I	約底合得馬可尼及阿母
Sulfure id	鎂磺	Mg S	徐勒弗合得馬可尼及阿母
Nitrate de Magnésie	鎂硝強鹽	Mg O Az O5	阿色打得馬尼及
Sulfate id	鎂磺強鹽	Mg O S O4	徐勒麥得馬尼及
Carbonate id	鎂炭強鹽	Mg O C O2	麥爾巴鈉得馬尼及
Phosphate id	鎂磷強	Mg O Ph O5	發司發得馬尼及
Phosphate de Magnésie et d'ammoniaque	鎂(鑌)硫強鹽	Mg O Az H3 Ph O4	發司發得馬尼及寀得阿母尼亞克
Borate de Magnésie	鎂硼強鹽	Mg O Bo O3	撥爾阿得馬尼及
Silicate id	鎂砂強鹽	Mg O Si O4	西星麥得馬尼及

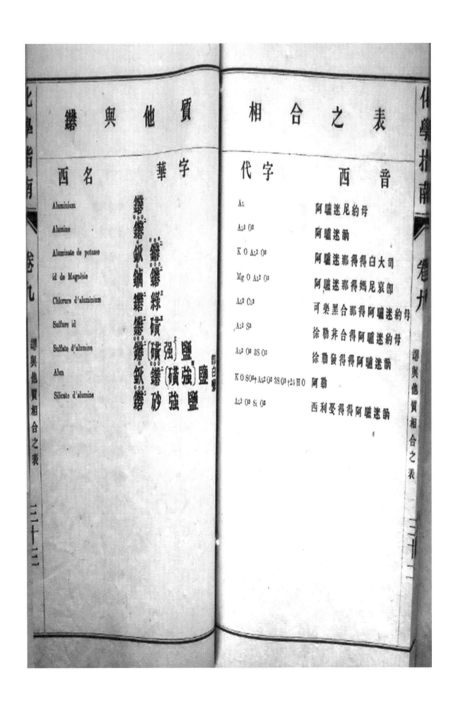

鑘與他質相合之表

西名	華字	代字	西音
Aluminium	鑘	Al	阿疆迷尼約母
Alumine	鑘養	Al²O³	阿疆迷訥
Aluminate de potasse	鑘養鉀養	KO Al²O³	阿疆迷那得白大司
id de Magnésie	鑘養鎂養	Mg O Al²O³	阿疆迷那得媽尼哀卹
Chlorure d'aluminium	鑘綠	Al² Cl³	可樂黑那得阿疆迷約母
Sulfure id	鑘磺	Al² S³	徐勒并合得阿疆迷約母
Sulfate d'alumine	鑘〔磺强〕鹽	Al²O³ 3S O³	徐勒發得阿疆迷訥
Alun	鑘鉀〔磺强〕鹽	KO SO³+Al²O³3S O³+21HO	阿勒
Silicate d'alumine	鑘砂强鹽	Al²O³ Si O³	西利戞得阿疆迷訥

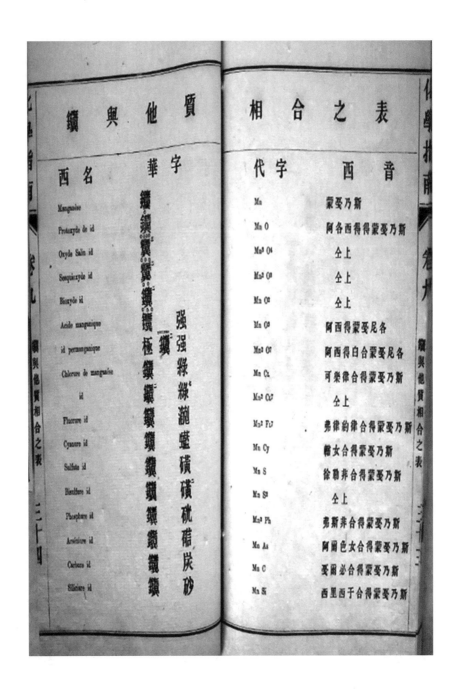

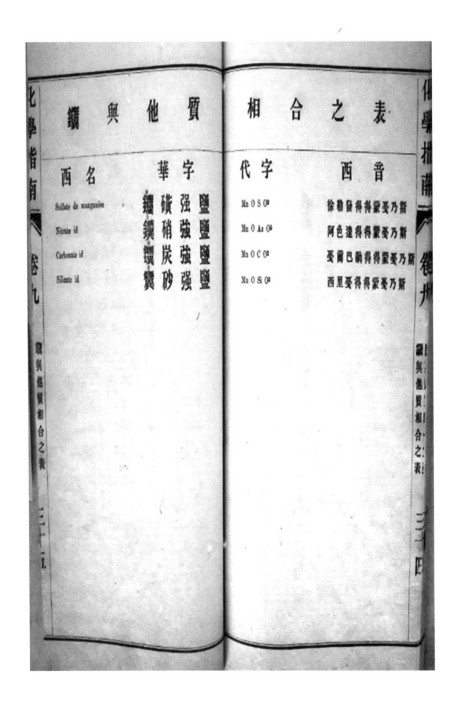

鑛與他質相合之表

西名	華字	代字	西音
Sulfate de manganèse	強鹽鑛硫鹽	Mn O S O³	徐勒發得得愛乃斯
Nitrate id	強鹽鑛硝鹽	Mn O Az O⁵	阿色達得得蒙愛乃斯
Carbonate id	強鹽鑛炭鹽	Mn O C O²	愛爾巴訥得得蒙愛乃斯
Silicate id	強鑛砂鹽	Mn O Si O³	西里愛得得蒙愛乃斯

化學指南　卷九　鑛與他質相合之表　三十七

化學指南　卷九　鑛與他質相合之表　三十四

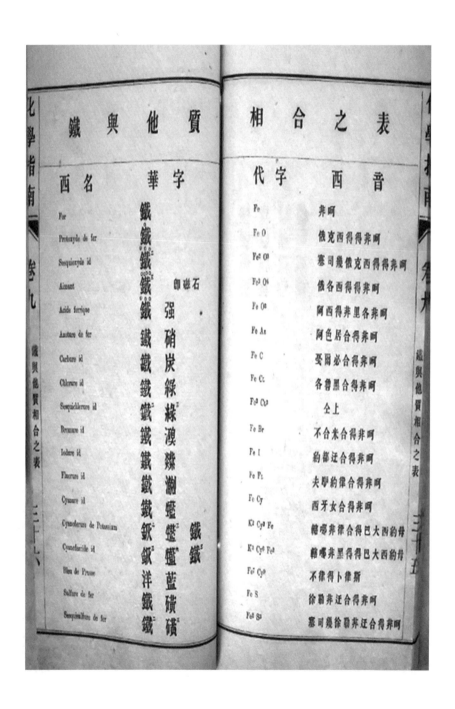

鐵與他質相合之表

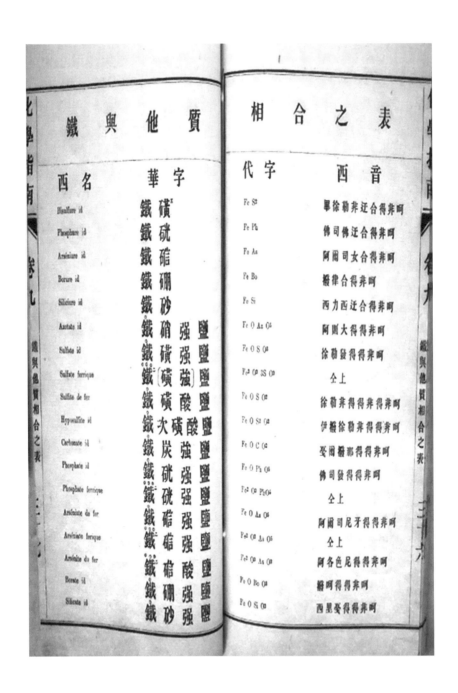

西名	華字	代字	西音
Bisulfure id	鐵磺	Fe S²	畢徐勒弗迂合得弗呵
Phosphure id	鐵硫	Fe Ph	佛司佛迂合得弗呵
Arséniure id	鐵碻	Fe As	阿爾司女合得弗呵
Borure id	鐵硼砂	Fe Bo	橢律合得弗呵
Siliciure id	鐵砂	Fe Si	西力西迂合得弗呵
Azotate id	鐵硝強鹽	Fe O Az O⁵	阿則大得弗呵
Sulfate id	鐵磺強鹽	Fe O S O³	徐勒發得弗呵
Sulfate ferrique	鐵〔磺強〕鹽	Fe O² 2S O²	仝上
Sulfite de fer	鐵磺酸鹽	Fe O S O²	徐勒弗得弗呵
Hyposulfite id	鐵次磺酸鹽	Fe O Si O²	伊橢徐勒弗得得弗呵
Carbonate id	鐵炭強鹽	Fe O C O²	堅爾橢那得弗呵
Phosphate id	鐵硫強鹽	Fe O Ph O⁵	佛司發得得弗呵
Phosphate ferrique	鐵硫強鹽	Fe O² PhO⁵	仝上
Arséniate de fer	鐵碻強鹽	Fe O As O⁵	阿爾司尼牙得弗呵
Arséniate ferrique	鐵碻酸鹽	Fe² O³ As O⁵	仝上
Arséniate de fer	鐵碻強鹽	Fe O³ As O³	阿各色尼得弗呵
Borate id	鐵硼強鹽	Fe O Bo O³	橢呵得弗呵
Silicate id	鐵砂強	Fe O Si O²	西里愛得弗呵

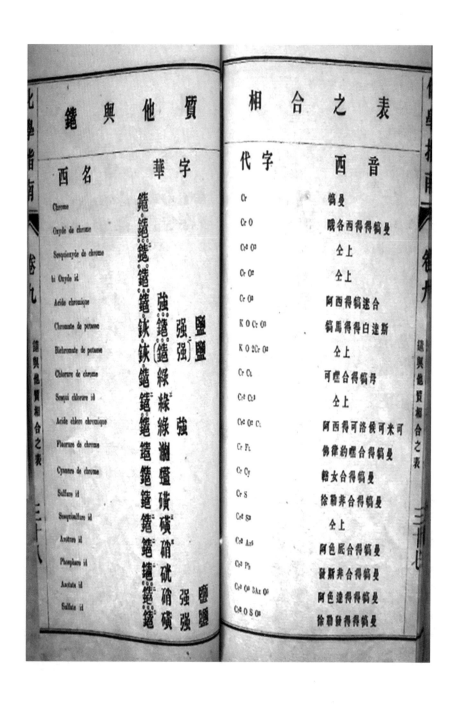

鑭與他質相合之表

華字	西名	音西	代字
鈇鐺磺強鹽	Alun de chrome	斯達得木白得可樂母得發鐺徐	K O SO³ + Ce² O³ 3S O³
鐺炭強鹽	Carbonate id	母得可樂得鐺巴爾壓	Ce² O³ C O²

鈷與他質相合之表

西名	華字	代字	西音
Cobalt	鈷	Co	可八里得
Oxyde de cobalt	鈷養	Co O	哦各西得可八里得
Sesquioxide id	鈷養	Co² O³	仝上
Chlorure id	鈷綠	Co Cl	可樂哩合可八里得
Bromure id	鈷溴	Co Br	羅合迷合可八里得
Iodure id	鈷淡	Co I	約底合可八里合
Fluorure id	鈷鹽	Co Fl	弗律約哩合可八里得
Cyanure id	鈷磺	Co Cy	錫女合可八里得
Sulfure id	鈷磺	Co² S³	徐聯弗合可八里得
id 2	鈷磺	Co S²	仝上
Phosphure id	鈷硫	Co² Ph	發斯弗合可八里得
Arséniure id	鈷硇	Co As	阿各色女合可八里得
Nitrate de cobalt	鈷硝	Co O Ar O⁵	阿色大得可八里得
Sulfate id	鈷磺	Co S O³	徐勒發得可八里得
Carbonate id	鈷炭	Co O C O²	嘉爾巴訥得可八里得
Phosphate id	鈷硫	Co O Ph O⁵	發斯發得可八里得
Arséniate id	鈷硇	Co O As O⁵	阿各色尼牙得可八里得
Arsénite id	鈷硇	Co O As O³	阿各色尼得可八里得

化學指南 卷九 鈷與他質相合之表 四十

化學指南 卷九 鈷與他質相合之表 三十九

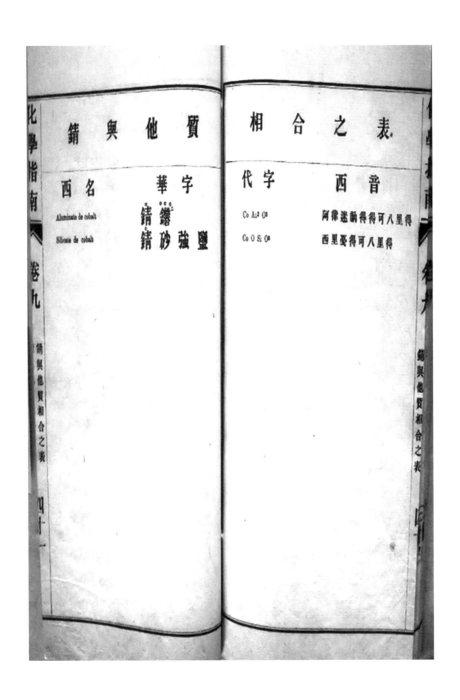

鈷與他質相合之表

西名	華字	西音	代字
Aluminate de cobalt	鈷礬	阿律迷納得可八里得	Co Al² O⁴
Silicate de cobalt	鈷砂強鹽	西里愛得可八里得	Co O Si O³

化學指南　卷九　鈷與他質相合之表　四十一

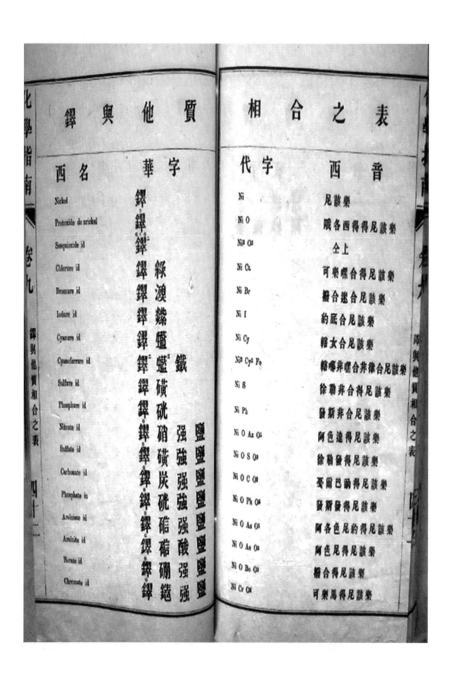

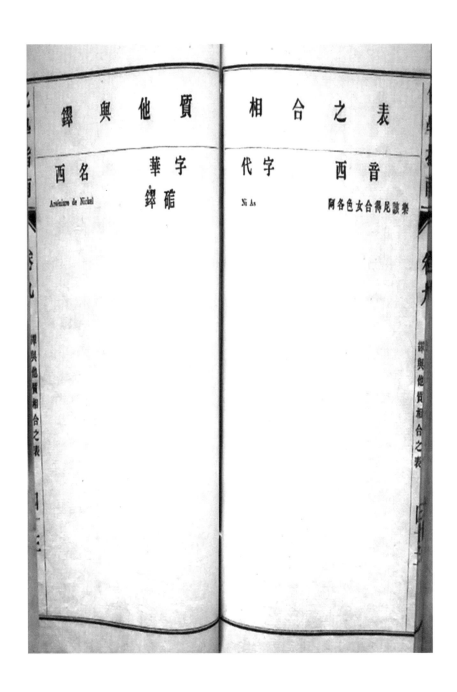

鎳與他質相合之表

西名	華字	代字	西音
Arséniure de Nickel	鎳硪	Ni As	阿各色女合得尼讀樂

西音	代字	華字	西名
克三得日馬得僧各	Zn O Cr O₃	鹽強鋂鏾	Chromate de zinc
克三得日得酣木落菲	Zn O Cy³ O₃	鹽強爆烱鏾	Fulminate id

鏾與他質相合之表

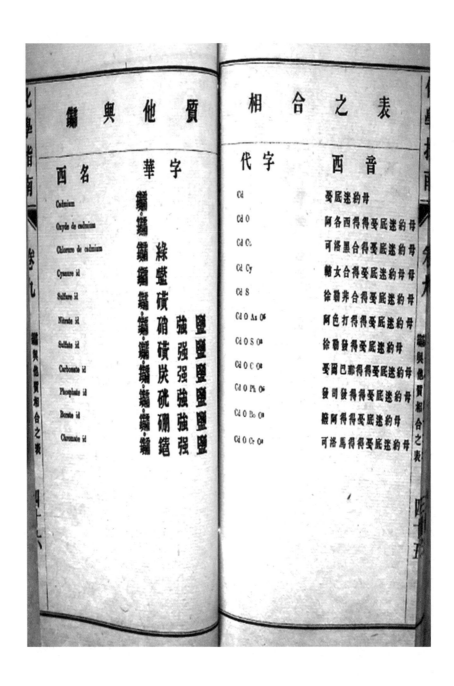

化學指南

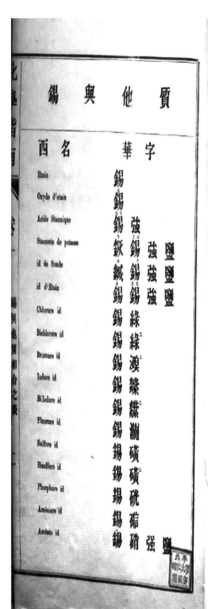

錫與他質相合之表

西名	華字	代字	西音
Etain	錫	Sn	哀單
Oxyde d'etain	錫養	Sn O	晓各西得哀單
Acide Stannique	錫養強	Sn O²	阿西得斯大尼各
Stannate de potasse	強錫養鉀鹽	K O Sn O²	斯單鈉得白達司
id de Soude	強錫養鈉鹽	Na O Sn O²	斯單鈉得蘇得
id d'Etain	強錫養強鹽	Sn O Sn O²	斯單鈉得哀單
Chlorure id	錫綠	Sn Cl	可樂鹵合得哀單
Bichlorure id	錫綠綠	Sn Cl²	仝上
Bromure id	錫溴	Sn Br²	擺合迷合得哀單
Iodure id	錫鏺	Sn I	約匿合得哀單
Bi Iodure id	錫鏺鏺	Sn I²	仝上
Fluorure id	錫潚	Sn Fl	弗律鵬喽合得哀單
Sulfure id	錫磺	Sn S	徐賴弗合得哀單
Bisulfure id	錫磺磺	Sn S²	仝上
Phosphure id	錫硫	Sn Pb	發斯弗合得哀單
Antimoure id	錫磠	Sn As	阿克斯女合得哀單
Acetate id	錫硝強鹽	Sn O As O⁵	阿色達得哀單

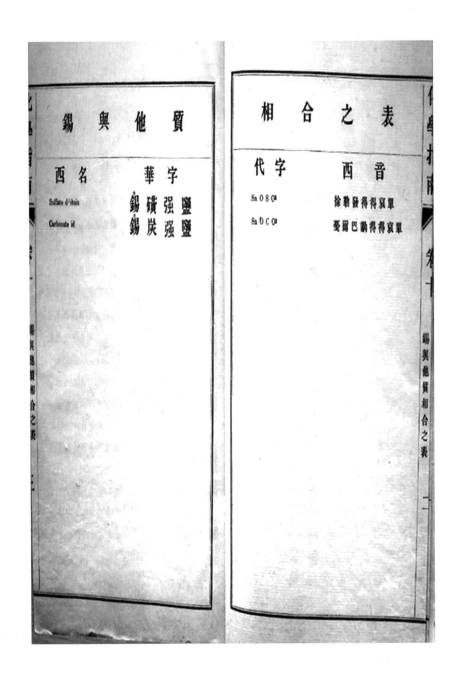

錫與他質相合之表

西名	華字	代字	西音
Sulfate d'étain	錫磺強鹽	$SnOSO^3$	徐勒發得衰單
Carbonate id	錫炭強鹽	$SnOCO^2$	愛爾巴鵬得衰單

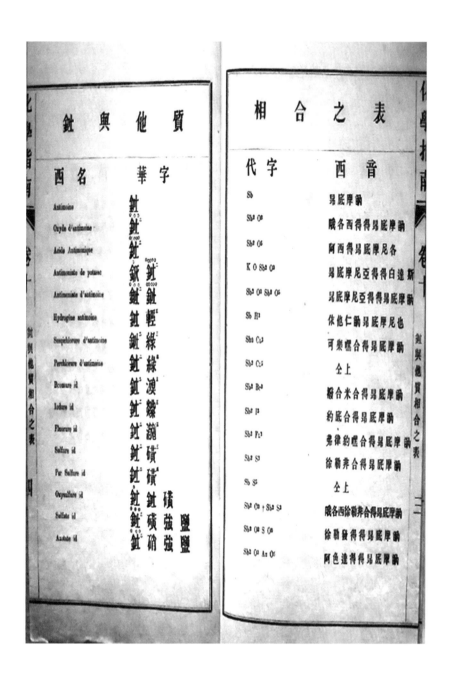

右：相合之表

西音	代字
昻底摩鈉	Sb
暗各西得昻底摩鈉	Sb² O³
阿西得昻底摩尼各	Sb² O⁵
昻底摩尼亞得白達斯	K O Sb² O⁵
昻底摩尼亞得昻底摩鈉	Sb² O³ Sb² O⁵
依他仁昻底摩尼也	Sb H³
可樂體合得昻底摩鈉	Sb Cl³
仝上	Sb Cl⁵
播合米合得昻底摩鈉	Sb Br³
約底合得昻底摩鈉	Sb I³
弗律約體合得昻底摩	Sb Fl³
徐勒弗合得昻底摩鈉	Sb S³
仝上	Sb S⁵
暗各西徐勒弗合得昻底摩鈉	Sb² O³ + Sb² S³
徐勒弗得得昻底摩鈉	Sb² O S⁵
阿色達得得昻底摩鈉	Sb² O³ Az O⁵

左：鉳與他質

西名	華字
Antimoine	鉳
Oxyde d'antimoine	鉳
Acide Antimonique	鉳
Antimoniate de potaoe	鉳
Antimoniate d'antimoine	鉳
Hydrogène antimonie	鉳
Sesquichlorure d'antimoine	鉳
Perchlorure d'antimoine	鉳
Bromure id	鉳
Iodure id	鉳
Fluorure id	鉳
Sulfure id	鉳
Per Sulfure id	鉳
Oxysulfure id	鉳
Sulfate id	鉳
Acétate id	鉳

329

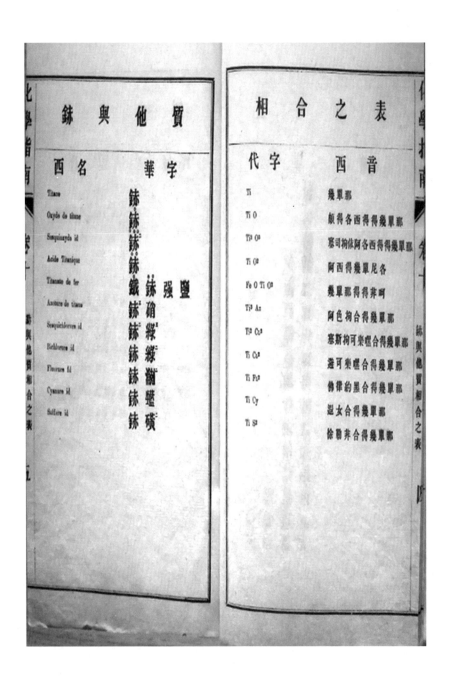

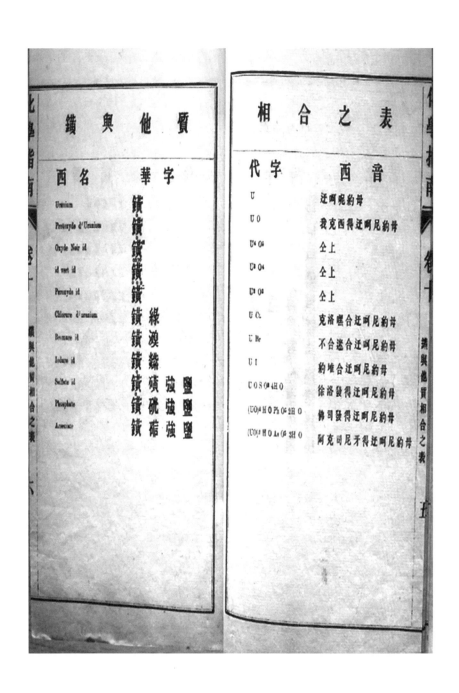

相合之表

代字	西音
U	迂啊宛約肖
U O	我克西得迂啊尼約肖
$U^4 O^4$	仝上
$U^3 O^4$	仝上
$U^3 O^4$	仝上
U Cl₂	克洛喱合迂啊尼約肖
U Br	不合迷合迂啊尼約肖
U I	約堆合迂啊尼約肖
U O S O⁴ 4H O	徐洛發得迂啊尼約肖
(UO)⁴ H O Ph O⁴ 2H O	佛司發得迂啊尼約肖
(UO)⁴ H O Ar O⁴ 3H O	阿克司尼牙得迂啊尼約肖

鏦與他質

西名	華字
Uranium	鏦
Protoxyde d'Uranium	鏦鏦
Oxyde Noir id	鏦鏦
id vert id	鏦鏦
Peroxyde id	鏦鏦
Chlorure d'uranium	鏦綠
Bromure id	鏦溴
Iodure id	鏦綠
Sulfate id	鏦磺强鹽
Phosphate	鏦硫强鹽
Arseniate	鏦砒强鹽

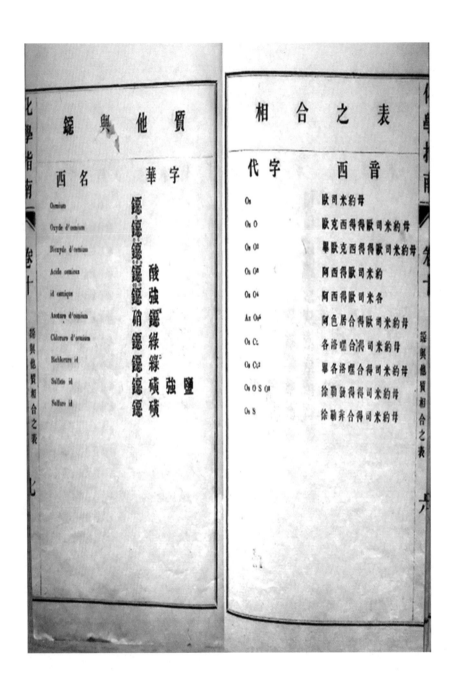

鉛與他質相合之表

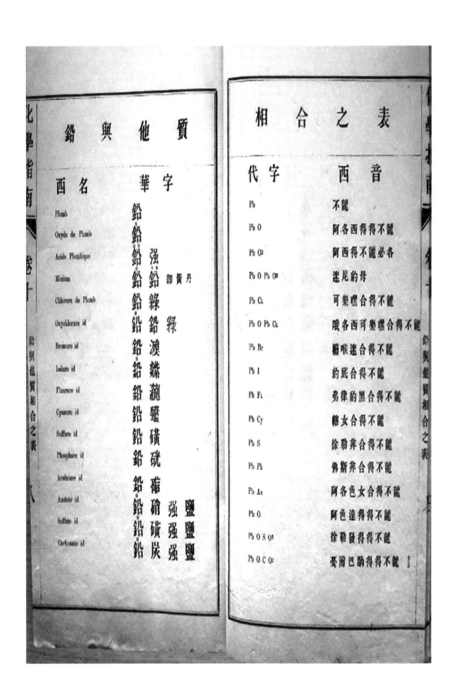

西名	華字	代字	西音
Plomb	鉛	Pb	不鉛
Oxyde de Plomb	鉛養	Pb O	阿各西得不鉛
Acide Plombique	鉛強養	Pb O²	阿西得不鉛必各
Minium	丹	Pb O Pb O²	迷尼約丹
Chlorure de Plomb	鉛綠	Pb Cl	可樂哩合得不鉛
Oxychlorure id	鉛養鉛綠	Pb O Pb Cl	曉各西可樂哩合得不鉛
Bromure id	鉛溴	Pb Br	蔔喉迷得不鉛
Iodure id	鉛燅	Pb I	約底合得不鉛
Fluorure id	鉛瀕	Pb Fl	弗律約黑合得不鉛
Cyanure id	鉛鹽	Pb Cy	賽女合得不鉛
Sulfate id	鉛磺強鹽	Pb S	徐爾弗合得不鉛
Phosphure id	鉛硫	Pb Ph	佛斯弗合得不鉛
Arséniure id	鉛砒	Pb As	阿各色女合得不鉛
Acétate id	鉛硝強鹽	Pb O	阿色達得不鉛
Sulfite id	鉛鑕強鹽	Pb O S O³	徐賴發得不鉛
Carbonate id	鉛炭	Pb O C O²	戞爾巴訥得不鉛

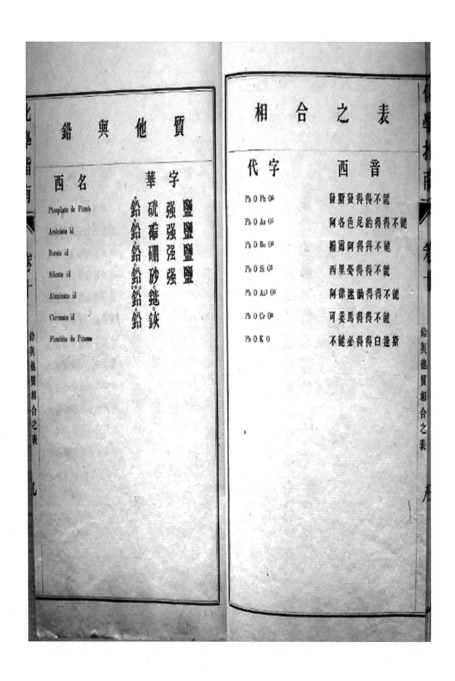

化學指南　卷十　鉛與他質相合之表

西名	華字	代字	西音
Phosphate de Plomb	磷強鹽鉛	$Pb\,O\,Ph\,O^5$	發斯發得得不能
Arséniate id	砒強鹽鉛	$Pb\,O\,As\,O^5$	阿各色尼約得得不能
Borate id	硼強鹽鉛	$Pb\,O\,Bo\,O^3$	破爾阿得得不能
Silicate id	砂強鉛	$Pb\,O\,Si\,O^2$	西黑愛得得不能
Aluminate id	䥺鉛	$Pb\,O\,As^2\,O^3$	阿律迷鈉得得不能
Chromate id	鋏鉛	$Pb\,O\,Cr\,O^3$	可婁馬得得不能
Plombite de Potasse	鉛	$Pb\,O\,K\,O$	不能必得得白達斯

附　錄

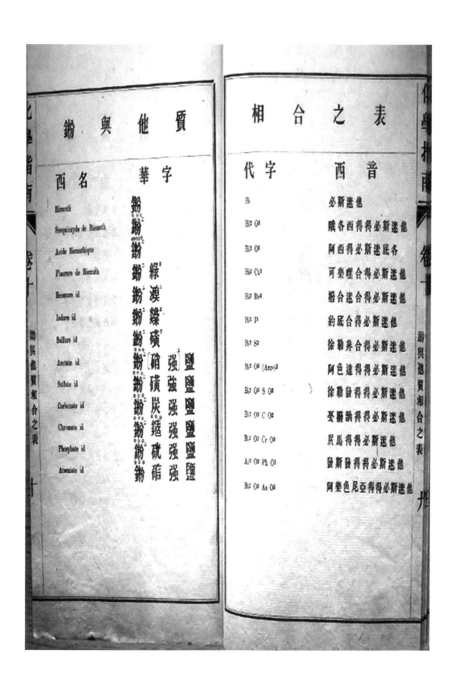

鈖與他質相合之表

西名	華字	代字	西音
Bismuth	鈖	Bi	必斯迷他
Sesquioxyde de Bismuth	鈖	Bi² O³	哦各西得得必斯迷他
Acide Bismuthique	鈖	Bi³ O⁵	阿西得必斯迷底各
Flueure de Bismuth	鈖綠	Bi² Cl³	可樂鹽合得必斯迷他
Bromure id	鈖溴	Bi² Br³	撥合迷合得必斯迷他
Iodure id	鈖爍	Bi² I³	約底合得必斯迷他
Sulfure id	鈖磺	Bi² S³	徐鞠弗合得必斯迷他
Acetate id	鈖〔硝	Bi² O³ (Ano²)	阿色達得必斯迷他
Sulfate id	鈖磺	Bi² O³ S O³	徐勒發得得必斯迷他
Carbonate id	鈖炭	Bi² O³ C O²	歪勒鈖得必斯迷他
Chromate id	鈖鐽	Bi² O³ Cr O³	戾馬得得必斯迷他
Phosphate id	鈖硫	Ai³ O³ Pb O³	發斯發得得必斯迷他
Arseniate id	鈖砒	Bi² O³ As O⁵	阿樂色尼至得得必斯迷他

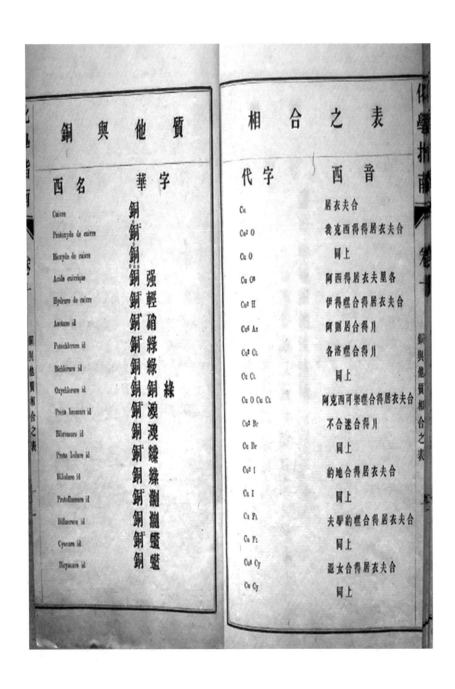

相合之表

代字	西音
Cu² S	徐勒弗合得居衣夫合
Cu S	同上
Cu Ph	佛司弗合得居衣夫合
Cu As	阿爾塞女合得居衣夫合
Cu O Ar O⁵	阿則大得居衣夫合
Cu² O S O³	徐勒發得居衣夫合
Cu O S O³	同上
Cu O S O³＋K O S O³	徐勒發得居衣夫合受得柏大明
Cu² O C O²	塞爾幾鷂得居衣夫合
(Cu O)³ (C O²)²	同上
Cu O C O²	同上
Cu O Ph O⁵	佛司發得居衣夫合
Cu O As O⁶	阿爾塞尼牙得居衣夫合
Cu O As O⁵	阿爾塞尼得居衣夫合
Cu O Si O³	西里矣得居衣夫合
Cu O Cr O³	戾馬得居衣夫合

銅與他質

西名	華字
Protosulfure de cuivre	銅礦
Bisulfure id	銅礦
Phosphure id	銅硫
Arseniure id	銅硇
Acétate id	銅硝強鹽
Sulfate cuivreux	銅礦強鹽
Sulfate cuivrique	銅礦強鹽
Sulfate de cuivre et de potasse	銅礦鏿強鹽
Carbonate cuivreux	銅炭強鹽
Sesquicarbonate cuivrique	銅〔炭強〕鹽
Oxalate id	銅炭強鹽
Pyrophosphate de cuivre	銅硫強鹽
Arseniate id	銅硇強酸鹽
Arsénite id	銅硇酸鹽
Silicate id	銅矽強
Chromate id	銅鑀強

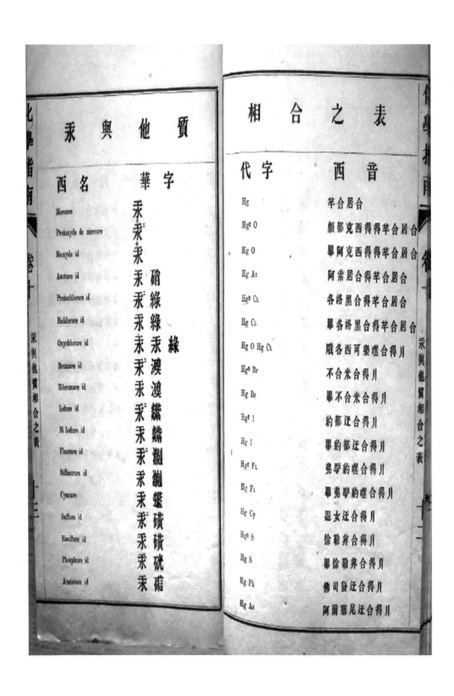

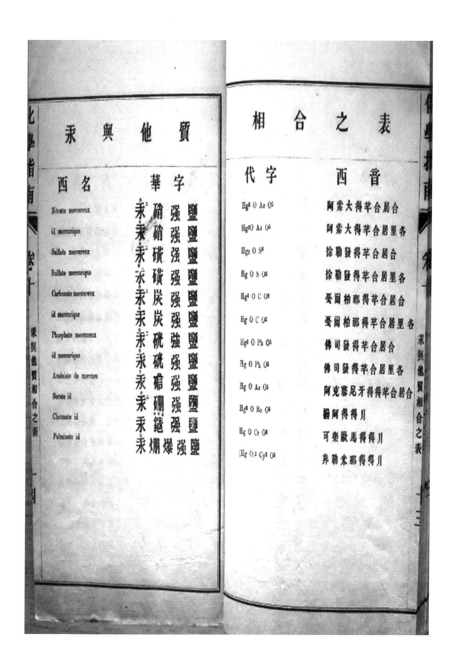

汞與他質　相合之表

西名	華字	代字	西音
Nitrate mercureux	汞硝強鹽	Hg² O Az O⁵	阿索大得羊合居合
id mercurique	汞硝強鹽	Hg²O Az O⁵	阿索大得羊合居里各
Sulfate mercureux	汞磺強鹽	Hg² O S³	徐勒發得羊合居合
Sulfate mercurique	汞磺強鹽	Hg O S³	徐勒發得羊合居里各
Carbonate mercureux	汞炭強鹽	Hg² O C O²	委爾柏那得羊合居合
id mercurique	汞炭強鹽	Hg O C O²	委爾柏那得羊合居里各
Phosphate mercureux	汞硫強鹽	Hg² O Ph O⁵	佛司發得羊合居合
id mercurique	汞硫強鹽	Hg O Ph O⁵	佛司發得羊合居里各
Arséniate de mercure	汞砒強鹽	Hg O As O⁵	阿克塞尼牙得羊合居合
Borate id	汞硼強鹽	Hg² O Bo O³	毆阿得刂
Chromate id	汞鑮強鹽	Hg O Cr O³	可棗歐馬得刂
Fulminate id	汞爛爆強鹽	[Hg O]² Cy² O⁴	弗勒米那得刂

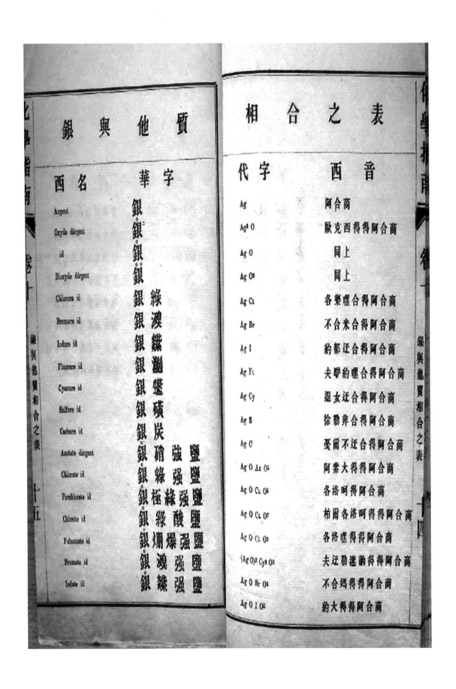

銀與他質相合之表

西名	華字	代字	西音
Sulfate d'argent	硫強酸鹽銀	Ag O S O³	徐賴發得得阿合商
Sulfite d'argent	硫酸鹽銀	Ag O S O²	徐賴弗得得阿合商
Hyposulfite id	次硫酸鹽銀	Ag O S² O²	伊柏徐賴弗得得阿合商
Carbonate id	炭強酸鹽銀	Ag O C O²	戞爾樏那得得阿合商
Phosphate id	燐強酸鹽銀	Ag O Ph O⁵	佛司發得得阿合商
Arsiniate id	硫強酖銀	Ag O As O⁵	阿爾司尼牙得得阿合商
Arsinite id	硫酖銀	Ag O As O⁵	阿爾司尼得得阿合商
Borate id	硼銀	Ag O Bo O³	樏阿得得阿合商

鉑與他質相合之表

西名	華字	代字	普西
Platine	鉑	Pt	不拉的訥
Oxyde de platine	鉑	Pt O	表克西得不拉的訥
Bioxyde id	鉑	Pt O²	同上
Ammoniure id	鉑〔礬〕	Pt O Az H³	阿摩女合得不拉的訥
Platine fulminant	燗爆鉑		不拉的訥夫勒米那
Hydrure de platine	鉑輕	Pt H	伊得釐合得不拉的訥
Azoture de platine	鉑硝	Pt² Az	阿則都迁合得不拉的訥
Carbure id	鉑炭	Pt C	委爾布迁合得不拉的訥
Chlorure id	鉑綠	Pt Cl	各洛釐合得不拉的訥
Bichlorure id	鉑綠	Pt Cl²	同上
Chlorure de platine et potassium	鉑綠鉃綠	Pt Cl² K Cl	各洛釐合得不拉的訥哀得大菊阿母
id de platine et sodium	鉑綠鹻綠	Pt Cl² Na Cl	各洛釐合得不拉的訥哀得索底約母
id et ammonium	鉑綠礬綠	Pt Cl² Az H³ H Cl	各洛釐合連摩兜彩寬寬得不拉的訥
Bromure de platine	鉑溴	Pt Br²	不合米得不拉的訥
Iodure id	鉑鰈		約都迁合得不拉的訥
Cyanure id	鉑蟵	Pt Cy	恩女合得不拉的訥
Sulfure id	鉑磺	Pt S	徐勒非合得不拉的訥
Acetate id	鉑硝強鹽	Pt O² Az O⁴	阿索大得不拉的訥

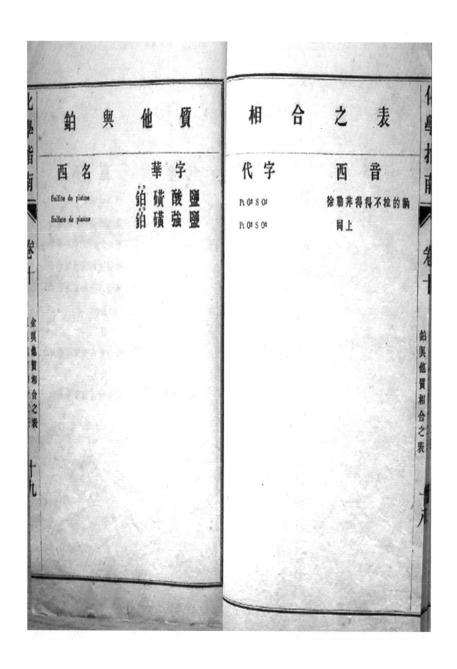

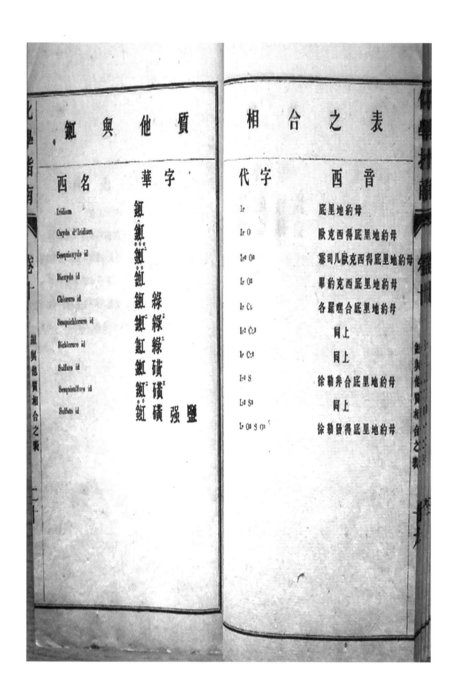

鋨與他質相合之表

西名	華字	代字	西音
Iridium	鉭	Ir	底里地約母
Oxyde d'Iridium	鉭養	Ir O	阿克西得底里地約母
Sesquioxyde id	鉭養	Ir² O³	塞司几阿克西得底里地約母
Bioxyde id	鉭養	Ir O²	擘阿克西得底里地約母
Chlorure id	鉭綠	Ir Cl	各羅畧合底里地約母
Sesquichlorure id	鉭綠	Ir² Cl³	同上
Bichlorure id	鉭綠	Ir Cl²	同上
Sulfure id	鉭磺	Ir S	徐勒非合底里地約母
Sesquisulfure id	鉭磺	Ir² S³	同上
Sulfate id	鉭磺强鹽	Ir O³ S O³	徐勒發得底里地約母

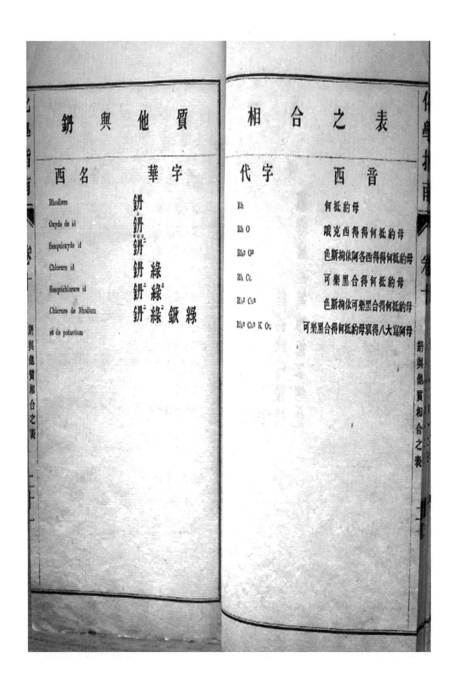

後 記

　　時光荏苒，值此書稿付梓之際，提筆致謝，心存頗多感慨。本書是在我的博士論文基礎上修改而成，我深知，這部書承載着師友和家人的關愛與鼓勵。

　　在北京師範大學攻讀博士學位的三年學習生活中，有着太多值得記憶和感激的人。首先感謝我的博士導師——北京師範大學文學院的李國英先生，先生是一位博學儒雅、治學嚴謹、造詣深厚、思維活躍、待人謙和的學者，師從李國英先生是我莫大的榮幸，先生在學習和生活上均給予我無微不至的關懷。入學以來，先生耐心地指導我選課、閱讀文獻，引導我逐漸適應並融入北京師範大學的學術氛圍。博士論文的寫作，從材料收集、選題立意、布局謀篇、采詞擇句、標點句讀直至最終定稿，都傾注着先生的心血。先生的言傳身教授我以爲學和爲人的道理，這將使我受益終生。在先生的悉心指導和嚴格要求下，我圓滿地完成了學業並順利地獲得了博士學位，同時，自己的理論知識與實踐水平也得到了進一步的增強和提高。先生的指導與幫助令我沒齒難忘，對先生的感激之情無以言表，學生唯有繼續刻苦鑽研，力爭有所作爲，才能無愧於先生。同時，借此機會感謝我的師母李毅然老師，在我攻讀博士學位期間，師母不僅給予我生活上的關心和照顧，而且給予我學業上的勸慰和鼓勵，此情永難忘。

　　感謝對我的博士論文提出寶貴建議並參加我的論文開題、預答辯、答辯的北京師範大學的王寧先生、黃易青先生、李運富先生、周曉文先生、趙平安先生、王立軍先生、齊元濤先生、中國社會科學院的程榮先生、中華書局的張力偉先生、商務印書館的史建橋先生。

　　感謝授我以業的北京師範大學的王寧先生、黃易青先生以及北京大學的蔣紹愚先生，諸位先生的授課及學術講座開拓了我的學術視野、增加了我的學識，先生們深厚廣博的學術底蘊和孜孜不倦的教學態度給我留下了深刻的

347

印象，能夠聆聽諸位先生的教誨，我倍感幸運。

感謝我的碩士導師——內蒙古師範大學文學院的余家驥先生，先生是一位厚德博學、治學嚴謹、學養深厚、幽默風趣、和藹可親的學者。先生引導我走上漢語言文字學的求學之路，回想在先生家中快樂而輕鬆的學習情景，至今歷歷在目。在我攻讀博士學位期間，先生一直關注著我的學業進展。感謝師母劉蘊璇老師在生活及學業上給予我的關懷和鼓勵。

感謝這些年一直關心我成長並給予我幫助的內蒙古師範大學章也先生和王建莉先生。

感謝我的工作單位——內蒙古師範大學文學院各位領導、師友多年的關心和厚愛。

於北京師範大學求學的三年里，有幸結識了許多志同道合的學友，我受益匪淺。孔子曰："友直、友諒、友多聞，益矣。"朋友之間的深厚情誼令我終生難忘，在此，感謝諸位同門及學友在學業和生活上的相互交流與鼓勵。

本書的出版得到了內蒙古師範大學的資助，在此謹向內蒙古師範大學的諸位領導和關愛我的諸位老師致以誠摯的謝意。

感謝中央民族大學出版社諸位編審先生對本書的審校。

最後，感謝我的家人，他們的傾力付出和全力支持是我不斷進取的巨大動力，特別感謝我的丈夫多年來的理解、支持和鼓勵。

本書的寫作雖竭盡全力，心中卻仍誠惶誠恐，由於本人的學養不夠深厚，書稿仍存有許多不足之處，敬請各位專家、學者不吝賜教，以使本書臻於完善。

李 麗

2011 年 12 月